建设工程监理工程师一本通系列丛书

水利水电工程监理工程师一本通

李建钊 主编

中国建材工业出版社

图书在版编目(CIP)数据

水利水电工程监理工程师一本通/李建钊主编. ——北京：中国建材工业出版社，2014.7
(建设工程监理工程师一本通系列丛书)
ISBN 978-7-5160-0791-4

Ⅰ.①水… Ⅱ.①李… Ⅲ.①水利工程-施工监理-基本知识 ②水力发电工程-施工监理-基本知识 Ⅳ.①TV512

中国版本图书馆 CIP 数据核字(2014)第 059774 号

内 容 提 要

本书根据《水电水利工程施工监理规范》(DL/T 5111—2012)及最新水利水电单元工程施工质量验收评定标准进行编写，详细阐述了水利水电工程监理工程师的执业要求及应掌握的相关专业知识。全书主要内容包括水利水电工程建设监理概述、水利水电工程监理工作准备、水利水电工程监理投资控制、水利水电工程监理质量控制、水利水电工程监理进度控制、水利水电工程监理安全控制、水利水电工程监理合同管理、水利水电工程监理信息管理、水利水电工程监理协调、水利水电工程验收等。

本书内容丰富翔实，在理论阐述的基础上，更加强调实践中的可操作性。本书可供水利水电工程监理工程师及施工现场监理员工作时使用，也可供水利水电工程发承包双方现场管理人员工作时参考。

水利水电工程监理工程师一本通

李建钊　主编

出版发行：中国建材工业出版社
地　　址：北京市西城区车公庄大街 6 号
邮　　编：100044
经　　销：全国各地新华书店
印　　刷：北京市通州京华印刷制版厂
开　　本：787mm×1092mm　1/16
印　　张：19
字　　数：462 千字
版　　次：2014 年 7 月第 1 版
印　　次：2014 年 7 月第 1 次
定　　价：50.00 元

本社网址：www.jccbs.com.cn　　微信公众号：zgjcgycbs
本书如出现印装质量问题，由我社营销部负责调换。电话：(010)88386906
对本书内容有任何疑问及建议，请与本书责编联系。邮箱：dayi51@sina.com

前　言

建设工程监理作为工程建设不可缺少的一项重要制度，推行建设工程监理制度的目的是确保工程建设质量和安全，提高工程建设水平，充分发挥投资效益。我国的建设工程监理制于 1988 年开始试点，1997 年《中华人民共和国建筑法》以法律制度的形式做出规定，"国家推行建筑工程监理制度"，从而使建设工程监理在全国范围内进入全面推行阶段，从法律上明确了工程监理制度的法律地位。

为提高我国建设工程监理水平，规范建设工程监理行为，原建设部和国家质量技术监督局于 2000 年颁布了《建设工程监理规范》（GB 50319—2000），该规范对促进我国建设工程监理制度的不断发展与完善、规范工程建设监理市场及参建各方的行为起到了积极的推动作用。随着我国建设工程监理行业逐渐走向成熟，相关政策与法规不断完善，以及建设单位对涵盖策划决策、建设实施全过程项目管理服务等方面的需求，《建设工程监理规范》（GB 50319—2000）已不能完全满足建设工程监理与相关服务实践的需要。为此，中国建设监理协会对《建设工程监理规范》（GB 50319—2000）进行了修订，并于 2013 年 5 月 13 日由住房和城乡建设部和国家质量技术监督总局联合发布了《建设工程监理规范》（GB/T 50319—2013），自 2014 年 3 月 1 日起实施。

为帮助广大工程建设监理人员更好地学习理解最新建设工程监理规范的内容，从而更好地开展工作，我们组织相关专家，根据《建设工程监理规范》（GB/T 50319—2013）的相关要求，编写《建设工程监理工程师一本通系列丛书》。丛书紧扣工程建设监理实际，以满足工程建设监理人员的工作需要进行编写。本套丛书共包括以下分册：

1. 《建筑工程监理工程师一本通》
2. 《安装工程监理工程师一本通》
3. 《装饰装修工程监理工程师一本通》
4. 《园林绿化工程监理工程师一本通》
5. 《市政工程监理工程师一本通》
6. 《公路工程监理工程师一本通》
7. 《水利水电工程监理工程师一本通》

本系列丛书严格依据《建设工程监理规范》（GB/T 50319—2013）进行编写，对各相关专业工程应怎样建立项目监理机构，怎样编制监理规划及监理实施细则，如何开展工程质量、进度、造价控制及安全生产管理工作，怎样进行工程变更、索赔及对施工合同争议应如何处理，怎样编制与整理项目监理文件资料，以及如何开展建设工程相关监理服务等内容进行了详细阐述。本系列丛书编写时充分体现了"一本通"的编写理念，集建设工程监理工程师工作中涉及的工作职责、专业技术知识和相关法律法规及标准规范等知识于一体，减少了监理工程师工作时需要四处查阅资料的烦恼，是广大建设工程监理工程师必不可少的实用工具书。

本系列丛书编写时，参阅了工程建设监理领域的众多资料与图书，并得到了有关单位与专家学者的大力支持与指导，在此表示衷心的感谢。尽管编者已尽最大努力，但限于编者的学识及专业水平和实践经验，丛书中仍难免有疏漏或不妥之处，敬请广大读者批评指正。

目 录

第一章 水利水电工程建设监理概述 (1)

第一节 水利水电工程建设程序 (1)
- 一、前期工作阶段 (1)
- 二、工程实施阶段 (2)
- 三、竣工投产阶段 (3)

第二节 水利水电工程建设监理概念、依据与任务 (4)
- 一、水利水电工程建设监理概念 (4)
- 二、水利水电工程建设监理依据 (4)
- 三、水利水电工程建设监理任务 (4)
- 四、水利水电工程建设监理工作方法及制度 (5)

第三节 水利水电工程建设监理单位 (6)
- 一、监理单位基本规定 (6)
- 二、监理单位资质等级和标准 (7)
- 三、监理单位资质管理 (9)
- 四、监理单位工作职责 (10)
- 五、监理单位与各方的关系 (11)

第四节 水利水电工程建设监理人员 (12)
- 一、总监理工程师 (12)
- 二、监理工程师 (13)
- 三、监理员 (14)

第二章 水利水电工程监理工作准备 (16)

第一节 监理机构建立 (16)
- 一、监理机构建立要求 (16)
- 二、监理机构组织形式 (16)
- 三、监理机构的建立步骤 (20)
- 四、监理机构的人员配备 (21)

第二节 监理工作体系文件编制 (22)
- 一、监理机构内部管理制度 (23)
- 二、监理规划及监理工作实施细则 (23)
- 三、监理工作计划文件 (25)
- 四、工程监理工作用表 (26)

第三节　合同工程开工准备及开工条件检查 (31)
一、工程项目划分 (31)
二、开工条件检查 (31)

第三章　水利水电工程监理投资控制 (33)

第一节　水利水电工程监理投资控制概述 (33)
一、水利水电工程投资的概念 (33)
二、水利水电工程监理投资控制的任务 (34)
三、水利水电工程投资控制的目标 (34)
四、水利水电工程投资控制的措施 (35)
五、水利水电工程投资控制的原理 (35)

第二节　水利水电工程设计决策阶段投资控制 (36)
一、可行性研究 (36)
二、投资估算 (37)
三、项目评价分析 (38)

第三节　水利水电工程设计阶段投资控制 (39)
一、设计概算的编制与审查 (39)
二、施工图预算的编制与审查 (42)

第四节　水利水电工程施工阶段投资控制 (43)
一、施工阶段投资控制概述 (43)
二、资金使用计划的编制 (46)
三、工程计量 (48)
四、合同价款支付 (49)

第四章　水利水电工程监理质量控制 (52)

第一节　水利水电工程监理质量控制概述 (52)
一、工程质量控制的概念 (52)
二、工程质量控制的原则 (52)
三、工程监理质量控制的任务 (54)

第二节　水利水电工程设计阶段质量控制 (54)
一、工程设计质量的概念 (54)
二、工程设计质量控制的依据 (55)
三、工程设计质量控制的工作内容 (55)
四、工程设计质量控制的方法 (56)
五、施工图设计质量控制 (56)

第三节　水利水电工程施工质量控制依据及程序 (57)
一、施工质量控制依据与检查标准 (57)
二、施工质量控制的阶段和内容 (58)
三、施工质量控制程序 (59)

第四节　水利水电工程施工准备质量控制 ……………………………………… (61)
  一、工程项目开工申报审查 …………………………………………………… (61)
  二、分部（分项）工程开工前准备工作 ………………………………………… (62)
第五节　水利水电工程施工过程质量控制 ……………………………………… (63)
  一、施工过程检查与监督 ……………………………………………………… (63)
  二、施工质量检查 ……………………………………………………………… (65)
  三、机电设备及金属结构驻厂监造 …………………………………………… (66)
  四、机电设备及金属结构安装质量检查 ……………………………………… (68)
第六节　水利水电常见工程施工质量控制 ……………………………………… (70)
  一、工程桩基处理 ……………………………………………………………… (70)
  二、堆石坝工程 ………………………………………………………………… (87)
  三、土石坝工程 ………………………………………………………………… (96)
  四、水闸工程 ………………………………………………………………… (103)
  五、泵站工程 ………………………………………………………………… (112)
  六、堤防工程 ………………………………………………………………… (117)
  七、地下洞室工程 …………………………………………………………… (132)
  八、混凝土防渗墙工程 ……………………………………………………… (141)
  九、金属结构制造与安装工程 ……………………………………………… (143)
第七节　水利水电工程施工质量事故处理 …………………………………… (163)
  一、质量事故分类 …………………………………………………………… (163)
  二、质量事故处理原则 ……………………………………………………… (164)
  三、施工质量事故处理程序 ………………………………………………… (164)
  四、工程质量缺陷处理 ……………………………………………………… (164)
第八节　水利水电工程施工质量检验与评定 ………………………………… (165)
  一、项目划分 ………………………………………………………………… (165)
  二、施工质量检验 …………………………………………………………… (176)
  三、施工质量评定 …………………………………………………………… (179)

第五章　水利水电工程监理进度控制 ……………………………………… (182)
第一节　水利水电工程进度控制概述 ………………………………………… (182)
  一、工程进度控制的概念 …………………………………………………… (182)
  二、工程进度控制的内容 …………………………………………………… (182)
  三、工程监理进度控制措施 ………………………………………………… (183)
  四、工程监理进度控制的方法 ……………………………………………… (184)
  五、工程进度控制计划体系 ………………………………………………… (184)
第二节　水利水电工程设计进度控制 ………………………………………… (188)
  一、设计进度控制的任务 …………………………………………………… (188)
  二、设计进度控制的措施 …………………………………………………… (188)
  三、设计进度控制的程序 …………………………………………………… (189)

四、设计进度计划的制定 …………………………………… (189)
　　五、设计进度的测算方法 …………………………………… (190)
　第三节　水利水电工程施工进度控制 ………………………… (191)
　　一、工程施工进度控制任务 ………………………………… (191)
　　二、施工进度控制基本工作 ………………………………… (191)
　　三、施工进度计划编制及审批 ……………………………… (192)
　　四、施工过程检查 …………………………………………… (194)
　　五、暂停施工 ………………………………………………… (195)
　　六、工期延误 ………………………………………………… (196)

第六章　水利水电工程监理安全控制 ……………………………… (198)

　第一节　水利水电工程监理安全控制概述 …………………… (198)
　　一、工程建设安全监理的概念 ……………………………… (198)
　　二、工程建设安全监理的任务 ……………………………… (198)
　　三、工程建设安全监理的工作内容 ………………………… (198)
　　四、监理机构各级人员的岗位安全职责 …………………… (199)
　第二节　水利水电工程施工安全管理 ………………………… (199)
　　一、施工安全保障与监督体系 ……………………………… (199)
　　二、施工过程安全管理 ……………………………………… (201)
　　三、安全生产费用管理 ……………………………………… (203)
　第三节　水利水电工程施工环境保护与水土保持监督 ……… (204)
　　一、施工环境保护工作要求 ………………………………… (204)
　　二、施工环境保护工作内容 ………………………………… (204)

第七章　水利水电工程监理合同管理 ……………………………… (207)

　第一节　水利水电工程建设合同概述 ………………………… (207)
　　一、工程建设合同的概念 …………………………………… (207)
　　二、工程建设合同的特征 …………………………………… (207)
　　三、工程建设合同的种类 …………………………………… (208)
　　四、水利水电工程项目的合同体系 ………………………… (208)
　第二节　水利水电工程施工合同的签订 ……………………… (209)
　　一、签订施工合同的基本条件 ……………………………… (209)
　　二、施工合同的主要内容 …………………………………… (209)
　　三、签订施工合同的书面文件 ……………………………… (210)
　　四、签订施工合同的基本原则 ……………………………… (210)
　第三节　水利水电工程合同商务管理 ………………………… (211)
　　一、工程变更管理 …………………………………………… (211)
　　二、合同索赔 ………………………………………………… (213)
　　三、违约处理 ………………………………………………… (215)

四、分包 …………………………………………………………………………… (217)
　　五、保险 …………………………………………………………………………… (217)

第八章　水利水电工程监理信息管理 …………………………………………… (219)

第一节　水利水电工程监理信息管理概述 ………………………………………… (219)
　　一、监理信息的概念及特点 ……………………………………………………… (219)
　　二、监理信息的作用 ……………………………………………………………… (219)
　　三、监理信息的分类 ……………………………………………………………… (220)
　　四、监理管理信息流程 …………………………………………………………… (222)
　　五、监理管理信息系统 …………………………………………………………… (223)

第二节　水利水电工程工程信息管理基本工作 …………………………………… (223)
　　一、建立健全工程信息管理体系 ………………………………………………… (223)
　　二、工程信息收集 ………………………………………………………………… (224)
　　三、施工过程信息管理 …………………………………………………………… (224)

第三节　水利水电工程监理与设计文件管理 ……………………………………… (224)
　　一、监理文件管理 ………………………………………………………………… (224)
　　二、设计文件管理 ………………………………………………………………… (225)
　　三、工程文件传递与处理 ………………………………………………………… (225)

第四节　水利水电工程监理档案资料管理 ………………………………………… (227)
　　一、监理档案资料管理制度 ……………………………………………………… (227)
　　二、承建单位档案资料检查 ……………………………………………………… (228)
　　三、工程监理档案的验收、归档与移交 ………………………………………… (228)

第九章　水利水电工程监理协调 …………………………………………………… (237)

第一节　水利水电工程监理协调概述 ……………………………………………… (237)
　　一、监理协调的概念 ……………………………………………………………… (237)
　　二、监理协调的制度 ……………………………………………………………… (237)
　　三、监理协调的工作内容 ………………………………………………………… (237)
　　四、监理协调的方式 ……………………………………………………………… (239)

第二节　协调会议 …………………………………………………………………… (239)
　　一、第一次工地会议 ……………………………………………………………… (239)
　　二、工地协调例会 ………………………………………………………………… (239)
　　三、专题会议 ……………………………………………………………………… (240)
　　四、监理机构协调权力 …………………………………………………………… (240)

第三节　合同约见 …………………………………………………………………… (240)
　　一、约见方式 ……………………………………………………………………… (240)
　　二、约见程序 ……………………………………………………………………… (241)

第四节　会议纪要与会议记录 ……………………………………………………… (241)
　　一、监理协调会议纪要 …………………………………………………………… (241)

二、会议记录 ……………………………………………………………………………… (241)

第十章　水利水电工程验收 …………………………………………………………… (242)

第一节　水利水电工程验收概述 ……………………………………………… (242)
　　一、工程验收依据 ………………………………………………………………… (242)
　　二、工程验收内容 ………………………………………………………………… (242)
　　三、工程验收监督管理 …………………………………………………………… (242)

第二节　水利水电工程项目法人验收 ………………………………………… (243)
　　一、分部工程验收 ………………………………………………………………… (243)
　　二、单位工程验收 ………………………………………………………………… (244)
　　三、合同工程完工验收 …………………………………………………………… (245)

第三节　水利水电工程项目政府验收 ………………………………………… (246)
　　一、阶段验收 ……………………………………………………………………… (247)
　　二、专项验收 ……………………………………………………………………… (251)
　　三、竣工验收 ……………………………………………………………………… (251)

第四节　水利水电工程移交及遗留问题处理 ………………………………… (254)
　　一、工程交接 ……………………………………………………………………… (254)
　　二、工程移交 ……………………………………………………………………… (255)
　　三、验收遗留问题及尾工处理 …………………………………………………… (255)
　　四、工程竣工证书颁发 …………………………………………………………… (255)

第五节　水利水电工程验收阶段监理工作 …………………………………… (256)
　　一、工程项目合同验收 …………………………………………………………… (256)
　　二、工程项目移交与缺陷责任期监理工作 ……………………………………… (262)

附录 ……………………………………………………………………………………… (265)

　　附录1　水利水电工程外观质量评定办法 ……………………………………… (265)
　　附录2　水利水电工程施工质量缺陷备案表格式 ……………………………… (280)
　　附录3　普通混凝土试块试验数据统计方法 …………………………………… (282)
　　附录4　喷射混凝土抗压强度检验评定标准 …………………………………… (284)
　　附录5　砂浆、砌筑用混凝土强度检验评定标准 ……………………………… (285)
　　附录6　重要隐蔽单元工程(关键部位单元工程)质量等级签证表 …………… (286)
　　附录7　水利水电工程项目施工质量评定表 …………………………………… (287)

参考文献 ………………………………………………………………………………… (292)

第一章 水利水电工程建设监理概述

第一节 水利水电工程建设程序

基本建设程序是指基本建设全过程中各项工作必须遵循的先后顺序。它是客观存在的规律性反映,不按基本建设程序办事,就会受到客观规律的惩罚,给国民经济造成严重损失。因此,水利水电工程建设应严格按照基本建设程序进行。

水利水电工程建设程序可分为前期工作、工程实施和竣工投产三个阶段,主要包括项目建议书、可行性研究、初步设计、施工准备(包括招标设计)、建设实施、生产准备、竣工验收、后评价等阶段性内容,如图1-1所示。

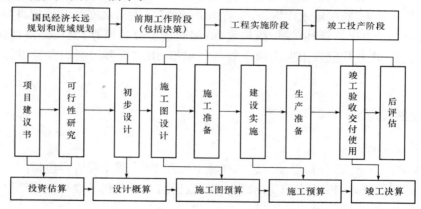

图1-1 水利水电工程建设程序

一、前期工作阶段

1. 项目建议书

项目建议书是在流域规划的基础上,由建设单位向国家主管部门提出建设项目的轮廓设想,从宏观上衡量分析项目建设的必要性和可能性,分析建设条件是否具备,是否值得投入资金和人力,进行可行性研究工作。

项目建议书的编制一般由政府委托有相应资质的设计咨询单位承担,并按国家现行规定的权限向主管部门申报审批。项目建议书被批准后,由政府向社会公布,若有投资建设意向,则组建项目法人筹备机构,进行可行性研究工作。

2. 可行性研究

可行性研究是项目能否成立的基础,这个阶段的成果是可行性研究报告。它是运用现代技术科学、经济科学和管理工程学等,对项目进行技术经济分析的综合性工作。其任务是研究兴建某个建设项目在技术上是否可行,经济及社会效益是否显著,建设中要动用多少人力、物力和资金；建设工期多长，如何筹集建设资金等重大问题。因此，可行性研究是进行建设项目决策的主要依据。

水利水电工程项目的可行性研究是在流域（河段）规划的基础上，组织各方面的专家、学者对拟建项目的建设条件进行全方位多方面的综合论证比较。例如三峡工程就涉及许多部门和专业，甚至整个流域的生态环境、文物古迹、军事等学科。

可行性研究报告由项目主管部门委托工程咨询单位或组织专家进行评估，并综合行业归属部门、投资机构、项目法人等方面的意见进行审批。项目的可行性研究报告批准后，应正式成立项目法人，并按项目法人责任制实行项目管理。

3. 初步设计

可行性研究报告批准后，项目法人应择优选择有相应资质的设计单位承担工程的勘测设计工作。

初步设计是在可行性研究的基础上进行的，其主要任务是确定工程规模；确定工程总体布置、主要建筑物的结构形式及布置；确定电站或泵站的机组机型、装机容量和布置；选定对外交通方案、施工导流方式、施工总进度和施工总布置、主要建筑物施工方法及主要施工设备、资源需用量及其来源；确定水库淹没、工程占地的范围，提出水库淹没处理、移民安置规划和投资概算；提出水土保持、环境保护措施设计；编制初步设计概算；复核经济评价等。初步设计完成后按国家现行规定权限向上级主管部门申报，由主管部门组织专家进行审查，合格后即可审批。

二、工程实施阶段

1. 施工准备阶段

项目在主体工程开工之前，必须完成各项施工准备工作，其主要内容包括：

（1）施工现场的征地、拆迁，施工用水、电、通信、道路的建设和场地平整等工程。

（2）必需的生产、生活临时建筑工程。

（3）组织招标设计、咨询、设备和物资采购等服务。

（4）组织建设监理和主体工程施工、主要机电设备采购招标，并择优选建设监理单位、施工承包商及机电设备供应商。

（5）进行技术设计，编制修正总概算和施工详图设计，编制设计预算。

施工准备工作开始前，项目法人或其代理机构，须依照有关规定，向政府主管部门办理报建手续，并同时交验工程建设项目的有关批准文件。工程项目报建后，方可组织施工准备工作。

2. 建设实施阶段

建设实施阶段是指主体工程的建设实施，项目法人按照批准的建设文件，组织工程建设，保证项目建设目标的实现。项目法人或其代理机构，必须按审批权限，向主管部门提出主体工程开工申请报告，经批准后，主体工程方可正式开工。主体工程开工须具备以下条件：

（1）前期工程各阶段文件已按规定批准，施工详图设计可以满足初期主体工程施工需要。

（2）建设项目已列入国家或地方水利水电工程建设投资年度计划，年度建设资金已落实。

（3）主体工程招标已经决标，工程承包合同已经签订，并得到主管部门同意。

(4)现场施工准备和征地移民等建设外部条件能够满足主体工程开工需要。
(5)建设管理模式已经确定,投资主体与项目主体的管理关系已经理顺。
(6)项目建设所需全部投资来源已经明确,且投资结构合理。
(7)项目产品的销售,已有用户承诺,并确定了定价原则。

三、竣工投产阶段

1. 生产准备

生产准备是项目投产前所要进行的一项重要工作,是建设阶段转入生产经营的必要条件。项目法人应按照建管结合和项目法人责任制的要求,适时做好有关生产准备工作,其主要内容一般包括:

(1)生产组织准备。建立生产经营的管理机构及其相应管理制度。
(2)招收和培训人员。按照生产运营的要求,配备生产管理人员,并通过多种形式的培训,提高人员素质,使之能满足运营要求。
(3)生产技术准备。主要包括技术资料的汇总、运行技术方案的制定、岗位操作规程的制定等。
(4)生产物资准备。主要是落实投产运营所需要的原材料、协作产品、工器具、备品备件和其他协作配合条件的准备。
(5)正常的生活福利设施准备。

2. 竣工验收

竣工验收是工程完成建设目标的标志,是全面考核基本建设成果、检验设计和工程质量的重要步骤。竣工验收合格的项目即从基本建设转入生产或使用。

当建设项目的建设内容全部完成,经过单位工程验收,符合设计要求,并按水利基本建设项目档案管理的有关规定,完成了档案资料的整理工作;在完成竣工报告、竣工决算等必需文件的编制后,项目法人按照有关规定,向主管部门提出申请,根据国家和部颁验收规程,组织验收。

竣工决算编制完成后,须由审计机关组织竣工审计,其审计报告作为竣工验收的基本资料。对工程规模较大、技术较复杂的建设项目可先进行初步验收。不合格的工程不予验收;有遗留问题必须有具体处理意见,且有限期处理的明确要求并落实责任人。

3. 后评价

建设项目竣工投产后,一般经过1~2年生产运营后要进行一次系统的项目后评价。主要内容包括:

(1)影响评价。项目投产后对各方面的影响所进行的评价。
(2)经济效益评价。对项目投资、国民经济效益、财务效益、技术进步和规模效益、可行性研究深度等方面进行的评价。
(3)过程评价。对项目立项、设计、施工、建设管理、竣工投产、生产运营等全过程进行的评价。

项目后评价工作一般按三个层次组织实施,即项目法人的自我评价、项目行业的评价、计划部门(或主要投资方)的评价。建设项目后评价工作必须遵循客观、公正、科学的原则,做到分析合理、评价公正。

第二节　水利水电工程建设监理概念、依据与任务

一、水利水电工程建设监理概念

水利水电工程建设监理是根据国家有关法规,由政府主管部门授权、认可机构认定的水利水电工程建设监理单位接受建设单位(项目法人)的委托和授权,依据国家法律、法规、技术标准以及水利水电工程建设合同,综合运用法律、经济、行政和技术手段,对水利水电工程建设参与者的行为和责、权、利,进行监督、约束和协调,使水利水电工程建设能按计划有序、顺畅地进行,达到水利水电工程建设合同所规定的投资、质量和进度控制目标。

目前,我国大中型水利水电工程均实行了建设监理制,对保证工程质量,加快工程进度,提高工程项目的经济效益起到了重大作用。建设监理制已成为我国工程建设的一项重要制度,且已纳入法律规范的范畴。

二、水利水电工程建设监理依据

(1)国家的法律、行政法规和部门规章。
(2)工程建设有关技术标准及相关规定。
(3)业主与监理单位签订的工程监理合同。
(4)业主与承建单位签订的工程承建合同。

三、水利水电工程建设监理任务

实行水利水电工程建设监理制度,是发展生产力的需要,也是发展市场经济的必然结果。使监理机构承担起投资控制、质量控制和工期控制的责任,是监理机构的分内之事,也是他们的专业特长。实践证明,实行监理的水利水电工程建设项目(如举世瞩目的三峡工程),在投资控制、质量控制和工期控制方面都能起到良好的效果,以达到提高投资效益的目的。

在水利水电工程建设施工中,在建设项目的投资、质量、工期等目标明确的前提下,利用合同管理、信息管理、组织协调等有效手段进行动态控制,以达到监理的目的。

1. 投资控制

投资控制也称费用目标控制,主要是指在建设前期进行可行性研究及投资估算;在设计阶段对设计准备、总概算及概预算进行审查;在施工准备阶段协助确定招标控制价(标底)和工程总造价;在施工阶段进行工程进度款签证,控制设计变更和索赔,审核工程结算等。

2. 质量控制

质量控制主要是审查工程项目的设计是否符合标准与规范、是否满足使用功能、计算依据及结果是否正确;结构是否先进合理;零部件的尺寸及材料是否符合要求;加工工艺是否合理;零部件制造是否达到设计图纸的技术要求;工程项目及其设备安装、调试与运行是否达到设计要求等。

3. 工期控制

工期控制就是通过运用网络技术等手段审查、修改施工组织设计与进度计划,随时掌

项目进展情况,督促施工单位按合同的要求如期实现项目总工期目标,保证工程建设按时投产。

4. 合同管理

合同管理是进行工期控制、质量控制及成本控制的有效工具。监理单位可通过有效的合同管理,站在公正的立场上,尽可能调解建设单位与承包单位双方在履行合同中出现的纠纷,维护当事人的合法权益,确保建设项目三个目标的最好实现。

5. 信息管理

控制是监理工程师在监理过程中使用的主要方法,控制的基础是信息。因此,要及时掌握准确、完整的信息,并迅速地进行处理,使监理工程师对工程项目的实施情况有清楚的了解,以便及时采取措施,有效地完成监理任务。

信息管理要有完善的建设监理信息系统,最好的方法就是利用计算机进行辅助管理。

6. 组织协调

在工程项目实施过程中,业主和承包商由于各自的经济利益和对问题的不同理解,会产生各种矛盾和争议。因此,监理工程师要及时、公正地进行协调和决定,维护双方的合法权益。

四、水利水电工程建设监理工作方法及制度

1. 建设监理工作方法

由于建设工程监理工作具有技术管理、经济管理、合同管理、组织管理和工作协调等多项业务职能,因此,对其工作内容、方式、方法、范围和深度均有特殊要求。

根据有关规范和规定,水利水电工程建设项目施工监理的主要工作方法有以下几种:

(1)现场记录。监理机构应完整记录每日各施工项目和部位的人员、设备和材料,以及天气、施工环境及施工中出现的各种情况。

(2)发布文件。监理机构采用通知单、指令、签证单、认可书、指示、证书等文件形式进行施工全过程的控制和管理。

(3)旁站监理。监理机构按照监理合同约定,在施工现场对工程项目的重要隐蔽部位和关键部位的工序的施工,实施连续性的全过程检查与监督。

(4)巡视检验。监理机构对所监理的工程项目进行定期或不定期的检查、监督和管理。

(5)跟踪检测。在承包人进行试样检测前,监理机构应对其试验人员、仪器设备、程序、方法进行审核;在承包人检测时,进行全过程的监督,确认其程序、方法的有效性,检验结果的可信性,并对该结果签认。

(6)平行检测。监理机构在承包人自行检测的同时独立进行抽样检测,以核验承包人的检测结果。

(7)协调。监理机构对参加工程建设各方的关系以及工程施工过程中出现的问题和争议进行调解解决。

2. 建设监理工作制度

工程建设监理工作制度的主要内容包括协助建设单位进行工程项目可行性研究,优选设计方案、设计单位和施工单位,审查设计文件,控制工程质量、造价和工期,监督、管理建设工程合同的履行,以及协调建设单位与工程建设有关各方的工作关系等。

根据有关规范和规定,水利水电工程建设项目施工监理的主要工作制度如下:

(1)技术文件审核、审批制度。根据施工合同约定,由双方提交的施工图纸、施工组织设计、施工措施计划、施工进度计划、开工申请等文件均应在通过监理机构核查、审核或审批后,方可实施。

(2)原材料、构配件、工程设备检验制度。进场的原材料、构配件和工程设备应在有出厂合格证明和技术说明书,经承包人自检合格后,方可报监理机构检验。不合格的材料、构配件和工程设备应按监理指示在规定时限内运离工地或进行相应处理。

(3)工程质量检验制度。承包人每完成一道工序及一个单元工程,都必须经过自检合格后,方可报监理机构进行复核检验。上道工序及上一单元工程未经复核检验或复核检验不合格,禁止进行下道工序及下一单元工程施工。

(4)工程计量付款签证制度。所有申请付款的工程量均应进行计量并经监理机构确认。未经监理机构签证的付款申请,发包人不应支付。

(5)会议制度。监理机构应建立会议制度,包括第一次工地会议、监理例会和监理专题会议。会议由总监理工程师或由其授权的监理工程师主持。

(6)施工现场紧急情况报告制度。监理机构应针对施工现场可能出现的紧急情况编制处理程序、处理措施等文件。当发生紧急情况时,应立即向发包人报告,并指示承包人立即采取有效紧急的措施进行处理。

(7)工作报告制度。监理机构应及时向发包人提交监理月报或监理专题报告;在工程验收时,提交监理工作报告;在监理工作结束后,提交监理工作总结报告。

(8)工程验收制度。在承包人提交验收申请后,监理机构应对其是否具备验收条件进行审核,并根据有关水利工程验收规程或合同约定,参与、组织或协助发包人组织工程验收。

第三节 水利水电工程建设监理单位

一、监理单位基本规定

水利水电工程建设监理单位是指取得水利水电工程建设监理资格等级证书、具有法人资格从事工程建设监理业务的单位。监理单位必须严格执行国家有关法律、法规和政策,以及水利水电行业的规章、规范性文件和技术标准,接受水利行政主管部门的监督管理。

水利水电工程建设监理单位应遵守以下基本规定:

(1)接受政府主管部门及其监督部门的检查和监督。
(2)按许可的业务范围和资质等级承担工程监理业务。
(3)履行工程监理合同约定的义务,并承担相应的合同责任。
(4)不得与监理项目承建单位有经营性隶属关系或合伙关系。
(5)不得修改建设工程勘察、设计文件。
(6)监理机构成员不得是所监理项目承建单位的在职人员。
(7)监理工程师应具备执业资格,并持有监理工程师岗位证书。
(8)专业工程师应具备相应执业资格,并持有执业资格证书或岗位证书。

二、监理单位资质等级和标准

监理单位资质,是指从事监理工作应当具备的人员素质、资金数量、专业技能、管理水平及监理业绩等。承担水利水电项目主体工程建设监理业务的单位,必须是具有法人资格并取得水利水电工程建设监理资质等级证书的监理单位。监理单位应按批准的业务范围和资质等级承担相应工程建设监理业务。

1. 水利工程建设监理单位的资质等级

水利工程建设监理单位资质分为水利工程施工监理、水土保持工程施工监理、机电及金属结构设备制造监理和水利工程建设环境保护监理四个专业。其中,水利工程施工监理专业资质和水土保持工程施工监理专业资质分为甲级、乙级和丙级三个等级,机电及金属结构设备制造监理专业资质分为甲级、乙级两个等级,水利工程建设环境保护监理专业资质暂不分级。

水利工程建设监理单位资质等级标准应符合表 1-1 的规定。

表 1-1　　　　　　　　水利工程建设监理单位资质等级标准

序号	项 目	内 容
1	甲级监理单位资质条件	(1)具有健全的组织机构、完善的组织章程和管理制度。技术负责人具有高级专业技术职称,并取得总监理工程师岗位证书。 (2)专业技术人员。监理工程师以及其中具有高级专业技术职称的人员、总监理工程师,均不少于表 1-2 规定的人数。水利工程造价工程师不少于 3 人。 (3)具有五年以上水利工程建设监理经历,且近三年监理业绩分别为: 1)申请水利工程施工监理专业资质,应当承担过(含正在承担,下同)1 项Ⅱ等水利枢纽工程,或者 2 项Ⅱ等(堤防 2 级)其他水利工程的施工监理业务;该专业资质许可的监理范围内的近三年累计合同额不少于 600 万元。承担过水利枢纽工程中的挡、泄、导流、发电工程之一的,可视为承担过水利枢纽工程。 2)申请水土保持工程施工监理专业资质,应当承担过 2 项Ⅱ等水土保持工程的施工监理业务;该专业资质许可的监理范围内的近三年累计合同额不少于 350 万元。 3)申请机电及金属结构设备制造监理专业资质,应当承担过 4 项中型机电及金属结构设备制造监理业务;该专业资质许可的监理范围内的近三年累计合同额不少于 300 万元。 (4)能运用先进技术和科学管理方法完成建设监理任务。 (5)注册资金不少于 200 万元
2	乙级监理单位资质条件	(1)具有健全的组织机构、完善的组织章程和管理制度。技术负责人具有高级专业技术职称,并取得总监理工程师岗位证书。 (2)专业技术人员。监理工程师以及其中具有高级专业技术职称的人员、总监理工程师,均不少于表 1-2 规定的人数。水利工程造价工程师不少于 2 人。 (3)具有三年以上水利工程建设监理经历,且近三年监理业绩分别为: 1)申请水利工程施工监理专业资质,应当承担过 3 项Ⅲ等(堤防 3 级)水利工程的施工监理业务;该专业资质许可的监理范围内的近三年累计合同额不少于 400 万元。 2)申请水土保持工程施工监理专业资质,应当承担过 4 项Ⅲ等水土保持工程的施工监理业务;该专业资质许可的监理范围内的近三年累计合同额不少于 200 万元。 (4)能运用先进技术和科学管理方法完成建设监理任务。 (5)注册资金不少于 100 万元。 首次申请机电及金属结构设备制造监理专业乙级资质,只需满足第(1)、(2)、(4)、(5)项;申请重新认定、延续或者核定机电及金属结构设备制造监理专业乙级资质的,还须该专业资质许可的监理范围内的近三年年均监理合同额不少于 30 万元

续表

序号	项目	内容
3	丙级和不定级监理单位资质条件	(1)具有健全的组织机构、完善的组织章程和管理制度。技术负责人具有高级专业技术职称,并取得总监理工程师岗位证书。 (2)专业技术人员。监理工程师以及其中具有高级专业技术职称的人员、总监理工程师,均不少于表1-2规定的人数。水利工程造价工程师不少于1人。 (3)能运用先进技术和科学管理方法完成建设监理任务。 (4)注册资金不少于50万元。 申请重新认定、延续或者核定丙级(或者不定级)监理单位资质的,还须专业资质许可的监理范围内的近三年年均监理合同额不少于30万元

表1-2 各专业资质等级配备监理工程师一览表

监理单位资质等级	水利工程施工监理专业资质			水土保持工程施工监理专业资质			机电及金属结构设备制造监理专业资质			水利工程建设环境保护监理专业资质		
	监理工程师	其中高级职称人员	其中总监理工程师	监理工程师	其中高级职称人员	其中总监理工程师	监理工程师	其中高级职称人员	其中总监理工程师	监理工程师	其中高级职称人员	其中总监理工程师
甲级	40	8	7	25	5	4	25	5	4	—	—	—
乙级	25	5	3	15	3	2	12	3	2			
丙级	10	3	1	10	3	1	—	—	—			
不定级	—	—	—	—	—	—	—	—	—	10	3	1

注:1. 监理工程师的监理专业必须为各专业资质要求的相关专业。
   2. 具有两个以上不同类别监理专业的监理工程师,监理单位申请不同专业资质等级时可分别计算人数。

2. 水利工程建设监理单位的业务范围

水利工程建设监理各专业资质等级可以承担的业务范围如下:
(1)水利工程施工监理专业资质。
1)甲级可以承担各等级水利工程的施工监理业务。
2)乙级可以承担Ⅱ等(堤防2级)以下各等级水利工程的施工监理业务。
3)丙级可以承担Ⅲ等(堤防3级)以下各等级水利工程的施工监理业务。
(2)水土保持工程施工监理专业资质。
1)甲级可以承担各等级水土保持工程的施工监理业务。
2)乙级可以承担Ⅱ等以下各等级水土保持工程的施工监理业务。
3)丙级可以承担Ⅲ等水土保持工程的施工监理业务。
同时,具备水利工程施工监理专业资质和乙级以上水土保持工程施工监理专业资质的,方可承担淤地坝中的骨干坝施工监理业务。
(3)机电及金属结构设备制造监理专业资质。
1)甲级可以承担水利工程中的各类型机电及金属结构设备制造监理业务。
2)乙级可以承担水利工程中的中、小型机电及金属结构设备制造监理业务。
(4)水利工程建设环境保护监理专业资质。可以承担各类各等级水利工程建设环境保护监理业务。

三、监理单位资质管理

从事水利工程建设监理业务的单位,应当按照《水利工程建设监理单位资质管理办法》取得资质,并在资质等级许可的范围内承揽水利工程建设监理业务。申请监理资质的单位(以下简称申请人),应当按照其拥有的技术负责人、专业技术人员、注册资金和工程监理业绩等条件,申请相应的资质等级。

水利部所属流域管理机构(以下简称流域管理机构)和省、自治区、直辖市人民政府水利行政主管部门依照管理权限,负责有关的监理单位资质申请材料的接收、转报以及相关管理工作。

1. 申请

申请水利工程建设监理单位资质,应当具备"水利工程建设监理单位资质等级标准"规定的资质条件。监理单位资质一般按照专业逐级申请。申请人可以申请一个或者两个以上的专业资质。

申请人应当向其注册地的省、自治区、直辖市人民政府水利行政主管部门提交申请材料。但是,水利部直属单位独资或者控股成立的企业申请监理单位资质的,应当向水利部提交申请材料;流域管理机构直属单位独资或者控股成立的企业申请监理单位资质的,应当向该流域管理机构提交申请材料。

省、自治区、直辖市人民政府水利行政主管部门和流域管理机构应当自收到申请材料之日起20个工作日内提出意见,并连同申请材料转报水利部。水利部按照《中华人民共和国行政许可法》第三十二条的规定办理受理手续。

首次申请监理单位资质,申请人应当提交以下材料:

(1)《水利工程建设监理单位资质等级申请表》。

(2)《企业法人营业执照》或者工商行政管理部门核发的企业名称预登记证明。

(3)验资报告。

(4)企业章程。

(5)法定代表人身份证明。

(6)《水利工程建设监理单位资质等级申请表》中所列监理工程师、造价工程师的资格证书和申请人同意注册证明文件(已在其他单位注册的,还需提供原注册单位同意变更注册的证明)、总监理工程师岗位证书,以及上述人员的劳动合同和社会保险凭证。

申请晋升、重新认定、延续监理单位资质等级的,除提交前款规定的材料外,还应当提交以下材料:

(1)原《水利工程建设监理单位资质等级证书》(副本)。

(2)《水利工程建设监理单位资质等级申请表》中所列监理工程师的注册证书。

(3)近三年承担的水利工程建设监理合同书,以及已完工程的建设单位评价意见。

申请人应当如实提交有关材料和反映真实情况,并对申请材料的真实性负责。

2. 受理

水利部应当自受理申请之日起20个工作日内做出认定或者不予认定的决定;20个工作日内不能做出决定的,经本机关负责人批准,可以延长10个工作日。决定予以认定的,应当在10个工作日内颁发《水利工程建设监理单位资质等级证书》;不予认定的,应当书面通知申请人并说明理由。

3. 认定

(1)水利部在做出决定前,应当组织对申请材料进行评审,并将评审结果在水利部网站公示,公示时间不少于7日。

水利部应当制作《水利行政许可除外时间告知书》,将评审和公示时间告知申请人。

(2)《水利工程建设监理单位资质等级证书》包括正本一份、副本四份,正本和副本具有同等法律效力,有效期为5年。

(3)资质等级证书有效期内,监理单位的名称、地址、法定代表人等工商注册事项发生变更的,应当在变更后30个工作日内向水利部提交水利工程监理单位资质等级证书变更申请,并附工商注册事项变更的证明材料,办理资质等级证书变更手续。水利部应在自收到变更申请材料之日起3个工作日内办理变更手续。

(4)监理单位分立的,应当自分立后30个工作日内,按照《水利工程建设监理单位资质管理办法》第十条、第十一条的规定,提交有关申请材料以及分立决议和监理业绩分割协议,申请重新认定监理单位资质等级。

(5)资质等级证书有效期届满,需要延续的,监理单位应当在有效期届满30个工作日前,按照《水利工程建设监理单位资质管理办法》第十条、第十一条的规定,向水利部提出延续资质等级的申请。水利部在资质等级证书有效期届满前,做出是否准予延续的决定。

(6)水利部应当将资质等级证书的发放、变更、延续等情况及时通知有关省、自治区、直辖市人民政府水利行政主管部门或者流域管理机构,并定期在水利部网站公告。

四、监理单位工作职责

水利水电工程施工监理单位应当依照法律、法规及有关技术标准、设计文件和工程承建合同,对承建单位在施工质量、施工安全、合同工期和合同费用使用等方面,代表业主实施监督管理,并承担相应的监理责任。

监理单位工作职责由工程监理合同约定,应包括:

(1)协助业主进行工程施工招标与承建合同的签订。
(2)检查工程勘察、设计文件,组织合同项目的设计技术交底和施工图会检。
(3)解释工程承建合同。
(4)审查承建单位选择的分包单位资质。
(5)向业主建议优化工程建设与管理的有关事项。
(6)审批承建单位工程施工措施、计划和技术方案。
(7)主持工程项目承建各方现场协调。
(8)按合同规定发布开工令、停工令、返工令和复工令。
(9)检查工程施工中使用的材料、设备,检查施工质量。
(10)检查、监督工程施工进度。
(11)审查、指令与临时处置工程变更。
(12)检查、督促承建单位安全生产、施工环境保护与水土保持。

(13)审查合同支付计量,做出合同支付签证。
(14)调解承建单位与业主之间的合同争议。
(15)参加工程项目验收,办理合同项目移交证书、合同项目完工证书,审核合同项目施工竣工档案资料。

五、监理单位与各方的关系

(一)工程项目建设监理当事方

1. 建设单位

所谓建设单位,就是项目的投资者、拥有者或最高决策者的统称。它全面负责项目筹资、建设与生产经营。自我国改革开放以来,投资出现了多元化的趋势。由政府投资及其组建的管委会、开发公司或工程指挥部都是建设单位。项目投资者还有企业、个人、外商独资或合资等多种形式,它们只要拥有上述权力与职能,均可称为建设单位。

2. 承包单位

承包单位指其投标文件被建设单位接受并与建设单位签订了工程承建合同的单位。承包单位受雇于建设单位,承担项目的施工、安装与调试任务,是工程建设的直接执行者和施工者。

3. 监理单位

监理单位是中介服务性机构,一般是指具有法人资格,取得监理单位资格证书,主要从事工程建设监理工作的监理公司、监理事务所等,也包括具有法人资格的单位所设立的专门从事工程监理的二级机构,像设计单位或大专院校的"监理部"等。

(二)监理单位与建设单位的关系

监理单位与建设单位之间是平等主体之间的关系,在工程项目建设上是委托与被委托、授权与被授权的关系。监理的内容和授予的权力,是通过双方平等协商并以监理委托合同的形式予以确认。监理单位应本着对建设单位负责、为建设单位服务、为工程建设服务的精神,切实履行合同规定的义务与责任。

监理单位对建设单位而言,一般的权力有:有关工程项目的招标、设计标准与使用功能的建议权;施工进度和质保体系的审核权和否决权;工程合同内工程款支付与工程结算的确认权与否决权;对所监理的工程需组织协调的主持权;以及参加项目施工调度会的权利等。

监理单位对建设单位应尽的义务:维护建设单位的合法权益,对知悉的商业机密负有保密的责任;项目实施前应根据委托的合同编制监理计划、实施方案,并以书面的形式提交建设单位审定;定期向建设单位提供有关项目施工质量及进度的报表,保存完整的项目施工质量记录;项目竣工后应向建设单位提交监理总结报告;监理机构在承办监理业务未按照委托合同的规定履行义务而给建设单位造成损失的应当依法承担赔偿责任。

建设和监理单位双方在项目实施中应将保证项目质量、进度及提高投资效益作为共同的目标。因此,建设单位应在承包合同中明确委托监理单位的名称、项目监理的内容;项目实施监理前,建设单位应对监理单位派出的总监理工程师予以确认,并将总监理工程师的姓名以及赋予的权限、确认的监理计划书面通知承包单位(被监理单位);项目结束后应以书面形式对监理工作进行评价,如期支付监理费用。

(三)监理单位与承包单位的关系

监理单位受建设单位委托,依据工程项目承包合同文件的规定,对项目实施监理,与承包单位是监理与被监理的关系。监理机构应监督承包单位履行项目承包合同规定的义务和责任,并公正地维护承包单位的合法权益。

监理单位在实施监理中既要严格,又要客观、公正;但不应超越设计、施工及制造和安装等单位的权限,也决不能代替项目实施中的检验员、安全员。

在项目实施监理过程中,与承包单位直接打交道的是监理单位,而不是建设单位。在建设单位授权监理范围内的工作,承包单位对建设单位的有关要求,以及建设单位对承包单位的有关要求都必须通过监理单位,不得绕过监理单位双方直接做出处理。

第四节 水利水电工程建设监理人员

水利水电工程建设项目的监理人员包括总监理工程师、监理工程师和监理员,总监理工程师、监理工程师、监理员是岗位职务。其中总监理工程师须经考试取得《水利工程建设总监理工程师岗位证书》;监理工程师须经全国水利工程建设监理资格统一考试合格,经批准取得《水利工程建设监理工程师资格证书》,并经注册取得《水利工程建设监理工程师岗位证书》;监理员须经考核取得《水利工程建设监理员岗位证书》。

监理人员应遵守"守法、诚信、公正、科学"的职业准则,严格履行监理合同,正确运用业主授权和监理技能,督促业主和承建单位履行工程承建合同义务,维护双方的合同权益,认真为工程建设提供服务。

一、总监理工程师

水利工程项目建设监理实行总监理工程师负责制。总监理工程师是项目监理机构履行监理合同的总负责人,行使合同赋予监理单位的全部职责,全面负责项目监理工作。总监理工程师在授权范围内有权发布有关指令,签认所监理工程项目的有关文件,项目法人不得擅自更改总监理工程师的指令。

总监理工程师有权建议撤换承包商的工地项目经理及有关管理人员以及工程建设分包单位。总监理工程师须按合同规定公正地协调项目法人与承包单位的争议。监理工程师在总监理工程师领导下和授权范围内开展监理工作;监理员在监理工程师(监理机构中监理人员较少时在总监理工程师)领导下和授权范围内开展监理工作。

1. 总监理工程师上岗条件

(1)已取得《水利工程建设监理工程师资格证书》和《水利工程建设监理工程师岗位证书》。

(2)经过水利部举办的总监理工程师培训班培训合格并取得结业证书。

(3)有在监理工程师岗位从事建设监理工作2年以上的实践经验;有较高的专业技术水平和组织协调能力。

2. 总监理工程师上岗申报程序

(1)对于符合上岗条件的监理工程师,应填写《水利工程建设总监理工程师岗位申请表》,

由所在注册单位签署意见后按隶属关系申报。

（2）初审单位：部直属监理单位人员的申请表直接由部审查；各流域机构所属单位人员的申请表由流域机构初审；地方所属监理单位人员的申请表由各省、自治区、直辖市、水利（水电）厅（局）初审。

（3）各流域机构，各省、自治区、直辖市、水利（水电）厅（局）初审合格后，将申请表汇总报部建设与管理司。

（4）部建设与管理司负责组织对初审合格人员进行考核，并提出考核合格者名单，报部批准后，核发《水利工程建设总监理工程师岗位证书》。

3. 总监理工程师的基本职责

（1）以工程建设监理公司在工程项目的代表身份，与业主、承包单位及政府监理机关和有关单位协调沟通有关方面问题。

（2）确定工程项目组织和监理组织系统，制定监理工作方针和基本工作流程。

（3）选择各部门负责人员，并决定他们的任务和职能分工。

（4）对监理人员的工作进行督导，并根据工程实施的变化进行人员的调配。

（5）主持制定工程项目建设监理规划，并全面组织实施。

（6）提出工程承发包模式，设计合同结构，为业主发包提供决策意见。

（7）协助业主进行工程招标工作，主持编写招标文件，进行投标人资格预审，开标，评标，为业主决标提出决策意见。

（8）参加合同谈判，协助业主确定合同条款。

（9）审核并确认分包单位。

（10）主持建立监理信息系统，全面负责信息沟通工作。

（11）在规定时间内及时对工程实施的有关工作做出决策。如计划审批、工程变更、事故处理、合同争议、工程索赔、实施方案、意外风险等。

（12）审核并签署开工令、停工令、复工令、付款证明、竣工资料、监理文件和报告等。

（13）定期及不定期地巡视工地现场，及时发现和提出问题并进行处理。

（14）按规定时间向业主提交工程监理报告和例外报告。

（15）定期和不定期地向本公司报告监理情况。

（16）分阶段组织监理人员进行工作总结。

总之，总监理工程师是一个工程项目中的监理工作总负责人。在管理中承担决策职能，直接主持或参与重要方案的规划工作，并进行必要的检查。他也有执行的职能，对本公司的指示和业主方根据监理合同所规定范围内的指示应当认真执行。

二、监理工程师

各专业和各子项目监理工程师是各专业部门和各子项目管理机构的负责人员或骨干，在各自的部门和机构中有局部决策职能。而在全局监理工作范围内一般具有规划、执行和检查的职能。经总监理工程师的书面委托，监理工程师在委托的范围内可行使总监理工程师的权力和职责。

各专业或各子项目监理工程师的基本职责包括：

(1)组织制定各专业或各子项目的监理实施计划或监理细则,经总监理工程师批准后组织实施。

(2)对所负责控制的目标进行规划,建立实施目标控制的目标划分系统。

(3)建立目标控制系统,落实各控制子系统的负责人员,制定控制工作流程,确定方法和手段,制定控制措施。

(4)协商确定各部门之间的协调程序,为组织一体化主动开展工作。

(5)定期提交本目标或本子项目目标控制例行报告和例外报告。

(6)根据信息流结构和信息目录的要求,及时、准确地做好本部门的信息管理工作。

(7)根据总监理工程师的安排,参与工程招标工作,做好招标各阶段的本专业的工作。

(8)审核有关的承包方提交的计划、设计、方案、申请、证明、单据、变更、资料、报告等。

(9)检查有关的工程情况,掌握工程现状,及时发现和预测工程问题,并采取措施妥善处理。

(10)组织、指导、检查和监督本部门监理员的工作。

(11)及时检查、了解和发现承包方的组织、技术、经济和合同方面的问题,并向总监理工程师报告,以便研究对策,解决问题。

(12)及时发现并处理可能发生或已发生的工程质量问题。

(13)参与有关的分部(分项)工程、单位工程、单项工程等分期交工工程的检查和验收工作。

(14)参加或组织有关工程会议并做好会前准备。

(15)协调处理本部门管理范围内各承包方之间的有关工程方面的矛盾。

(16)提供或搜集有关的索赔资料,并把索赔和防索赔当作本部门分内工作来抓,积极配合合同管理部门做好索赔的有关工作。

(17)检查、督促并认真做好监理日志、监理月报工作,建立本部门监理资料管理制度。

(18)定期做好本部门监理工作总结。

三、监理员

1. 监理员上岗条件

(1)取得中级专业技术职务任职资格或取得初级专业技术职务任职资格两年以上或中专毕业且工作5年以上,大专毕业且工作3年以上,本科毕业且工作2年以上。

(2)经过水利部或流域机构、省、自治区、直辖市水利(水电)厅(局)举办的监理员培训班培训并取得结业证书。

(3)有一定的专业技术水平和组织管理能力。

2. 监理员上岗申报程序

(1)对于符合上岗条件的监理人员,应填写《水利工程建设监理员岗位申请表》,由所在工程监理单位签署意见后按隶属关系申报。

(2)审批、发证单位:部直属监理单位人员的申请,由部建设与管理司审批合格后核发《水利工程建设监理员岗位证书》。

各流域机构所属监理单位人员的申请,由流域机构审批合格后核发《水利工程建设监理员岗位证书》;地方所属监理单位人员的申请,由各省、自治区、直辖市水利(水电)厅(局)审批合格后核发《水利工程建设监理员岗位证书》。

3. 监理员的基本职责

监理员从事直接的工程检查、计量、检测、试验、监督和跟踪工作,并行使检查和发现问题的职能。监理员的任务一般有以下几个方面:

(1)负责检查、检测并确认材料、设备、成品和半成品的质量。

(2)检查施工单位人力、材料、设备、施工机械的投入和运行情况,并做好记录。

(3)负责工程计量并签署原始凭证。

(4)检查是否按设计图纸施工、按工艺标准施工、按进度计划施工,并对发生的问题随时予以解决纠正。

(5)检查确认工序质量,进行验收并签署。

(6)实施跟踪检查,及时发现问题、及时报告。

(7)做好填报工程原始记录的工作。

(8)记好监理日志。

第二章 水利水电工程监理工作准备

第一节 监理机构建立

一、监理机构建立要求

《水电水利工程施工监理规范》(DL/T 5111—2012)规定,监理机构建立应符合以下要求:

(1)监理机构建立与人员配备。

1)监理单位应按工程监理合同约定,在工程项目开工前或监理合同约定的时间内,向工地派驻监理机构,代表监理单位承担项目工程监理业务。

2)监理单位应将业主通过工程承建合同、工程监理合同授予的现场管理职责与监理权力授予监理机构,督促监理机构切实履行其职责,公正行使其权力,确保监理工作有序进行。

3)监理单位应在监理机构进场前完成监理机构分年度的监理人员配置计划编制,按工程监理合同约定派出满足工作要求的监理人员进驻工地开展工作,并随工程施工进展逐步调整充实。

4)监理机构的分级组织与监理人员进场计划应事先征得业主的同意。总监理工程师(含副职)的聘任、调整与撤换应事先征得业主的同意。

5)总监理工程师应根据工程项目规模、阶段、专业、项目进展等情况,将委派的监理工程师姓名及授予的职责和授权范围及时通知承建单位并抄送业主。

6)监理机构应在工程项目开工前或监理合同约定的时间内,建立监理工作体系,与其他工程建设方建立起正常的工作和联系渠道。

(2)监理机构应按监理合同约定配备满足监理工作要求的办公、通信和交通设备。

(3)监理机构应具备符合监理合同约定,能进行施工质量检查和施工测量检查的手段与技能。如果监理单位自身不具备必需的检测资质,监理机构的平行检测应委托具备独立法人资格及相应检测资质的单位进行。接受委托的检测单位须对检测结果承担责任。

(4)监理机构的工作、生活等用房,以及工作、生活设备设施等应满足监理工作与生活条件的要求。

二、监理机构组织形式

监理机构组织形式要根据工程建设项目的特点、承发包模式和业主委托的任务,依据建设监理行业特点和监理单位自身状况,科学、合理地进行确定。现行的工程建设监理组织形式主要有直线制监理组织、职能制监理组织、直线职能制监理组织和矩阵制监理组织等。

1. 直线制监理组织

直线制监理组织形式可分为按子项目分解的直线制监理组织形式(图 2-1)和按建设阶段分解的直线制监理组织形式(图 2-2)。对于小型工程建设,也可以采用按专业内容分解的直线制监理组织形式(图 2-3)。

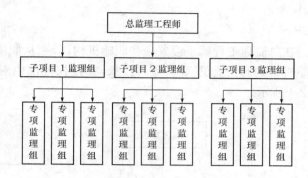

图 2-1　按子项目分解的直线制监理组织形式

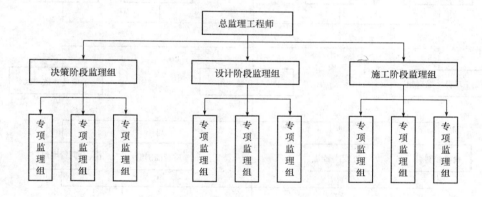

图 2-2　按建设阶段分解的直线制监理组织形式

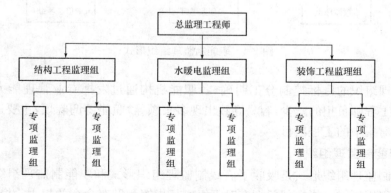

图 2-3　按专业内容分解的直线制监理组织形式

直线制监理组织形式简单,其中各种职位按垂直系统直线排列。总监理工程师负责整个项目的规划、组织、指导与协调，子项目监理组分别负责各子项目的目标控制，具体领导现场专业或专项组的工作。

直线制监理组织机构简单、权力集中、命令统一、职责分明、决策迅速、专属关系明确，但要求总监理工程师在业务和技能上是全能式人物，适用于监理项目可划分为若干个相对独立子项的大中型建设项目。

2. 职能制监理组织

职能制监理组织是在总监理工程师下设置一些职能机构，分别从职能的角度对高层监理组进行业务管理。职能机构通过总监理工程师的授权，在授权范围内对主管的业务下达指令。其组织形式如图 2-4 所示。

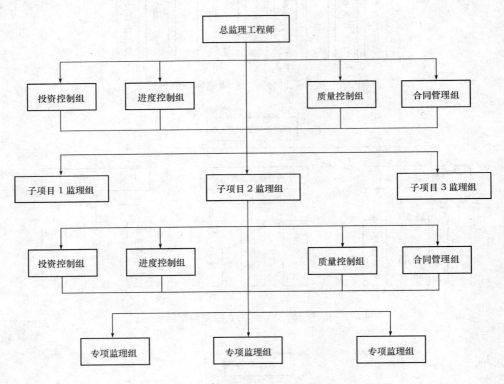

图 2-4 职能制监理组织形式

职能制监理组织的目标控制分工明确，各职能机构通过发挥专业管理能力提高管理效率。但总监理工程师负担的减少，容易导致出现多头领导，职能协调麻烦，主要适用于工程项目地理位置相对集中的工程项目。

3. 直线职能制监理组织

直线职能制监理组织形式是吸收了直线制监理组织形式和职能制监理组织形式的优点而形成的一种组织形式。指挥部门拥有对下级实行指挥和发布命令的权力，并对该部门的工作全面负责；职能部门是直线指挥人员的参谋，他们只能对指挥部门进行业务指导，而不能对指挥部门直接进行指挥和发布命令。其组织形式如图 2-5 所示。

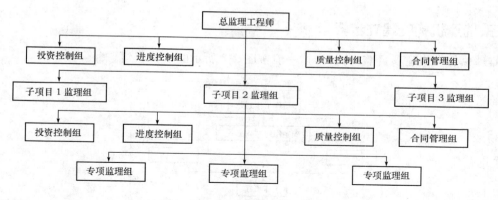

图 2-5 直线职能制监理组织形式

直线职能制组织领导集中、职责分明、管理效率高、适用范围较广泛,但职能部门与指挥部门易产生矛盾,不利于信息情报传递。

4. 矩阵制监理组织

矩阵制监理组织由纵向的职能系统与横向的子项目系统组成矩阵组织结构,各专业监理组同时受职能机构和子项目组直接领导,如图 2-6 所示。

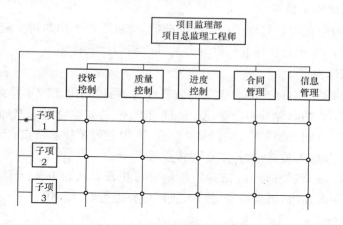

图 2-6 矩阵制监理组织形式

矩阵制组织形式加强了各职能部门的横向领导,具有较好的机动性和适应性,上下左右集权与分权达到最优结合,有利于复杂与疑难问题的解决,且有利于培养监理人员业务能力。但由于纵横向协调工作量较大,容易产生矛盾。

矩阵制监理组织形式适用于监理项目能划分为若干个相对独立子项的大中型建设项目,有利于总监理工程师对整个项目实施规划、组织、协调和指导,有利于统一监理工作的要求和规范化,同时又能发挥子项目工作班子的积极性,强化责任制。

但采用矩阵制监理组织形式时须注意,在具体工作中要确保指令的唯一性,明确规定当指令发生矛盾时,应执行哪一个指令。

三、监理机构的建立步骤

监理单位在组建项目监理机构时,一般按图 2-7 所示的步骤组建。

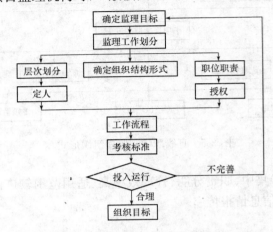

图 2-7 项目监理机构设置步骤

1. 确定项目监理机构目标

工程建设监理目标是项目监理机构建立的前提,项目监理机构的建立应根据委托监理合同中确定的监理目标,制定总目标并明确划分监理机构的分解目标。

2. 确定监理工作内容

根据监理目标和委托监理合同中规定的监理任务,明确列出监理工作内容,并进行分类归并及组合。监理工作的归并及组合应便于监理目标控制,并综合考虑监理工程的组织管理模式、工程结构特点、合同工期要求、工程复杂程度、工程管理及技术特点,还应考虑监理单位自身组织管理水平、监理人员数量、技术业务特点等。

如果进行实施阶段全过程监理,监理工作划分可按设计阶段和施工阶段分别归并和组合。如果进行施工阶段监理,可按投资、质量、进度目标进行归并和组合。

3. 组织结构设计

(1) 确定组织结构形式。监理组织结构形式必须根据工程项目规模、性质、建设阶段等监理工作的需要,从有利于项目合同管理、目标控制、决策指挥、信息沟通等方面综合考虑。

(2) 确定合理的管理层次。监理组织结构一般由决策层、中间控制层、作业层三个层次组成。决策层由总监理工程师及其助理组成,负责项目监理活动的决策;中间控制层即协调层与执行层,由专业监理工程师和子项目监理工程师组成,具体负责监理规划落实、目标控制和合同管理;作业层即操作层,由监理员、检查员组成,负责现场监理工作的具体操作。

(3) 划分项目监理机构部门。项目监理机构中合理划分各职能部门,应依据监理机构目标、监理机构可利用的人力和物力资源以及合同结构情况,将投资控制、进度控制、质量控制、合同管理、组织协调等监理工作内容按不同的职能活动或按子项分解形成相应的管理部门。

(4) 制定岗位职责和考核标准。根据责、权、利对等原则,设置各组织岗位并制定岗位职责。岗位因事而设,进行适当授权,承担相应职责,获得相应利益,避免因人设岗。

(5)选派监理人员。根据组织各岗位的需要,考虑监理人员的个人素质与组织整体合理配置、相互协调,有针对性地选择监理人员。

4. 制定工作流程

监理工作要求按照客观规律规范化地开展,因此必须制定科学、有序的工作流程,并且要根据工作流程对监理人员的工作进行定期考核。图 2-8 所示为施工阶段监理工作流程。

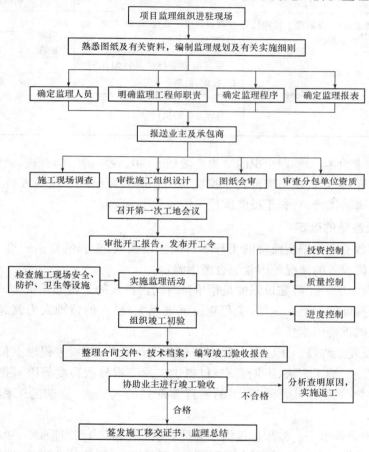

图 2-8 施工阶段监理工作流程示意图

四、监理机构的人员配备

监理机构的人员配备根据监理的任务范围、内容、期限以及工程的类别、规模、技术复杂程度、工程环境等因素综合考虑,并应符合委托监理合同中对监理深度和密度的要求,能体现项目监理机构的整体素质,满足监理目标控制的要求。

1. 监理机构的人员结构

监理机构应具有合理的人员结构,主要包括以下几个方面的内容:

(1)合理的专业结构。项目监理人员结构应根据监理项目的性质及业主的要求进行配置。对不同性质的项目和业主对项目监理的要求,需要有针对性地配备专业监理人员,做到专业结构合理,适应项目监理工作的需要。

(2)合理的技术职称结构。监理组织的结构要求高、中、初级职称与监理工作要求相称,比例合理,而且要根据不同阶段的监理进行适当调整。施工阶段项目监理机构监理人员要求的技术职称结构见表2-1。

表 2-1　　　　　施工阶段项目监理机构监理人员要求的技术职称结构

层次	人员	职能	职称职务要求		
决策层	总监理工程师、总监理工程师代表、专业监理工程师	项目监理的策划、规划、组织、协调、监控、评价等	高级职称		
执行层/协调层	专业监理工程师	项目监理实施的具体组织、指挥、控制、协调		中级职称	
作业层/操作层	监理员	具体业务的执行			初级职称

(3)合理的年龄结构。监理组织的结构要做到老、中、青年龄结构合理,老年人经验丰富,中年人综合素质好,青年人精力充沛。根据监理工作的需要形成合理的人员年龄结构,充分发挥不同年龄层次的优势,有利于提高监理工作的效率与质量。

2. 监理人员数量的确定

监理人员的数量应根据所监理的工程项目的建设强度、工程的复杂程度、监理单位业务水平以及监理机构设置的情况等因素综合考虑确定。

(1)工程建设强度。工程建设强度是指单位时间内投入的工程建设资金的数量。它是衡量一项工程紧张程度的标准。显然,工程建设强度越大,投入的监理人力就越多。工程建设强度是确定人数的重要因素。

(2)工程建设复杂程度。工程复杂程度是根据设计活动多少、工程地点位置、气候条件、地形条件、工程性质、施工方法、工期要求、材料供应及工程分散程度等因素把各种情况的工程从简单到复杂划分为不同级别,简单的工程需配置的人员少,复杂的工程需配置的人员较多。

(3)监理单位业务水平。监理单位由于人员素质、专业能力、管理水平、工程经验、设备手段等方面的差异导致业务水平的不同。同样的工程项目,水平低的监理单位往往比水平高的监理单位投入的人力要多。

(4)监理机构的组织结构和任务职能分工。项目监理机构的组织结构情况关系到具体的监理人员配备,务必使项目监理机构任务职能分工的要求得到满足。必要时,还需要根据项目监理机构的职能分工对监理人员的配备作进一步的调整。

有时监理工作需要委托专业咨询机构或专业监测、检验机构进行。这时,监理机构的监理人员数量可适当减少。

第二节　监理工作体系文件编制

监理机构进场后,应依据工程监理合同、工程承建合同的规定,针对监理项目特点、工程监理任务与工作范围,完成工程项目监理规划的编制,并报业主批准。监理机构应按报经业主批准的项目监理规划编制监理工作体系文件。监理工作体系文件应满足工程及监理工作需要,并随工程施工和监理工作进展不断予以补充、调整与完善。

监理工作体系文件应包括监理机构内部管理制度、监理工作实施细则、监理工作计划文件、工程监理工作用表。对于按监理合同约定必须实行旁站监督的施工项目或部位,监理机构宜依据旁站监督项目的施工工序、作业程序和控制目标,编制监理人员现场施工监督作业指导书。

一、监理机构内部管理制度

监理机构的管理要做到制度化、规范化、科学化,使各个职能部门及其岗位人员职责明确,管理制度健全。监理工作要做到规范有序,有据可查,有法可依。实施工程项目监理要规范化,如各种表格、文件及工作程序,有日志(报)、周报、月报、总结报告等表式,监理计划、监理大纲、实施细则、监理手册编写要则、工程设备关键控制要点编写原则等。

《水电水利工程施工监理规范》(DL/T 5111—2012)规定,监理机构内部管理制度,应依据国家法律法规、监理合同,工程所在地地方政府、业主和监理单位相关规定,并结合工程监理项目实际情况编制。应强调由总监理工程师主持制订的监理大纲、监理规划及监理实施细则等三项文件为开展项目监理工作的指导性文件的重要性。

二、监理规划及监理工作实施细则

(一)监理规划

监理规划是监理单位接受业主委托并签订委托监理合同之后,在项目总监理工程师的主持下,根据委托监理合同,结合工程的具体情况,广泛收集工程信息和资料的情况下制订,经监理单位技术负责人批准,用来指导项目监理机构全面开展监理工作的指导性文件。

1. 监理规划的作用

(1)指导项目监理机构全面开展监理工作。监理规划需要对项目监理机构开展的各项监理工作做出全面的、系统的组织和安排。它包括确定监理工作目标、制定监理工作程序、确定目标控制、合同管理、信息管理、组织协调等各项措施和确定各项工作的方法和手段。

(2)监理规划是建设监理主管机构对监理单位进行监督的依据。监理规划是建设监理主管机构监督、管理和指导监理单位开展监理活动的主要依据。

(3)监理规划是业主确认监理单位履行合同的主要依据。监理规划正是业主了解和确认监理单位是否履行监理合同的主要说明文件。监理规划应当能够全面详细地为业主监督监理合同的履行提供依据。

(4)监理规划是监理单位内部考核的依据和主要存档资料。监理规划的内容随着工程的进展应逐步调整、补充和完善,它在一定程度上真实地反映了一个工程项目监理的全貌,是最好的监理过程记录,是监理单位重要的存档资料。

2. 监理规划的内容

(1)工程项目概况。
(2)监理工作范围。

(3)监理工作内容。
(4)监理工作目标。
(5)监理工作依据。
(6)项目监理机构的组织形式。
(7)项目监理机构的人员配备计划。
(8)项目监理机构的人员岗位职责。
(9)监理工作程序。
(10)监理工作方法及措施。
(11)监理工作制度。
(12)监理设施。

在监理工作实施过程中,如实际情况或条件发生重大变化而需要调整监理规划时,应由总监理工程师组织专业监理工程师研究修改,按原报审程序经过批准后报建设单位。

3. 监理规划的编制

监理规划的编制应针对项目的实际情况,明确项目监理机构的工作目标,确定具体的监理工作制度、程序、方法和措施,并应具有可操作性。监理规划编制的程序与依据应符合下列规定:

(1)监理规划应在签订委托监理合同及收到设计文件后开始编制,完成后必须经监理单位技术负责人审核批准,并应在召开第一次工地会议前报送建设单位。
(2)监理规划应由总监理工程师主持,专业监理工程师参加编制。
(3)编制监理规划的依据如下:
1)建设工程的相关法律、法规及项目审批文件。
2)与建设工程项目有关的标准、设计文件、技术资料。
3)监理大纲、委托监理合同文件以及与建设工程项目相关的合同文件。

(二)监理工作实施细则

监理机构应依据国家法律法规、工程承建合同、技术规程规范、业主对工程项目管理的要求等,在工程项目开工前或者工程监理合同约定的时间内,完成必需的监理工作实施细则文件编制。

1. 监理工作实施细则编制依据

(1)已批准的监理规划。
(2)与专业工程相关的标准、设计文件和技术资料。
(3)施工组织设计或施工技术方案。

2. 监理工作实施细则编制要求

(1)促使承建单位按工程承建合同约定履行其对合同目标保证的义务。
(2)依据工程承建合同规定,应对监理职责和权力的运用做出解释和细化,以规范监理机构行为,促使监理机构和监理人员正确、充分地运用业主通过合同文件授予监理机构的职责和权力。
(3)明确监理机构依据工程承建合同规定对合同目标控制提出的要求。

3. 监理工作实施细则编制原则

(1)分阶段编制原则。监理工作实施细则应根据监理规划的要求,尤其当施工图未出齐就开工的时候,按工程进展情况,可分阶段进行编写,并在相应工程(如分部工程、单位工程或按专业划分构成一个整体的局部工程)施工开始前编制完成,用于指导专业监理的操作,确定专业监理的监理标准。

(2)总监理工程师审批原则。监理工作实施细则是专门针对工程中一个具体的专业制定的,其专业性强,编制的程度要求高,应由专业监理工程师组织项目监理机构中该专业的监理人员编制,并必须经总监理工程师审批。

(3)动态性原则。监理工作实施细则编好后,并不是一成不变的。因为工程的动态性很强,工程的动态性决定了工程建设监理实施细则的可变性。所以,当发生工程变更、计划变更或原监理实施细则所确定的方法、措施和流程不能有效地发挥作用时,要把握好工程项目变化规律,及时根据实际情况对工程建设监理实施细则进行补充、修改和完善,调整监理工作实施细则内容,使工程项目运行能够在监理工作实施细则的有效控制之下,最终实现项目建设的目标。

4. 监理工作实施细则的检查调整

在工程建设实施过程中,监理工程师应按照监理工作实施细则经常、定期地对工程进度、质量、投资和安全等的执行情况进行跟踪检查,一旦发现实际偏离计划,即出现进度、质量或投资偏差时,必须认真分析产生偏差的原因及其对后续工作的影响,必要时采取合理、有效的组织、经济、技术调整措施,确保进度总目标的实现。

三、监理工作计划文件

监理机构应按合同目标控制要求,随监理项目进展、监理工作的开展做好年、季度监理工作计划文件编制,并促使监理工作按预定计划、目标有序地推进。

1. 监理总进度计划

建设监理编制的总进度计划阐明工程项目前期准备、设计、施工、动用前准备及项目动用等几个阶段的控制进度,详见表2-2。

表2-2　　　　　　　　　　　总进度计划

阶段名称	阶段进度															
	××年				××年				××年				××年			
	1	2	3	4	1	2	3	4	1	2	3	4	1	2	3	4
前期准备																
设计																
施工																
动用前准备																
项目动用																

2. 总进度分解计划

总进度分解计划包括:

(1)年度进度计划。
(2)季度进度计划。
(3)月度进度计划。
(4)设计准备阶段进度计划。
(5)设计阶段进度计划。
(6)施工阶段进度计划。
(7)动用前准备阶段进度计划。

四、工程监理工作用表

1. 工程监理工作用表编制基本规定

(1)监理机构应依据工程承建合同和工程监理合同,完成工程监理工作用表的编制。必须报请业主批准的,应报业主批准后下达执行。

(2)工程监理工作用表的范围、内容应涵盖监理项目和监理工作内容。工程监理工作用表必须符合工程承建合同、工程监理合同和国家、部门颁发的工程建设管理法规的规定,并不得与业主或其管理部门发布的文件相冲突。

(3)工程监理工作用表应满足下列要求:
1)对承建单位合同义务的履行与施工进展进行评价。
2)体现监理机构职责履行与授权的运用。
3)作为施工质量检查与工程验收基础资料。

(4)监理机构可根据工程承建合同及工程监理合同中对监理单位及其监理机构授权与权力范围的规定,对工程监理工作用表实行分级管理。

2. 工程监理工作常用表编制与使用

(1)工程监理工作常用表生效时限:

1)除工程承建设合同或业主另有规定外,工程监理工作常用表的生效日期,以签署日期或应送达方的签收日期为准。

2)除非承建单位项目经理或其现场项目管理机构职能部门负责人提出确认要求,否则业主经监理机构签署并送达的对于变更施工范围、变更施工工艺、指示返工、暂停施工、批准复工、违章整改等可能涉及合同支付计量与合同责任的工程监理工作常用表,在文件指定的时限或生效日一个合理的时限后生效。这个时限不应迟于12h。

(2)除非承建单位现场项目管理机构提出的变更、撤销要求得到批准,否则在申请更改、撤销、确认期间,承建单位仍应按已签发的工程监理工作常用表指示执行。

(3)承建单位现场项目管理机构对监理机构所做出的任何决定持有不同意见时,可按工程承建合同规定报请业主,或提起并通过合同争议评审程序对该决定重新予以确认、撤销或更改。

(4)监理机构可根据工程承建合同及工程监理合同文件中对监理单位及其监理机构授权与权限范围的规定,对监理机构发布的施工阶段工程监理工作常用表实行分级管理。其中:

1)一级监理文件:以监理机构的名义和印章签署的工程监理工作常用表,在承建合同管理中,代表监理单位对承建单位现场项目管理机构发出的指示。

2)二级监理文件:以监理机构所属监理站(组、室)的名义和印章(若专门刻制有印章时)签署的工程监理工作常用表,在工程监理工作开展中,代表监理机构对工程施工过程管理做出的认证或发出的指示。

(5)工程监理工作常用表中:

1)明确为"监理机构认证记录"、"监理机构审签意见"或"监理单位"、"监理机构"者,该栏签署人被认为是已事先得到监理单位或监理机构的有效授权。

2)明确为"承建单位报送记录"或"承建单位申报意见"或"承建单位"者,该栏签署人认为被是已事先得到承建单位项目经理的有效授权。

3)除非所发布的工程监理工作常用表或其说明中明确报送监理机构,或应由总监理工程师签署,否则可按监理机构已明确的授权由所属工程监理站(组、室,或称二级监理机构)加盖印章(若专门刻制有印章时)并签署。

4)承建单位现场项目管理机构应在注明的位置填写签署单位(或授权部门或授权机构),并在相应位置加盖其印章。签署人在签署时应同时签署日期,否则以监理机构签署日期为准。

5)为工程管理的需要,监理机构和承建单位现场项目管理机构及其他有关单位,可以复印业主经签署生效的工程监理工作常用表,作为复印件或副本使用。

6)当文件格式中栏目填写容量不够时,承建单位现场项目管理机构可自行予以扩展,或以附件方式随表报送。

(6)《水电水利工程施工监理规范》(DL/T 5111—2012)附录工程监理工作常用表格式,依据工程承建合同,国家、部门颁发的工程建设管理法规、工程施工技术规程规范,工程验收规程、工程质量检验和评定标准等制定。

1)《水电水利工程施工监理规范》(DL/T 5111—2012)附录仅给出部分示范性工作常用表格式。包括设计文件审签与管理用表,施工质量管理用表,施工安全与文明施工管理用表,工程进度管理用表,合同商务管理用表,工程项目开工、停工、返工、复工、竣工管理用表,监理机构管理用表7类118种。

2)施工质量管理用表中,仅列出需按施工工序进行质量检查的施工项目,以及特种或部分重要施工项目单元工程质量评定等用表格式。工程施工阶段涉及的如一般性单元工程质量评定等其他用表格式,按相关规定执行。

3)施工质量管理用表中涉及的施工质量检查项目、质量检查标准等,国家强制性标准、合同技术条款、设计文件另有要求的,应按其要求执行。

3. 工程监理工作常用表目录

《水电水利工程施工监理规范》(DL/T 5111—2012)附录A中列示了工程监理工作常用表目录,见表2-3。

表2-3　　　　　　　　　　工程监理工作常用表目录

序号	分类	表号	名称
1	设计文件审签与管理用表	表A.2.1-1	工程设计文件签发单
2		表A.2.1-2	承建单位提供设计文件报审单
3		表A.2.1-3	设计文件审签意见单

续表

序号	分类	表号	名称
4		表 A.2.1-4	重要部位(工序)施工质量中间检查联合检验合格(开工、仓)证
5		表 A.2.1-5	施工质检员资质认证申报表
6		表 A.2.1-6	承建单位施工测量成果报审单
7		表 A.2.1-7	承建单位进场材料检验报告单
8		表 A.2.1-8	建筑材料质量检验合格证
9		表 A.2.1-9	土石方明挖工程爆破设计申报表
10		表 A.2.1-10	土石方明挖工程重要部位爆破孔检查表
11		表 A.2.1-11	岩石地基开挖竣工面施工质量检验合格证
12		表 A.2.1-12	水工建筑物岩石地基施工质量验收申报表
13		表 A.2.1-13	水工建筑物岩石地基开挖竣工面施工质量联合检验签证表
14		表 A.2.1-14	水工建筑物岩石基础施工质量验收证书
15		表 A.2.1-15	水工建筑物岩石地基开挖单元工程质量评定表
16		表 A.2.1-16	水工洞室开挖爆破设计申报表
17		表 A.2.1-17	水工洞室开挖重要部位爆破孔检查表
18		表 A.2.1-18	水工洞室安全支护作业申报(作业签证)单
19		表 A.2.1-19	水工洞室开挖竣工面地质编录申报单
20	施工质量管理用表	表 A.2.1-20	锚喷支护作业申报(审签)单
21		表 A.2.1-21	锚杆(束)钻孔作业工序质量检验签证表
22		表 A.2.1-22	锚杆安装作业工序质量检验签证表
23		表 A.2.1-23	锚杆束安装作业工序质量检验签证表
24		表 A.2.1-24	锚杆束(重要锚杆)单元工程质量评定表
25		表 A.2.1-25	喷射混凝土钢筋网安装作业工序质量检验签证表
26		表 A.2.1-26	混凝土喷护作业许可签证
27		表 A.2.1-27	混凝土喷护作业工序质量检验签证表
28		表 A.2.1-28	地质不良围岩支护钢拱架安装质量检查表
29		表 A.2.1-29	锚喷支护单元工程质量评定表
30		表 A.2.1-30	围岩排水孔钻孔作业工序质量检验签证表
31		表 A.2.1-31	围岩排水管安装作业工序质量检验签证表
32		表 A.2.1-32	围岩排水孔单元工程质量评定表
33		表 A.2.1-33	SNS柔性防护系统单元工程质量评定表
34		表 A.2.1-34	预应力锚索造孔作业工序质量检验签证表
35		表 A.2.1-35	预应力锚索编索、入孔作业工序质量检验签证表
36		表 A.2.1-36	预应力锚索孔道灌浆作业许可签证
37		表 A.2.1-37	预应力锚索锚段灌浆作业工序质量检验签证表
38		表 A.2.1-38	预应力锚索混凝土锚墩浇筑作业许可签证
39		表 A.2.1-39	预应力锚索张拉作业许可签证

续表

序号	分类	表号	名称
40	施工质量管理用表	表 A.2.1-40	预应力锚索张拉作业工序质量检验签证表
41		表 A.2.1-41	预应力锚索单元工程质量评定表
42		表 A.2.1-42	混凝土砂石骨料产品质量检验报告单
43		表 A.2.1-43	钢筋混凝土预制构件质量报验单
44		表 A.2.1-44	水工混凝土拌和质量检测报告单
45		表 A.2.1-45	预冷混凝土人工冷却管道或止水密封性通水检查表
46		表 A.2.1-46	混凝土大坝施工期排水孔与封盖质量检查表
47		表 A.2.1-47	混凝土单元工程钢筋机械连接质量检查表
48		表 A.2.1-48	混凝土单元工程浇筑申请(审签)单
49		表 A.2.1-49	混凝土养护记录表
50		表 A.2.1-50	混凝土表面裂缝检查记录表
51		表 A.2.1-51	混凝土表面质量缺陷报告及处理审签表
52		表 A.2.1-52	混凝土单元工程质量评定表
53		表 A.2.1-53	重要部位混凝土浇筑施工工艺设计申报(审签)单
54		表 A.2.1-54	混凝土浇筑作业过程监理旁站监督记录表
55		表 A.2.1-55	工程施工质量缺陷申报及处理审签表
56		表 A.2.1-56	水泥灌浆钻孔作业申报(审签)表
57		表 A.2.1-57	水泥灌浆钻孔作业工序质量检验签证表
58		表 A.2.1-58	回填灌浆预埋管路作业工序质量检验签证表
59		表 A.2.1-59	灌浆作业申报(审签)表
60		表 A.2.1-60	地下洞室回填灌浆作业工序质量检验签证表
61		表 A.2.1-61	固结灌浆作业工序质量检验签证表
62		表 A.2.1-62	灌浆缺陷处理申报(审签)表
63		表 A.2.1-63	场内道路周维护作业计划完成及道路维护质量检查和评价表
64	施工安全与文明施工管理用表	表 A.2.1-64	现场施工安全隐患整改指示单
65		表 A.2.1-65	施工安全(文明施工)违规警告通知单
66		表 A.2.1-66	施工安全(文明施工)设施返工指令单
67		表 A.2.1-67	水工洞室安全支护作业申报(审签)单
68		表 A.2.1-68	工程事故报告单
69		表 A.2.1-69	施工安全(文明施工)监督现场检查表
70	工程进度管理用表	表 A.2.1-70	承建单位进场施工设备申报(审签)单(　年　月)
71		表 A.2.1-71	承建单位施工进度计划申报(审签)表(　年　月)
72		表 A.2.1-72	承建单位实际施工进展月报表(　年　月)
73		表 A.2.1-73	承建单位工程材料消耗情况月报表(　年　月)
74		表 A.2.1-74	承建单位主要施工机械、设备使用情况月报表(　年　月)
75		表 A.2.1-75	承建单位现场施工人员月报表(　年　月)
76		表 A.2.1-76	施工区水文、气象记录汇总月报表(　年　月)
77		表 A.2.1-77	重要项目(事件)进度目标控制月报表(　年　月)
78		表 A.2.1-78	合同工程项目延长工期申报表
79		表 A.2.1-79	工程事故月报表(　年　月)

续表

序号	分类	表号	名称
80	合同商务管理用表	表 A.2.1-80	工程项目分包申请(审签)单
81		表 A.2.1-81	承建合同合价承包项目细分申报(审查)表
82		表 A.2.1-82	地质原因超挖(超填)工程量支付计量申报(审签)单
83		表 A.2.1-83	工程变更通知单
84		表 A.2.1-84	分项(单元)工程合同支付计量申报单
85		表 A.2.1-85	单元工程支付工程量申报(签证)单
86		表 A.2.1-86	分项工程支付工程量结算申报(签证)单
87		表 A.2.1-87	当期已完工程量月报(审核)表
88		表 A.2.1-88	工程承建单位违约通知单
89		表 A.2.1-89	工程承建单位索赔签证单
90		表 A.2.1-90	单价支付项目月支付申报(审签)表(年 月)
91		表 A.2.1-91	合价支付项目月支付申报(审签)表(年 月)
92	工程项目开工、停工、返工、复工、竣工管理用表	表 A.2.1-92	施工措施计划文件申报(审签意见)单
93		表 A.2.1-93	单位工程开工申请单
94		表 A.2.1-94	分部(分项)工程开工申请单
95		表 A.2.1-95	工程承建单位暂停施工报告单
96		表 A.2-1-96	工程承建单位复工申请书
97		表 A.2.1-97	工程承建单位合同工程项目验收申报(审签)表
98		表 A.2-1-98	分部(分项)工程开工许可证
99		表 A.2.1-99	工程施工暂停指令单
100		表 A.2.1-100	工程施工返工指令单
101		表 A.2.1-101	工程复工指令单
102		表 A.2.1-102	施工违规警告通知单
103		表 A.2.1-103	监理工程师工地现场一般书面指示单
104		表 A-2.1-104	工程项目移交通知书
105		表 A.2.1-105	工程项目缺陷责任期终止证书
106	监理机构管理用表	表 A.2.1-106	项目监理现场值班记录(日志)
107		表 A.2.1-107	工程检验监理值班记录(日志)
108		表 A.2.1-108	工程测量监理值班记录(日志)
109		表 A.2.1-109	施工安全监督现场监理记录(日志)
110		表 A.2.1-110	监理机构平行检测任务单
111		表 A.2.1-111	监理机构平行检测抽检试验报告单
112		表 A.2.1-112	监理机构测量检查任务单
113		表 A.2.1-113	监理测量检查成果报告单
114		表 A.2.1-114	施工质量检验与开工(仓)签证监理机构内部专业会签表
115		表 A.2.1-115	施工区水文、气象记录汇总月报表(年 月)
116		表 A.2.1-116	工程质量检验月报表
117		表 A.2.1-117	监理指令汇总月报表
118		表 A.2.1-118	施工文件接收与处理情况统计旬报

第三节 合同工程开工准备及开工条件检查

一、工程项目划分

水利水电工程施工项目管理宜按单位工程、分部工程、分项工程、单元工程四级划分和进行。

《水电水利工程施工监理规范》(DL/T 5111—2012)规定,水利水电工程项目划分应满足以下工作要求：

(1)工程项目的开工申报和对前阶段工程项目施工履约情况进行评价。

(2)工程项目施工过程质量检查和工程项目验收。

(3)以单元工程为基础,对经施工质量检查合格的已完工程项目进行中间计量支付。

(4)随施工进展,以分项工程为基础对已按设计文件和合同规定全部施工完成的工程项目及时进行计量支付结算。

(5)工程项目合同支付、施工进展、施工质量、施工安全的分类管理,统计分析和工程文件归档。

监理机构应在合同工程开工前,完成工程分级项目划分与编码制定。对应作为合同目标控制重点的分部工程、分项工程,以及作为工程质量检查重点的分项工程、单元工程和关键施工工序做出明确的指定。

二、开工条件检查

(1)业主的开工准备和提供条件检查：

1)监理机构应检查业主是否按工程施工总进度计划做好工程用地、采购招标、工程预付款支付、施工图纸供应等计划,以及其他应由业主提供的条件的落实。

2)监理机构应协助业主按工程承建合同约定,组织首批开工项目施工图纸的提供,对工程项目开工前应由业主提供的工程用地、施工营地、施工准备(包括进场交通、通信、供电、供水、渣场等)和技术供应条件进行检查,对可能阻碍工程按期开工的影响因素提出评价意见和处理措施,报业主决策。

(2)承建单位履约体系检查：

1)合同工程开工前,监理机构应督促承建单位按工程承建合同约定,建立工地项目管理机构、履约体系,并随施工进展逐步健全和完善。

承建单位的履约体系应包括施工技术、施工组织等现场管理,以保证施工质量、施工安全、施工环境保护、合同工期等合同目标的实现。承建单位应设立质量检查机构,及满足施工质量检测要求的工地试验室、施工测量队。承建单位的项目管理、质量检查、安全监督、测量与检测试验人员,以及主要技术工种人员均应具备符合合同约定和要求的资格。

2)工程项目开工前,监理机构应督促承建单位按工程承建合同约定,完成必需的施工生产性试验,并结合施工生产性试验进行施工作业队伍的组建、岗前培训和考核。

3)监理机构应按承建合同规定,对承建单位工地项目管理机构的组织,以及质量检查机构、工地试验室、施工测量队、作业队伍的资质进行检查。

4)监理机构可按承建合同规定,要求承建单位撤换不能胜任本职工作或玩忽职守的人员。

(3) 施工控制测量成果验收：

1) 监理机构应督促承建单位按合同约定，对业主提供的施工图纸、基准数据进行检查与现场复核，在业主提供的测量基准点、基准线和水准点及其书面资料的基础上，完成施工测量控制网布设与为合同工程支付计量所需的开工前原状地形图测绘。

2) 施工测量控制网、加密控制网布设与地形图测绘的施测方案，应事先报经监理机构批准。监理机构应派出测量工程师对施测过程进行监督，或通过监理校测完成对控制测量成果的审查和验收。

(4) 合同工程项目施工组织设计批准与首批开工项目施工措施计划申报：

1) 监理机构应督促承建单位按工程承建合同约定，在合同工程开工前或合同约定期限内，结合实际施工条件对合同工程项目施工组织设计进行调整、补充、优化与完善，并报监理机构批准。

2) 监理机构应督促承建单位做好首批开工分部（分项）工程项目施工措施计划编制，并报监理机构批准。

(5) 进场施工资源检查：

1) 监理机构应督促承建单位按合同约定申报进场资源，并组织定期查验。

2) 监理机构应督促承建单位按合同约定组织首批人员、施工设备和材料进场，及时开展合同工程开工准备。

3) 进场材料应满足工程开工及施工所必需的储存量，并符合规定的规格、材质和质量标准。

4) 进场施工设备应满足工程施工所必需的数量、规格、生产能力、完好率、适应性及设备配套要求。经检查不合格的施工设备，监理机构应督促承建单位检修或撤离工地更换。经检查合格的施工设备，应为工程施工所专用。未征得监理机构或业主同意，这些设备不得中途撤离工地。

(6) 监理机构应按合同规定或业主指示及时发布合同工程开工通知，并在合同工程开工通知发布后，督促承建单位进行各项施工准备、首批工程项目开工申报。

第三章 水利水电工程监理投资控制

第一节 水利水电工程监理投资控制概述

一、水利水电工程投资的概念

水利水电工程总投资,一般是指进行某项水利水电工程建设花费的全部费用。生产性建设工程总投资包括建设投资和铺底流动资金两部分;非生产性建设工程总投资则只包括建设投资。

建设投资由设备工器具购置费、建筑安装工程费、工程建设其他费用、预备费(包括基本预备费和涨价预备费)、建设期利息和固定资产投资方向调节税(目前暂不征)组成,如图 3-1 所示。

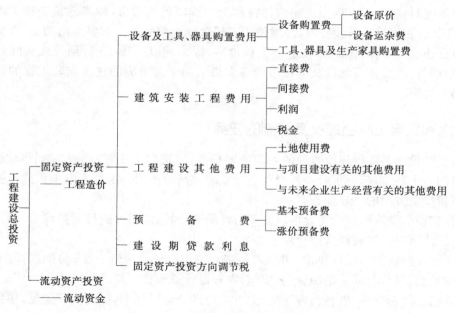

图 3-1 工程建设总投资的构成

设备工器具购置投资是指按照建设项目设计文件要求,建设单位(或其委托单位)购置或自制达到固定资产标准的设备和新、扩建项目配置的首套工器具及生产家具所需的投资。它由设备工器具原价和包括设备成套公司服务费在内的运杂费组成。在生产性建设项目中,设备工器具投资可称为"积极投资",它占项目投资费用比重的提高,标志着技术的进步和生产部门有机构成的提高。

建筑安装工程投资是指建设单位用于建筑和安装工程方面的投资,包括用于建筑物的建造及有关准备、清理等工程的投资,用于需要安装设备的安置、装配工程的投资,它是以货币表现的建筑安装工程的价值,其特点是必须通过兴工动料、追加活劳动才能实现。在工程项目决策后的施工阶段,由设计施工图确定,此时的工程投资称为工程项目造价更符合实际情况。

工程建设其他投资是指未纳入以上两项的、由项目投资支付的、为保证工程建设顺利完成和交付使用后能够正常发挥效用而发生的各项费用总和。它可分为以下几类:

第一类为土地转让费,包括土地征用及迁移补偿费,土地使用权出让金;

第二类是与项目建设有关的费用,包括建设单位管理费、勘察设计费、研究试验费、财务费用(如建设期贷款利息)等;

第三类是与未来企业生产经营有关的费用,包括联合试运转费、生产准备费等。

建设投资可分为静态投资部分和动态投资部分。静态投资部分由建筑安装工程费、设备工器具购置费、工程建设其他费和基本预备费组成;动态投资部分是指在建设期内,因建设期利息、建设工程需缴纳的固定资产投资方向调节税和国家新批准的税费、汇率、利率变动,以及建筑期价格变动引起的建设投资增加额,包括涨价预备费、建设期利息和固定资产投资方向调节税。

建设工程项目投资是作为该项目决策阶段的一个非常重要的方面来认识的。它应该是一个总的概念,是相对于投资部门或投资商而言的。一旦该项目已进入实施阶段,尤其是指建筑安装工程时,相对于工程项目而言往往称为工程项目的造价,特指建筑安装工程所需要的资金。因此,在讨论建设投资时,经常使用工程造价这个概念。需要指出的是,在实际应用中工程造价还有另一种含义,那就是指工程价格,即为建成一项工程,预计或实际在土地市场、设备市场、技术劳务市场以及承包市场等交易活动中所形成的建筑安装工程的价格和建设工程的总价格。

二、水利水电工程监理投资控制的任务

项目投资控制是工程建设监理的一项主要任务,它贯穿于工程建设的各个阶段,贯穿于监理工作的各个环节,起到了对项目投资进行系统控制的作用。水利水电工程建设监理单位在控制项目投资方面的主要任务有:

(1)在建设前期阶段进行建设项目的可行性研究,对拟建项目进行财务评价(微观经济评价)和国民经济评价(宏观经济评价)。

(2)在设计阶段提出设计要求,用技术经济方法组织评选设计方案,协助选择勘察、设计单位,商签勘察、设计合同并组织、监督实施,审查设计概预算。

(3)在施工招标阶段,准备与发送招标文件,协助评审投标书,提出决标意见,协助业主与承建商签订承包合同。

(4)在施工阶段,审查承包商提出的施工组织设计、施工措施计划和施工进度计划,提出改进意见;督促检查承包商严格执行工程承包合同,调解业主与承包商之间的争议,检查工程进度和施工质量,验收分部分项工程,签署工程付款凭证,审查工程结算,提出竣工验收报告等。

三、水利水电工程投资控制的目标

为了确保投资目标的实现,需要对投资进行控制,如果没有投资目标,也就不需要对投资

进行控制。投资目标的设置应有充分的科学依据,是很严肃的,既要有先进性,又要有实现的可能性。如果控制目标的水平过高,也就意味着投资留有一定量的缺口,虽经努力也无法实现,无法达到,投资控制也将失去指导工作、改进工作的意义,成为空谈。如果控制目标的水平过低,也就意味着项目高估冒算,建设者不需努力即可达到目的,不仅浪费了资金,而且对建设者也失去了激励的作用,投资控制也形同虚设。

由于水利水电工程项目的建设周期长,各种变化因素多,而且建设者对工程项目的认识过程也是一个由粗到细、由表及里、逐步深化的过程,因此,投资控制的目标是随设计的不同阶段而逐步深入、细化,其目标也是分阶段设置,使控制的目标愈来愈清晰,愈来愈准确。如投资估算是设计方案选择和初步设计时的投资控制目标,设计概算是进行技术设计和施工图设计时的投资控制目标,设计预算或建设工程施工合同的合同价是施工阶段投资控制的目标,它们共同组成项目投资控制的目标系统。

四、水利水电工程投资控制的措施

在水利水电工程项目的建设过程中,将投资控制目标值与实际值进行比较,以及当实际值偏离目标值时,分析偏离产生的原因,并采取纠偏的措施和对策。这仅仅是投资控制的一部分工作。要更有效地控制项目的投资,还必须从项目组织、技术、经济、合同与信息管理等多方面采取措施。从组织上采取措施,包括明确项目组织结构,明确项目投资控制者及其任务,以使项目投资控制有专人负责,明确管理职能分工;从技术上采取措施,包括重视设计多方案选择,严格审查监督初步设计、技术设计、施工图设计、施工组织设计,深入技术领域研究节约投资的可能性;从经济上采取措施,包括动态地比较项目投资的实际值和计划值,严格审核各项费用支出,采取节约投资的奖励措施等。

应该看到,技术与经济相结合是控制项目投资最有效的手段。在水利水电工程建设过程中,要使技术与经济有机结合,通过技术比较、经济分析和效果评价,正确处理技术先进与经济合理两者之间的对立统一关系,力求做到技术先进条件下的经济合理,在经济合理基础上的技术先进,把控制工程项目投资观念渗透到工程建设的各阶段。

五、水利水电工程投资控制的原理

监理工程师对投资控制应始于设计阶段,并贯穿于工程实施的全过程之中,其控制原理如图 3-2 所示。

水利水电工程项目投资控制的关键在于施工以前的决策阶段和设计阶段;而在投资决策以后,设计阶段(包括初步设计、技术设计和施工图设计)就成为控制项目投资的关键。监理工程师应对设计方案进行审核和费用估算,以便根据费用的估算情况与控制投资额进行比较,并提出对设计方案是否进行修改的建议。

同时,监理工程师还应对施工现场及其环境进行踏勘,对施工单位的水平和各种资源情况进行调查,以便对设计方案的某些方面进行优化,提出意见,节约投资。

在施工阶段,投资控制主要是通过审核施工图预算,不间断地监测施工过程中各种费用的实际支出情况,并与各个分部分项工程的预算进行比较,从而判断工程的实际费用是否偏离了控制的目标值,或有无偏离控制目标值的趋势,以便尽早采取控制纠偏措施。

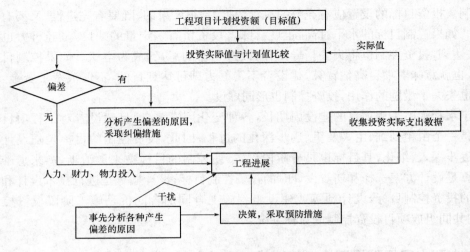

图 3-2 投资控制原理图

第二节 水利水电工程设计决策阶段投资控制

一、可行性研究

可行性研究是指对水利水电工程项目在做出是否投资的决策之前,先对与该项目有关的技术、经济、社会、环境等所有方面进行调查研究,对项目各种可能的拟建方案认真地进行技术经济分析论证,对项目建成投产后的经济效益、社会效益、环境效益等进行科学的预测和评价。

可行性研究报告的主要内容是:

(1)总论,主要说明项目提出的背景、概况以及问题与建议。

(2)市场调查与预测,是可行性研究的重要环节,内容包括市场现状调查、产品供需预测、价格预测、竞争力分析、市场风险分析。

(3)资源条件评价,主要内容有资源可利用量、资源品质情况、资源赋存条件、资源开发价值。

(4)建设规模与产品方案,主要内容为建设规模与产品方案构成、建设规模与产品方案比选、推荐的建设规模与产品方案、技术改造项目与原有设施利用情况等。

(5)场址选择,主要内容为场址现状、场址方案比选、推荐的场址方案、技术改造项目当前场址的利用情况。

(6)技术方案、设备方案和工程方案,主要内容有技术方案选择、主要设备方案选择、工程方案选择、技术改造项目改造前后的比较。

(7)原材料、燃料供应方案,主要内容有主要原材料供应方案、燃料供应方案。

(8)总图运输与公用辅助工程,主要内容有总图布置方案、场内外运输方案、公用工程与辅助工程方案、技术改造项目现有公用辅助设施利用情况。

(9)节能措施,主要内容有节能措施、能耗指标分析。

(10)节水措施,主要内容有节水措施、水耗指标分析。

(11)环境影响评价,主要内容有环境条件调查、影响环境因素分析、环境保护措施。

(12)劳动安全卫生与消防,主要内容有危险因素和危害程度分析、安全防范措施、卫生保健措施、消防设施。

(13)组织机构与人力资源配置,主要内容有组织机构设置及其适应性分析、人力资源配置、员工培训。

(14)项目实施进度,主要内容有建设工期、实施进度安排、技术改造项目建设与生产的衔接。

(15)投资估算,主要内容有建设投资估算、流动资金估算、投资估算表。

(16)融资方案,主要内容有融资组织形式、资本资金筹措、债务资金筹措、融资方案分析。

(17)财务评价,主要内容有财务评价基础数据与参数选取、销售收入与成本费用估算、财务评价报表、盈利能力分析、偿债能力分析、不确定性分析、财务评价结论。

(18)国民经济评价,主要内容有影子价格及评价参数选取、效益费用范围与数值调整、国民经济评价报表、国民经济评价指标、国民经济评价结论。

(19)社会评价,主要内容有项目对社会影响分析、项目与所在地互适性分析、社会风险分析、社会评价结论。

(20)风险分析,主要内容有项目主要风险识别、风险程度分析、防范风险对策。

(21)研究结论与建议,主要内容有推荐方案总体描述、推荐方案优缺点描述、主要对比方案、结论与建议。

二、投资估算

投资估算是在对水利水电工程项目的建设规模、产品方案、工艺技术及设备方案、工程方案及项目实施进度等方面进行研究并基本确定的基础上,估算项目所需资金总额(包括建设投资和流动资金)并测算建设期分年资金使用计划。投资估算是拟建项目编制项目建议书、可行性研究报告的重要组成部分,是项目决策的重要依据之一。

1. 投资估算的内容

(1)建筑工程费。

(2)设备及工具、器具购置费。

(3)安装工程费。

(4)工程建设其他费用。

(5)基本预备费。

(6)涨价预备费。

(7)建设期贷款利息。

(8)流动资金。

其中,建筑工程费、设备及工具、器具购置费、安装工程费和建设期贷款利息在项目交付使用后形成固定资产。预备费一般也按形成固定资产考虑。按照有关规定,工程建设其他费用将分别形成固定资产、无形资产和其他资产。

在上述构成中,前六项构成不含建设期贷款利息的建设投资,再加上建设期贷款利息,就称为建设投资。建设投资部分又可分为静态投资和动态投资两部分。静态投资部分由建筑工程费、设备及工具、器具购置费、安装工程费、工程建设其他费用、基本预备费构成;动态投资部分由涨价预备费和建设期贷款利息构成。

2. 投资估算的审查

为了保证项目投资估算的准确性和估算质量,确保其应有的作用,项目投资估算的审查部门和单位,在审查项目投资估算时,应注意审查以下几点:

(1)审查投资估算编制依据的可信性。

1)审查选用的投资估算方法的科学性、适用性。因为投资估算方法很多,而每种投资估算方法都有其各自的适用条件和范围,并具有不同的精确度。如果使用的投资估算方法与项目的客观条件和情况不相适应,或者超出了该方法的适用范围,那就不能保证投资估算的质量。

2)审查投资估算采用数据资料的时效性、准确性。估算项目投资所需的数据资料很多,如已运行同类型项目的投资、设备和材料价格、运杂费率、有关的定额、指标、标准以及有关规定等都与时间有密切关系,都可能随时间变化而发生不同程度的变化。因此,必须注意其时效性和准确程度。

(2)审查投资估算的编制内容与规定、规划要求的一致性。

1)审查项目投资估算包括的工程内容与规定要求是否一致,是否漏掉了某些辅助工程、室外工程等的建设费用。

2)审查项目投资估算的项目产品,生产装置的先进水平和自动化程度等是否符合规划要求的先进程度。

3)审查是否对拟建项目与已运行项目在工程成本、工艺水平、规模大小、自然条件、环境因素等方面的差异作了适当的调整。

(3)审查投资估算的费用项目、费用数额的符实性。

1)审查费用项目与规定要求、实际情况是否相符,是否有漏项或多项现象,估算的费用项目是否符合国家规定,是否针对具体情况作了适当的调整。

2)审查"三废"处理所需投资是否进行了估算,其估算数额是否符合实际。

3)审查是否考虑了物价上涨和汇率变动对投资额的影响,考虑的波动变化幅度是否合适。

4)审查是否考虑了采用新技术、新材料以及现行标准和规范比已运行项目的要求提高者所需增加的投资额,考虑的额度是否合适。

三、项目评价分析

1. 环境评价

水利水电工程项目一般会引起项目所在地自然环境、社会环境和生态环境的变化,对环境状况、环境质量产生不同程度的影响。环境影响评价是在研究确定场址方案和技术方案中,调查研究环境条件、识别和分析拟建项目影响环境的因素、研究提出治理和保护环境的措施、比选和优化环境保护方案。

(1)环境影响评价的基本要求。工程项目应注意保护场址及其周围地区的水土资源、海洋资源、矿产资源、森林植被、文物古迹、风景名胜等自然环境和社会环境。

(2)环境影响评价的管理程序。

1)项目建议书批准后,建设单位应根据项目环境影响分类管理名录,确定项目环境影响评价类别。

2)编写环境影响评价大纲,并编制环境影响报告书的项目。经有审批权的环境保护行政主管部门负责组织对评价大纲的审查,审查批准后的评价大纲作为环境影响评价的工作依据。

3)环境影响报告书应当按国务院的有关规定,报有审批权的环境保护行政主管部门审批,有行业主管部门的应当先报其预审。未经批准的,该项目审批部门不得批准其建设,建设单位不得开工。

4)建设项目的环境影响评价文件经批准后,建设项目的性质、规模、地点、采用的生产工艺或者防治污染、防止生态破坏的措施发生重大变动的,建设单位应当重新报批建设项目的环境影响评价文件。

5)项目建设过程中,建设单位应当同时实施环境影响评价文件及其审批意见中提出的环境保护对策和措施。

2. 项目经济评价

水利水电工程建设项目经济评价,分为财务评价和国民经济评价。

(1)财务评价是指在国家现行会计制度、税收法规和市场价格体系下,预测估计项目的财务效益与费用,编制财务报表,计算评价指标,进行财务盈利和偿债能力分析,考察拟建项目的获利能力和偿债能力等财务状况,据以判断项目的财务可行性。财务评价应在初步确定的建设方案、投资估算和融资方案的基础上进行,财务评价结果又可以反馈到方案设计中,用于方案比选,优化方案设计。

(2)国民经济评价是指按照资源合理配置的原则,从国家整体角度考察项目的效益和费用,用货物影子价格、影子工资、影子汇率和社会折现率等经济参数,分析、计算项目对国民经济的净贡献,评价项目的经济合理性。这就是说项目的国民经济评价是将建设项目置于整个国民经济系统之中,站在国家的角度,考察和研究项目的建设与投产给国民经济带来的净贡献和净消耗,评价其宏观经济效果,以决定其取舍。

第三节 水利水电工程设计阶段投资控制

一、设计概算的编制与审查

设计概算是初步设计概算的简称,是指在初步设计或扩大初步设计阶段,由设计单位根据初步设计图纸、定额、指标、其他工程费用定额等,对工程投资进行的概略计算。设计概算是初步设计文件的重要组成部分,是确定工程设计阶段投资的依据,经过批准的设计概算是控制工程建设投资的最高限额。

(一)设计概算的编制依据及内容

1. 设计概算的编制依据

(1)经批准的建设项目计划任务书。计划任务书由国家或地方基建主管部门批准,其内容随建设项目的性质而异。一般包括建设目的、建设规模、建设理由、建设布局、建设内容、建设进度、建设投资、产品方案和原材料来源等。

(2) 初步设计或扩大初步设计的图纸和说明书。有了初步设计图纸和说明书,才能了解其设计内容和要求,并计算主要工程量,这些是编制设计概算的基础资料。

(3) 概算指标、概算定额或综合预算定额。这三项指标是由国家或地方基建主管部门颁发的,是计算价格的依据,不足部分可参照预算定额或其他有关资料。

(4) 设备价格资料。各种定型设备如各种用途的泵、空压机、蒸汽锅炉等,均按国家有关部门规定的现行产品出厂价格计算;非标准设备按非标准设备制造厂的报价计算。此外,还应增加供销部门的手续费、包装费、运输费及采购包管等费用。

(5) 地区工资标准和材料预算价格。

(6) 有关取费标准和费用定额。

2. 设计概算的编制内容

设计概算分为三级概算,即单位工程概算、单项工程综合概算、工程建设总概算。其编制内容及相互关系如图 3-3 所示。

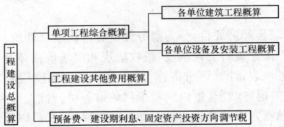

图 3-3　设计概算的编制内容及相互关系

(二) 设计概算的审查

1. 设计概算审查的内容

设计概算审查的内容见表 3-1。

表 3-1　　　　　　　　　　设计概算审查内容

序号	审查项目	内　容
1	设计概算的编制依据	包括国家综合部门的文件,国务院主管部门和各省、市、自治区根据国家规定或授权制定的各种规定及办法以及建设项目的设计文件等重点审查。 (1) 审查编制依据的合法性。采用的各种编制依据必须经过国家或授权机关的批准,符合国家的编制规定。未经批准的不能采用,也不能强调情况特殊,擅自提高概算定额、指标或费用标准。 (2) 审查编制依据的时效性。各种依据如定额、指标、价格、取费标准等都应根据国家有关部门的现行规定进行采用,注意有无调整和新的规定。有的虽然颁发时间较长,但不能全部适用;有的应按有关部门作的调整系数执行。 (3) 审查编制依据的适用范围。各种编制依据都有规定的适用范围,如各主管部门规定的各种专业定额及其取费标准,只适用于该部门的专业工程;各地区规定的各种定额及其取费标准,只适用于该地区的范围以内。特别是地区的材料预算价格区域性更强,如某市有该市区的材料预算价格,又编制了郊区内一个矿区的材料预算价格;如在该市的矿区建设时,其概算采用的材料预算价格,则应用矿区的价格,而不能采用该市的价格

续表

序号	审查项目	内　　容
2	概算编制深度	(1)审查编制说明。审查编制说明可以检查概算的编制方法、深度和编制依据等重大原则问题。 (2)审查概算编制深度。一般大中型项目的设计概算,应有完整的编制说明和"三级概算"(即总概算表、单项工程综合概算表、单位工程概算表),并按有关规定的深度进行编制。审查是否有符合规定的"三级概算",各级概算的编制、校对、审核是否按规定签署。 (3)审查概算的编制范围。审查概算的编制范围及具体内容是否与主管部门批准的建设项目范围及具体工程内容一致;审查分期建设项目的建筑范围及具体工程内容有无重复交叉,是重复计算或漏算;审查其他费用所列的项目是否都符合规定,静态投资、动态投资和经营性项目铺底流动资金是否分部列出等
3	建设规模、标准	审查概算的投资规模、生产能力、设计标准、建设用地、建筑面积、主要设备、配套工程、设计定员等是否符合原批准可行性研究报告或立项批文的标准。如概算总投资超过原批准投资估算的10%以上,应进一步审查超估算的原因
4	设备规格、数量和配置	工业建设项目设备投资比重大,一般占总投资的30%～50%,要认真审查。审查所选用的设备规格、台数是否与生产规模一致;材质、自动化程度有无提高标准;引进设备是否配套、合理,备用设备台数是否适当;消防、环保设备是否计算等。还要重点审查价格是否合理、是否符合有关规定,如国产设备应按当时价资料或有关部门发布的出厂价、信息价,引进设备应依据询价或合同价编制概算
5	工程费	建筑安装工程投资是随工程量增加而增加的,要认真审查。要根据初步设计图纸、概算定额及工程量计算规则、专业设备材料表、建构筑物和总图运输一览表进行审查,有无多算、重算和漏算
6	计价指标	审查建筑工程采用工程所在地区的计价定额、费用定额、价格指数和有关人工、材料、机械台班单价是否符合现行规定;审查安装工程所采用的专业部门或地区定额是否符合工程所在地区的市场价格水平;审查概算指标调整系数、主材价格、人工、机械台班和辅材调整系数是否按当地最新规定执行;审查引进设备安装费率或计取标准、部分行业的专业设备安装费率是否按有关规定计算等

2. 设计概算审查的步骤

设计概算审查是一项复杂而细致的技术经济工作,审查人员既应懂得有关专业技术知识,又应具有熟练编制概算的能力,通常可按如下步骤进行:

(1)概算审查的准备。概算审查的准备工作包括:了解设计概算的内容组成、编制依据和方法;了解建设规模、设计能力和工艺流程;熟悉设计图纸和说明书;掌握概算费用的构成和有关技术经济指标;明确概算各种表格的内涵;收集概算定额、概算指标、取费标准等有关规定的文件资料等。

(2)进行概算审查。根据审查的主要内容,分别对设计概算的编制依据、单位工程设计概算、综合概算、总概算进行逐级审查。

(3)进行技术经济对比分析。利用规定的概算定额或指标以及有关技术经济指标与设计概算进行分析对比,根据设计和概算列明的工程性质、结构类型、建设条件、费用构成、投资比例、占地面积、生产规模、设备数量、造价指标、劳动定员等与国内外同类型工程规模进行对比分析,从大的方面找出和同类型工程的距离,为审查提供线索。

(4)研究、定案、调整概算。对概算审查中出现的问题要在对比分析、找出差距的基础上深入现场,进行实际调查研究。了解设计是否经济合理,概算编制依据是否符合现行规定和施工现场实际情况,有无扩大规模、多估投资或预留缺口等情况,并及时核实概算投资。对于当地没有同类型的项目而不能进行对比分析时,可对国内同类型企业进行调查,收集资料,作为审查的参考。经过会审决定的定案问题应及时调整概算,并经原批准单位下发文件。

二、施工图预算的编制与审查

施工图预算是在设计的施工图完成后,以施工图为依据,根据预算定额、费用标准以及工程所在地区的人工、材料、施工机械设备台班的预算价格编制的,是确定建筑工程、安装工程预算造价的文件。

1. 施工图预算的编制依据

(1)各专业设计施工图和文字说明、工程地质勘察资料。

(2)当地和主管部门颁布的现行建筑工程和专业安装工程预算定额(基础定额)、单位估价表、地区资料、构配件预算价格(或市场价格)、间接费用定额和有关费用规定等文件。

(3)现行的有关设备原价(出厂价或市场价)及运杂费率。

(4)现行的有关其他费用定额、指标和价格。

(5)建设场地中的自然条件和施工条件,并据以确定的施工方案或施工组织设计。

2. 施工图预算审查的步骤及方法

(1)做好审查前的准备工作。

1)熟悉施工图纸。施工图纸是编制预算分项工程数量的重要依据,必须全面熟悉了解。熟悉施工图纸分为两步:一是核对所有的图纸,清点无误后,依次识读;二是参加技术交底,解决图纸中的疑难问题,直至完全掌握图纸。

2)了解预算包括的范围。根据预算的编制说明,了解预算包括的工程内容。例如配套设施、室外管线、道路以及会审图纸后的设计变更等。

3)弄清编制预算采用的单位工程估价表。任何单位估价表或预算定额都有一定的适用范围。根据工程性质,搜集相应的单价、定额资料。特别是市场材料单价和取费标准等。

(2)选择合适的审查方法,按相应内容审查。由于工程规模、繁简程度不同,施工企业情况也不同,所编工程预算的繁简程度和质量也不同,因此需针对情况选择相应的审查方法进行审核。常用施工图预算审查方法见表3-2。

表3-2　　　　　　　　　　施工图预算审查方法

序号	项目	内容
1	逐项审查法	逐项审查法又称全面审查法,即按定额顺序或施工顺序,对各分项工程中的工程细目逐项全面详细审查的一种方法。其优点是全面、细致,审查质量高、效果好;缺点是工作量大,时间较长。这种方法适合于一些工程量较小、工艺较简单的工程
2	标准预算审查法	标准预算审查法就是对利用标准设计图纸或通用图纸施工的工程,先集中力量编制标准预算,以此为准来审查工程预算的一种方法。按标准设计图纸或通用图纸施工的工程,一般上部结构和做法相同,只是根据现场施工条件或地质情况不同,对基础部分作局部调整。凡是这样的工程,以标准预算为准,对局部修改部分单独审查即可,不需逐一详细审查。该方法的优点是时间短、效果好、易定案;缺点是适用范围小,仅适用于采用标准设计图纸的工程

续表

序号	项　目	内　容
3	分组计算审查法	分组计算审查法就是把预算中有关项目按类别划分若干组,利用同组中的一组数据审查分项工程量的一种方法。这种方法首先将若干分部分项工程按相邻且有一定内在联系的项目进行编组,利用同组分项工程间具有相同或相近计算基数的关系,审查一个分项工程的数量,由此判断同组中其他几个分项工程的准确程度。该方法的特点是审查速度快、工作量小
4	对比审查法	对比审查法是指当工程条件相同时,用已完工程的预算或未完但已经过审查修正的工程预算对比审查拟建工程的同类工程预算的一种方法
5	筛选审查法	筛选审查法是能较快发现问题的一种方法。建筑工程虽面积和高度不同,但其各分部分项工程的单位建筑面积指标变化却不大。将这样的分部分项工程加以汇集、优选,找出其单位建筑面积工程量、单价、用工的基本数值,归纳为工程量、价格、用工三个单方基本指标,并注明各基本指标的适用范围。这些基本指标用来筛分各分部分项工程,对不符合条件的应进行详细审查,若审查对象的预算标准与基本指标的标准不符,就应对其进行调整。筛选审查法的优点是简单易懂,便于掌握,审查速度快,便于发现问题。但问题出现的原因还需继续审查。该方法适用于审查住宅工程或不具备全面审查条件的工程
6	重点审查法	重点审查法就是抓住工程预算中的重点进行审核的方法。审查的重点一般是工程量大或者造价较高的各种工程、补充定额、计取的各项费用(计取基础、取费标准)等。重点审查法的优点是突出重点、审查时间短、效果好

（3）综合整理审查资料,编制调整预算。经过审查,如发现有差错,需要进行增加或核减的,经与编制单位逐项核实,统一意见后,修正原施工图预算,汇总核减量。

第四节　水利水电工程施工阶段投资控制

一、施工阶段投资控制概述

(一)施工阶段投资控制的措施

水利水电工程施工阶段的投资控制工作周期长、内容多、潜力大,需要采取多方面的控制措施,确保投资实际支出值小于计划目标值。项目监理在本阶段采取的投资控制措施如下:

1. 组织措施

（1）建立项目监理的组织保证体系,在项目监理班子中落实,从投资控制方面进行投资跟踪,现场监督和控制的人员,明确任务及职责,如发布工程变更指令、对已完工程的计量、支付款复核、设计挖潜复查、处理索赔事宜,进行投资计划值和实际值比较,投资控制的分析与预测,报表的数据处理,资金筹措和编制资金使用计划等。

（2）编制施工阶段投资控制详细工作流程图。

（3）每项任务需有人检查,规定确切完成日期和提出质量上的要求。

2. 经济措施

(1)进行已完成的实物工程量的计量或复核,对未完工程量进行预测。

(2)预付工程款、工程进度款、工程结算、备料款和预付款的合理回扣时间的审核、签证。

(3)在施工实施全过程中进行投资跟踪、动态控制和分析预测,对投资目标计划值按费用构成、工程构成、实施阶段、计划进度进行分解。

(4)定期向监理负责人、建设单位提供投资控制报表、投资支出计划与实际分析对比。

(5)依据投资计划的进度要求编制施工阶段详细的费用支出计划,并控制其执行,复核付款账单,编制资金筹措计划和分阶段到位计划。

(6)及时办理和审核工程结算。

(7)制订行之有效的节约投资的激励机制和约束机制。

3. 技术措施

(1)严格控制设计变更,并对设计变更进行技术经济分析和审查。

(2)进一步寻找通过完善设计、施工工艺、材料和设备管理等多方面挖潜以节约投资的途径,组织"三查四定"(即查漏项、查错项、查质量隐患、定人员、定措施、定完成时间、定质量验收),对查出的问题整改,组织审核降低造价的技术措施。

(3)加强设计交底和施工图会审工作,把问题解决在施工之前。

4. 合同措施

(1)参与处理索赔事宜时以合同为依据。

(2)参与合同的修改、补充、管理工作,并分析研究合同条款对投资控制的影响。

(3)监督、控制、处理工程建设中的有关问题时以合同为依据。

(二)监理工程师在施工阶段进行投资控制的权限

为保证监理工程师有效地控制项目投资,必须对监理工程师授予相应的权限,并且在建设工程施工合同中做出明确规定,正式通知施工企业。

监理工程师在施工阶段进行投资控制的权限包括:

(1)审定批准施工企业制定的工程进度计划,并督促执行。

(2)检验施工企业报送的材料样品,并按规定进行抽查、复试,根据检验、复试的情况批准或拒绝在本工程中使用。

(3)对隐蔽工程进行验收、签证,并且必须在验收、签证后才能进行下一道工序的施工。

(4)对已完工程(包括检验批、分项工程、子分部和分部工程)按有关规范标准进行施工质量检查、验收和评定,并在此基础上审核施工企业完成的检验批、分项工程、子分部和分部工程数量,审定施工企业的进度付款申请表,签发付款证明。

(5)审查施工企业的技术措施及其费用。

(6)审查施工企业的技术核定单及其费用。

(7)控制设计变更,并及时分析设计变更对项目投资的影响。

(8)做好工程施工和监理记录,注意收集各种施工原始技术经济资料、设计或施工变更图纸和资料,为处理可能发生的索赔提供依据。

(9)协助施工企业搞好成本管理和控制,尽量避免工程返工造成的损失和成本上升。

(10)定期向建设单位提供施工过程中的投资分析与预测、投资控制与存在问题的报告。

(三)施工阶段投资控制的工作程序

施工阶段投资控制的工作程序如图 3-4 所示。

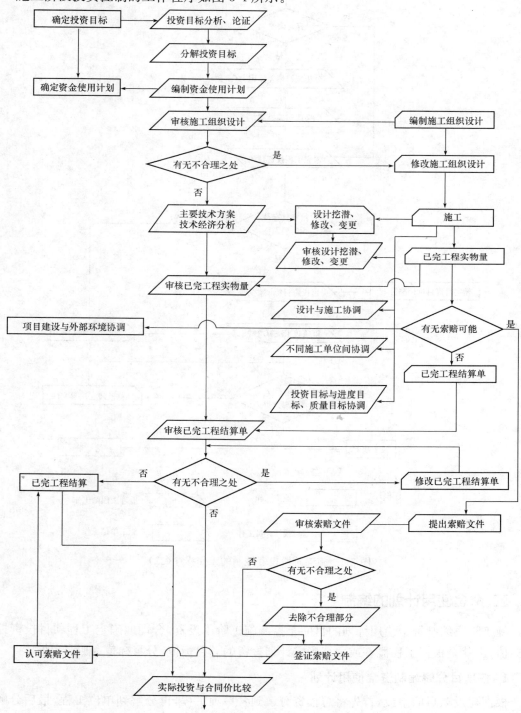

图 3-4 施工阶段投资控制的工作程序(一)

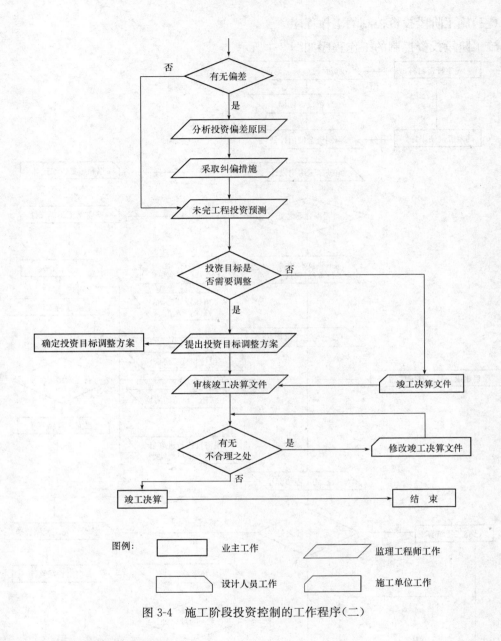

图 3-4 施工阶段投资控制的工作程序（二）

二、资金使用计划的编制

施工阶段编制资金使用计划的目的是控制施工阶段投资，合理地确定工程项目投资控制目标值，也就是根据工程概算或预算确定计划投资的总目标值、分目标值、细目标值。

1. 按项目分解编制资金使用计划

根据建设项目的组成，首先将总投资分解到各单项工程，再分解到单位工程，最后分解到分部分项工程。分部分项工程的支出预算既包括材料费、人工费、机械费，也包括承包企业的间接费、利润等，是分部分项工程的综合单价与工程量的乘积。按单价合同签订的招标项目，可根据签订合同时提供的工程量清单所定的单价确定。其他形式的承包合同,可利用招标编制招标控制价(标底)时所计算的材料费、人工费、机械费及考虑分摊的间接费、利润等确定综合单价,同时核实工程量,准确确定支出预算。

编制资金使用计划时,既要在项目总的方面考虑总预备费,也要在主要的工程分项中安排适当的不可预见费。所核实的工程量与招标时的工程量估算值有较大出入时,应予以调整并注明"预计超出子项"。

2. 按时间进度编制资金使用计划

建设项目的投资总是分阶段、分期支出的,资金应用是否合理与资金时间安排有密切关系。为了合理地制订资金筹措计划,尽可能减少资金占用和利息支付,编制按时间进度分解的资金使用计划是很有必要的。

通过对施工对象的分析和对施工现场的考察,结合施工技术特点,制订出科学合理的施工进度计划,在此基础上编制按时间进度划分的投资支出预算。其步骤如下:

(1)编制施工进度计划;

(2)根据单位时间内完成的工程量计算出这一时间内的预算支出,在时标网络图上按时间编制投资支出计划;

(3)计算工期内各时点的预算支出累计额,绘制时间—投资累计曲线(S形曲线),如图 3-5 所示。

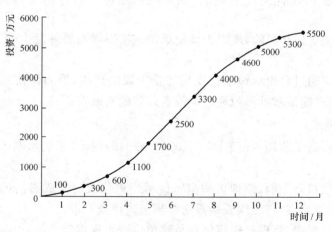

图 3-5　时间—投资累计曲线

对时间—投资累计曲线,根据施工进度计划的最早可能开始时间和最迟必须开始时间来绘制,则可得两条时间—投资累计曲线,俗称"香蕉"形曲线(图 3-6)。一般而言,按最迟必须开始时间安排施工,对建设资金贷款利息节约有利,但同时也降低了项目按期竣工的保证率,故监理工程师必须合理地确定投资支出预算,达到既节约投资支出,又能控制项目工期的目的。

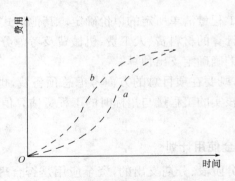

图 3-6 投资计划值的香蕉图
a—所有工作按最迟开始时间开始的曲线；
b—所有工作按最早开始时间开始的曲线

三、工程计量

1. 工程计量依据与一般原则

(1) 合同支付工程计量(包括应计量支付的工作量,下同)应依据工程承建合同,按规定的程序、方法、范围、内容和单位,通过实际量测与度量进行。

(2) 不符合工程承建合同计量要求,或未经质量检查合格的工程与工作,应不予计量支付。

(3) 因承建单位责任与风险,或因为承建单位施工需要而另外发生的工程量,应不予计量支付。

(4) 监理机构应通过总价承包项目支付计量手段的运用,努力促使总价承包项目为工程建设合同目标的实现提供基础保障和业主投资效益的有效发挥。

2. 工程计量程序

《水电水利工程施工监理规范》(DL/T 5111—2012)规定,水利水电工程工程计量应按以下程序进行：

(1) 土建工程项目开工前,监理机构应督促承建单位及时完成必需的原始地面地形以及计量起始位置图的测绘,并将测绘成果报送监理机构审查和批准。

(2) 工程施工过程中,监理机构应督促承建单位按工程承建合同约定,对应计量支付的已完工程、工作项目及时向监理机构提出工程计量申报。

(3) 分项、分部工程或单位工程完成后,监理机构应督促承建单位按工程承建合同约定,对应计量支付的已完工程、工作项目及时向监理机构提出完工计量申报。

(4) 单位或分部工程项目完工后,监理机构宜以分项工程为基础及时对该项目应支付工程量总量进行核算,对超量、欠量支付项目及时进行结算调整。

3. 总价承包项目支付计量

(1) 监理机构应督促承建单位按工程承建合同约定编制总价承包项目(包括设计、采购、施工总承包项目,下同)、支付项目细分表,报监理机构审查。

(2) 监理机构宜以报经批准后的项目细分工程量为结算量或参照量,按完成工程实物量并结合工程进展比例计量支付。

(3)对工程施工质量、安全生产、合同工期目标实现有较大影响的总价承包项目,监理机构宜督促承建单位在工程项目实施前,比照分部、分项和单元工程划分要求完成工程项目划分,并报监理机构批准。

(4)总价承包项目合同支付计量的程序与方法,应依照工程承建合同相关项目、相关计量规定进行。

4. 工程计量批准

(1)在进行合同支付签证前,监理机构应按工程承建合同规定,及时完成对承建单位申报的工程计量项目、工程计量范围、工程计量方式与方法、工程计量成果,以及申报支付项目工程质量合格签证的审查与批准。

(2)当工程计量过程中发生争议时,监理机构应对承建单位申报的通过审查而未发生争议的部分工程计量及时予以批准。

5. 工程计量批准后的修正

(1)工程施工过程中的计量属于中间计量。监理机构应随施工进展,以分项工程为基础,及时对已按规定施工完成的分项工程、分部工程、单位工程,直至合同工程进行工程计量清理结算。

(2)监理机构可按工程承建合同规定,在事后工程计量结算中对此前已签认的工程计量再次进行审核、修正和调整,并为此签发修正与调整工程计量的签证。

四、合同价款支付

1. 合同支付的依据与原则

(1)合同支付依据工程承建合同及其技术条款和有效施工图纸等进行。

(2)只有按有效施工图纸及技术要求完成,工程质量检查合格,按合同规定应给予计量支付的工程(工作)项目,监理机构才予以工程计量和办理合同支付。

2. 合同支付申报条件

(1)合同支付宜按月进行。

(2)监理机构应督促承建单位按工程承建合同约定的程序或格式要求,递交合同支付申请报告(或报表)。

3. 合同支付申报审查

(1)监理机构应接受符合下述条件的工程(工作)量合同支付申报:

1)当月完成,或当月以前完成尚未进行支付结算的。

2)工程承建合同规定应进行支付结算的。

3)有相应的开工指令和单元工程施工质量评定表(属于某分部或单位工程最后一个单元工程者,还应同时具备该分部或单位工程施工质量评定表)等完整的监理认证文件的。

(2)监理机构应按照工程承建合同规定及时完成支付申报审查。审查内容宜包括:

1)支付申报格式和手续齐全。

2)申报支付项目、范围、内容符合工程承建合同规定。

3)开工及工程质量检查签证完备。

4)工程计量有效并准确。

5)支付单价及合价正确无误。

6)扣留(扣还)款项、返还款项及金额正确无误。

(3)工程施工过程中的支付属中间支付,监理机构可按工程承建合同规定,在事后对已经签证支付的证书或报表再次进行审核、修正和调整,为此发布修正与调整的支付签证,并计入相应的支付证书中。

4. 合同支付管理

《水电水利工程施工监理规范》(DL/T 5111—2012)规定,合同支付管理应符合以下要求:

(1)监理机构收到承建单位与业主签订的工程承建合同及履约保函后,应按合同规定和业主的格式要求,及时签发相关预付款支付证书。

(2)工程进度款支付按合同规定进行。监理机构应按工程承建合同规定,及时办理工程进度款支付审查与签证。

(3)总价承包项目支付:

1)总价承包项目的合同支付宜按合同规定,对报经监理机构审批的总价承包项目分解及其所属子项工作内容、工程量或工作量相应的单价及合价,依据项目施工或工作形象及实际完成的工程量或工作量,在工程项目施工报验合格的基础上,按照"形象进展、分批分次、计量支付、总价控制"的原则,随施工进展进行。

2)由于承建单位违规未使用或不当节余的重要总价承包项目费用,监理机构应在合同工程完工结算中予以扣减。

(4)计日工支付:

1)计日工的使用应事先取得业主的批准。

2)计日工的使用指示下达后,监理机构应检查和督促承建单位切实按指示的计日工用工、用料、机械台时/台班清单和作业要求实施,并做好记录。

3)计日工支付应按照工程承建合同规定及合同文件确定的单价与支付方式进行。

(5)工程变更支付:

1)工程变更价款支付宜随施工进展进行。

2)监理机构应依照工程承建合同规定和工程变更指示所确定的计量与支付的程序和方法,在承建单位提出工程变更价款支付申请后,依据工程变更项目施工进展,在相应工程进度款支付证书中计入工程变更价款。

(6)监理机构应按工程承建合同规定的程序和调整方式,及时协助业主办理合同价格调整。

(7)当遭遇不可抗力、工程承建合同明示的特殊风险,或因业主违约等原因而导致工程承建合同解除时,监理机构应按工程承建合同规定,协助业主及时办理合同解除后的工程接收、合同解除日前完成工程和工作的估价与支付,并为此签发支付证书。

(8)保留金支付:

1)合同工程项目完工并签发工程移交证书后,监理机构应协助业主及时把与所签发移交工程项目相应的合同约定的保留金的一部分付给承建单位,并为此签发保留金支付证书。

2)当工程缺陷责任期满后,监理机构应协助业主及时把与所签发缺陷责任期终止证书相应工程项目的剩余部分保留金付给承建单位,并为此签发保留金支付证书。

(9)工程完工支付：

1)在收到承建单位提交的完工付款申请后，监理机构应按照工程承建合同规定，对完工付款申请进行审核，并出具完工付款证书报送业主审批。

2)监理机构应协助业主及时完成对完工支付报告(或报表)的审核，并及时为经合同双方协商一致部分的价款签发支付证书。

(10)最终支付：

1)在收到承建单位提交的最终付款申请后，监理机构应按照工程承建合同规定，及时完成对最终付款申请的审核，并出具最终付款证书报送业主审批。

2)监理机构应协助业主及时完成对最终支付报告(或报表)的审核，通过监理机构的协商与协调，及时为经合同双方达成一致部分的价款签发支付证书。

第四章 水利水电工程监理质量控制

第一节 水利水电工程监理质量控制概述

一、工程质量控制的概念

工程质量控制是指致力于满足工程质量要求,也就是为了保证工程质量,满足工程合同、规范标准所采取的一系列措施、方法和手段。工程质量要求主要表现为工程合同、设计文件、技术规范标准规定的质量标准。

工程质量控制按其实施者不同,可分为以下三个方面:

(1)建设单位的质量控制。实行建设监理制的建设单位对工程项目的质量控制是通过监理工程师来实现的,其特点是外部的、横向的控制。

监理工程师受建设单位的委托对工程项目进行质量控制,其目的在于保证工程项目能够按照工程合同的质量要求,达到建设单位的建设意图,符合合同文件规定的质量标准,取得良好的投资效益;其控制依据是国家制定的法律、法规、合同文件、设计图纸等;其工作方式是进驻现场进行全过程的监理。

(2)承包单位的质量控制。是指承包单位作为工程建设实施的主体对工程项目的质量控制,其特点是内部的、自身的控制。

承包单位对工程项目进行质量控制,主要是避免返工,提高生产效率,降低成本,同时为保持良好的信誉,加强质量管理。其最终目的在于提高市场的竞争力,控制成本,取得较好的经济收益。

(3)政府的质量控制。政府对工程项目的质量控制是通过政府的质量监督机构来实现的,其特点是外部的、纵向的控制。

工程质量监督机构对工程项目质量控制的目的在于维护社会公共利益,保证技术性法规和标准贯彻执行,其控制依据是国家的法律文件和法定的技术标准;其工作方式是对工程主要环节进行定期或不定期的抽验;其作用是监督国家法规、标准的执行,把好工程质量关,增强质量意识,使承包单位向国家和用户提供合格的工程项目。

二、工程质量控制的原则

监理工程师在进行工程项目质量控制的过程中,应遵循以下几点原则:

(1)坚持质量第一,增强质量意识。工程建设虽然也是一种物质生产活动,但它不同于其他物质生产活动。建筑产品是一项特殊的商品,其使用年限长,涉及面广,影响工程质量的因素多。其生产过程是一个极其复杂的综合过程,容易产生质量波动,即使事后发现质量有问题,对其处理也是非常复杂的,还直接关系到人民的生命财产安全。所以,监理工程师不仅要为建设单位负责,同时,也要为国家和社会负责,必须将质量控制贯穿于项目建设的全过程中,将质量第一的思想贯穿于项目建设全过程的每一个环节,还要提高参加本工程项目施工的全体人员的质量意识,特别是项目班子成员的质量意识,把工程项目质量的优劣作为考核的主要内容。

(2)坚持全过程质量控制,以预防为主。由于工程实物质量的形成是一个系统的过程,所以施工阶段的质量控制,也是一个由对投入原材料的质量控制开始,直到工程完成、竣工验收为止的全过程的系统控制过程。

质量控制的范围包括对参与施工人员的质量控制,对工程使用的原材料、构配件和半成品的质量控制,对施工机械设备的质量控制,对施工方法与方案的质量控制,对生产技术、劳动环境、管理环境的质量控制等。

为此,要求监理工程师坚持全过程质量控制的原则,也就是不仅要对产品质量进行检查,还要对工作质量、工序质量、中间产品的质量进行检查;不仅要对形成产品的验收质量进行控制,还要对工程在施工前和施工过程中进行质量控制。

对施工全过程质量控制的原则中,也包含了对工程质量问题以预防为主的内容,即事先分析在施工中可能产生的问题,提出相应的对策和措施,力求将各种隐患和问题消除在产生之前或萌芽状态之中。

(3)坚持质量标准,以实测数据为依据。工程质量检查与验收是按工程建设施工合同的规定,遵照现行的施工质量验收规范和质量验收统一标准,采取相应的检验方法与检查手段,对工程分阶段地进行检查、验收与质量评定。

检查、验收与质量评定的基础是对建筑工程中使用的每一种原材料进行检验、分析,对施工过程的每一道工序进行检查、验收等。因此,对建筑工程产品坚持质量标准,应从原材料开始,每道工序应坚持质量标准,以数据为依据,严格检查、验收制度。

(4)坚持以人为核心的质量控制。人是工程施工的操作者、组织者和指挥者。人既是控制的动力,又是控制的对象;人是质量的创造者,也是不合格产品、失误和工程质量事故的制造者。因此,在整个质量控制的活动中,应以人为核心,提高职工素质。

从招标投标开始,监理工程师就应注意施工队伍的社会信誉和职工素质;从施工开始就应注意推行全面质量管理方法,建立和完善质量保证体系、质量管理制度,明确工程项目质量责任制;施工过程中应注意各类管理和操作人员持证上岗,实行质量自检、互检和专业检查的制度等,用各种手段督促和调动人的积极性,达到以工作质量保工序质量、促工程质量的目的。

(5)坚持"严格控制、积极参与、热情服务"的监理方法。

1)严格控制工程质量,对施工组织设计或施工方案、施工管理制度、质量保证体系、测试单位与分包单位的资质,对工程上使用的原材料、半成品、成品和设备的质量以及工程复核验收签证等都必须严格把关。

2)积极参与、认真学习有关文件,积极配合设计单位解决工程中出现的问题和疑点,协调设计单位和施工单位之间出现的矛盾。在施工组织设计或施工方案审查时,从实际出发,积极提出改进意见,使之更为完善。

3)热情服务是我国监理工程师的特色,即坚守施工现场,积极配合施工需要;遇到问题尽可能及时解决于现场,不拖拉,不推诿;对施工中的一些技术复杂难题,尽可能地给予帮助;及时向有关单位提供工程信息,做好协调工作。

三、工程监理质量控制的任务

1. 项目决策阶段质量控制的任务

(1)审核可行性研究报告是否符合国民经济发展的长远规划及国民经济建设的方针、政策。

(2)审核可行性研究报告是否符合项目建议书或业主的要求。

(3)审核可行性研究报告是否具有可靠的自然、经济、社会环境等基础资料和数据。

(4)审核可行性研究报告是否符合相关的技术经济方面的规范、标准和定额等指标。

(5)审核可行性研究报告的内容、深度和计算指标是否达到标准要求。

2. 设计阶段质量控制的任务

(1)审查设计基础资料的正确性和完整性。

(2)协助业主编制设计招标文件(或协助业主审核招标文件),组织设计方案竞赛。

(3)审查设计方案的先进性和合理性,确定最佳设计方案。

(4)督促设计单位完善质量保证体系,建立内部专业交底及专业会签制度。

(5)进行设计质量跟踪检查,控制设计图纸质量。在初步设计和技术设计阶段(或扩大初步设计阶段),主要检查生产工艺及设备选型,总平面与运输布置,建筑与设施的布置,采用的设计标准和主要技术参数等;在施工图设计阶段,主要检查计算是否有错误,选用的材料和做法是否合理,标注的各部分设计标高和尺寸是否有错误,各专业设计之间是否有矛盾等。

(6)组织施工图会审。

(7)评定、验收设计文件。

3. 施工阶段质量控制的任务

施工阶段质量控制是工程项目全过程质量控制的关键环节。工程质量在很大程度上取决于施工阶段的质量控制。其中心任务是要通过建立健全有效的质量监督工作体系来确保工程质量达到合同规定的标准和等级要求。根据工程质量形成的时间阶段,施工阶段的质量控制又可分为质量的事前控制、事中控制和事后控制。其中,工作重点应该是质量的事前控制。

4. 保修阶段质量控制的任务

(1)审核承包商的《工程保修证书》。

(2)检查、鉴定工程质量状况和工程使用状况。

(3)对出现的质量缺陷确定责任者。

(4)督促承包商修复质量缺陷。

(5)在保修期结束后,检查工程保修状况,移交保修资料。

第二节 水利水电工程设计阶段质量控制

一、工程设计质量的概念

工程设计质量就是在严格遵守技术标准、法规的基础上,正确处理和协调资金、资源、技术和环境的制约关系,使设计项目能更好地满足建设单位所需要的功能和使用价值,充分发挥项目投资的经济效益。

工程设计的质量有两层含义,首先,设计应满足业主所需的功能和使用价值,符合业主投资的意图,而业主所需的功能和使用价值,又必然要受到经济、资源、技术、环境等因素的制约,从而使项目的质量目标与水平受到限制;其次,设计必须遵守有关城市规划、环保、防灾、安全等一系列的技术标准、规范、规程,这是保证设计质量的基础。

二、工程设计质量控制的依据

工程建设设计的质量控制工作决不单纯是对其报告及成果的质量进行控制,而是要从整个社会发展和环境建设的需要出发,对设计的整个过程进行控制,包括其工作程序、工作进度、费用及成果文件所包含的功能和使用价值,其中也涉及法律、法规、合同等必须遵守的规定。工程建设设计质量控制的依据是:

(1)有关工程建设及质量管理方面的法律、法规。
(2)有关工程建设的技术标准,如各种设计规范、规程、标准,设计参数的定额、指标等。
(3)项目可行性研究报告、项目评估报告及选址报告。
(4)体现建设单位建设意图的设计规划大纲、设计纲要和设计合同等。
(5)反映项目建设过程中和建成后有关技术、资源、经济、社会协作等方面的协议、数据和资料等。

三、工程设计质量控制的工作内容

1. 设计准备阶段质量控制的工作内容

(1)组建项目监理机构,明确监理任务、内容和职责,编制监理规划和设计准备阶段投资进度计划并进行控制。
(2)组织设计招标或设计方案竞赛。协助建设单位编制设计招标文件,会同建设单位对投标单位进行资质审查。组织评标或设计竞赛方案评选。
(3)编制设计大纲(设计纲要或设计任务书),确定设计质量要求和标准。
(4)优选设计单位,协助建设单位签订设计合同。

2. 初步设计阶段质量控制的工作内容

初步设计阶段质量控制的工作内容包括:设计方案的优化,将设计准备阶段的优选方案进行充实和完善;组织初步设计审查;初步审定后,提交各有关部门审查、征集意见,根据要求进行修改、补充、加深,经批准作为施工图设计的依据。

3. 施工图设计阶段质量控制的工作内容

施工图是设计工作的最后成果,是设计质量的重要形成阶段,监理工程师要分专业不断地进行中间检查和监督,逐张审查图纸并签字认可。

施工图设计阶段质量控制的主要内容有:所有设计资料、规范、标准的准确性;总说明及分项说明是否具体、明确;计算书是否交代清楚;套用图纸时是否已按具体情况作了必要的核算,并加以说明;图纸与计算书结果是否一致;图形符号是否符合统一规定;图纸中各部尺寸、节点详图,各图之间有无矛盾、漏注;图纸设计深度是否符合要求;套用的标准图集是否陈旧或有无必要的说明;图纸目录与图纸本身是否一致;有无与施工相矛盾的内容等。

另外,监理工程师应对设计合同的转包分包进行控制。承担设计的单位应完成设计的主要部分;分包出去的部分,应得到建设单位和监理工程师的批准。监理工程师在批准分包前,应对分包单位的资质进行审查,并进行评价,决定是否胜任设计的任务。

4. 设计质量的审核

设计图纸是设计工作的最终成果,体现了设计质量的形成。因此,对设计质量的审核也就是对设计成果的验收,是对设计图纸的审核。

监理工程师代表建设单位对设计图纸的审核是分阶段进行的。在初步设计阶段,应审核工程所采用的技术方案是否符合总体方案的要求以及是否达到项目决策阶段确定的质量标准;在技术设计阶段,应审核专业设计是否符合预定的质量标准和要求;在施工图设计阶段,应注重其使用功能及质量要求是否得到满足。

四、工程设计质量控制的方法

(1)根据项目建设要求和有关批文、资料,组织设计招标及设计方案竞赛。

(2)对勘察、设计单位的资质业绩进行审查,优选勘察、设计单位,签订勘察设计合同,并在合同中明确有关设计范围、要求、依据及设计文件深度和有效性要求。

(3)根据建设单位对设计功能、等级等方面的要求,国家有关建设法规、标准的要求及建设项目环境条件等方面的情况,控制设计输入,做好建筑设计、专业设计、总体设计等不同工种的协调,保证设计成果的质量。

(4)控制各阶段的设计深度,并按规定组织设计评审,按法规要求对设计文件进行审批(如:对扩初设计、设计概预算、有关专业设计等),保证各阶段设计符合项目策划阶段提出的质量要求,提交的施工图满足施工的要求,工程造价符合投资计划的要求。

(5)组织施工图图纸会审,吸取建设单位、施工单位、监理单位等方面对图纸问题提出的意见,以保证施工顺利进行。

(6)落实设计变更审核,控制设计变更质量,确保设计变更不导致设计质量的下降。并按规定在工程竣工验收阶段,在对全部变更文件、设计图纸校对及施工质量检查的基础上,出具质量检查报告,确认设计质量及工程质量满足设计要求。

五、施工图设计质量控制

1. 施工图设计的内容

施工图设计是在初步设计、技术设计或方案设计的基础上进行详细、具体的设计,把工程和设备各构成部分的尺寸、布置和主要施工做法等绘制出正确、完整、详细的建筑与安装详图,并配以必要的文字说明。其主要内容包括:

(1)全项目性文件。指设计总说明,总平面布置及其说明,各专业全项目的说明及其室外管线图,工程总概算。

(2)各建筑物、构筑物的设计文件。指建筑、结构、水暖、电气、卫生、热机等专业图纸及说明,以及公用设施、工艺设计和设备安装,非标准设备制造详图、单项工程预算等。

(3)各专业工程计算书、计算机辅助设计软件及资料等。各专业的工程计算书,计算机辅助设计软件及资料等应经校审、签字后,整理归档,一般不向建设单位提供。

2. 施工图设计监理质量控制的程序

施工图设计监理质量控制的程序如图 4-1 所示。

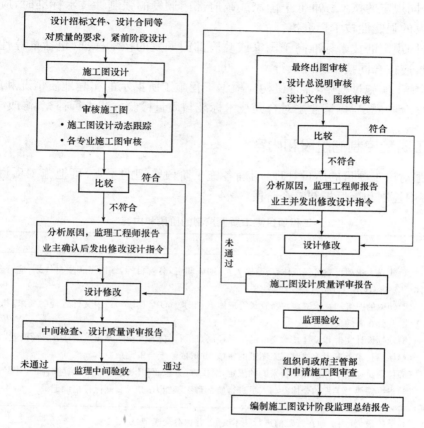

图 4-1　施工图设计阶段监理质量控制程序图

第三节　水利水电工程施工质量控制依据及程序

一、施工质量控制依据与检查标准

1. 施工质量控制依据

《水电水利工程施工监理规范》(DL/T 5111—2012)规定，水利水电工程施工质量控制依据如下：

(1) 法律、行政法规与部门规章。
(2) 国家或政府部门颁发的技术规程、规范、质量检查标准。
(3) 工程承建合同及其技术条款。
(4) 工程勘察设计图纸与设计技术要求。

2. 施工质量检查标准

(1) 施工质量检查应按国家和行业颁布的技术标准、合同技术条款和设计技术要求进行。

(2)合同工程实施过程中,若国家或政府部门颁发新的技术标准替代了原技术标准,则从新标准生效之日起依据新标准执行。

(3)当合同规定的技术标准低于国家或政府部门颁发的强制性技术标准时,应按国家或政府部门颁发的强制性技术标准执行。

(4)当合同规定的技术标准高于国家或政府部门颁发的技术标准(包括推荐性标准和强制性标准)时,应按合同技术标准执行。

(5)工程施工实施过程中,监理机构应根据工程施工所揭示的实际地质情况和施工条件,依照工程承建合同规定,提请业主对合同技术标准与质量检验方法进行补充、修改与调整。

二、施工质量控制的阶段和内容

为了加强对施工项目的质量管理,明确各施工阶段管理的重点,可把施工项目质量分为事前控制、事中控制和事后控制三个阶段(表4-1)。

表4-1　　　　　　　　　工程项目施工质量控制的阶段和内容

阶段	控制内容
施工准备 (事前控制)	(1)建立工程项目质量保证体系,落实人员,明确职责,分解目标,编制工程质量计划,应符合《质量管理体系 要求》(GB/T 19001)标准的要求。 (2)领取的图纸和技术资料,按《质量管理体系 要求》(GB/T 19001)中文件管理的要求,指定专人管理文件,并公布有效文件清单。 (3)依据设计文件和设计技术交底的工程控制点进行复测,发现问题应与设计方协商处理,并形成记录。 (4)项目技术负责人主持对施工图纸的审核,并形成图纸会审记录。 (5)按质量计划中分包和物资采购的规定,对供方(分包商和供应商)进行选择和评价,并保存评价记录。 (6)根据需要对工程的全体参与人员进行质量意识和能力的培训,并保存培训记录
施工过程 (事中控制)	(1)分阶段、分层次地在开工前进行技术交底,并保存交底记录。 (2)材料的采购、验收、保管应符合质量控制的要求,做到在合格供应商名录中按计划招标采购,做好材料的数量、质量的验收,并进行分类标识、保管,保证进场材料符合国家或行业标准。重要材料要做好追溯记录。 (3)按计划配备施工机械,保证施工机具的能力,使用和维护保养应满足质量控制的要求,对机械操作人员的资格进行确认。 (4)计量器具的使用、保管、维修和周期检定应符合有关规定。 (5)参与项目的所有人员的资格确认,包括管理人员和施工人员,特别是从事特种作业和特种设备操作的人员,应严格按规定经考核后持证上岗。 (6)加强工序控制,按标准、规范、规程进行施工和检验,对发现的问题及时进行妥善处理。对关键工序(过程)和特殊工序(过程)必须进行有效控制。 (7)工程变更和图纸修改的审查、确认
竣工验收 (事后控制)	(1)工程完工后,应按规范的要求进行功能性试验或试车,确认满足使用要求,并保存最终试验和检验结果。 (2)对施工中存在的质量缺陷,按不合格控制程序进行处理,确认所有不符合都已得到纠正。 (3)收集整理施工过程中形成的所有资料、数据和文件,按要求编制竣工图。 (4)对工程再一次进行自检,确认符合要求后申请建设单位组织验收,并做好移交的准备。 (5)听取用户意见,实施回访保修

三、施工质量控制程序

在施工阶段全过程中,监理工程师要进行全过程、全方位的监督、检查与控制,不仅涉及最终产品的检查、验收,而且涉及施工过程的各个环节与中间产品的监督、检查与验收。这种全过程、全方位的质量监理一般程序如图 4-2 所示。

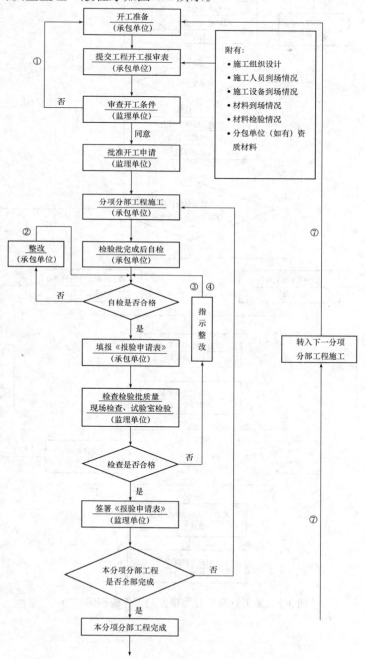

图 4-2　施工阶段工程质量控制工作流程图(一)

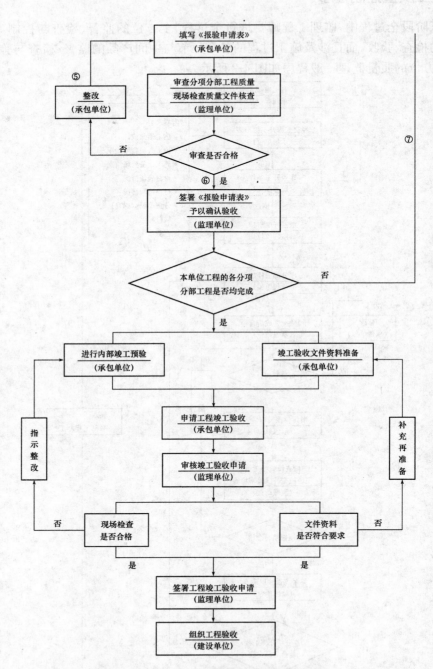

图 4-2 施工阶段工程质量控制工作流程图(二)

第四节 水利水电工程施工准备质量控制

一、工程项目开工申报审查

1. 单位工程项目开工申报审查

(1)单位工程开工前,监理机构应督促承建单位依据合同工期、工程节点目标和报经批准的合同工程项目施工组织设计、设计文件及其技术要求,结合现场施工条件和应达到的施工水平,完成相应单位工程施工组织设计的编制,并报送监理机构审查。

(2)单位工程开工前,监理机构应督促承建单位完善施工履约体系,调集施工人员与施工设备进场,为首批开工的分部(分项)工程项目做好各项施工准备。

2. 分部(分项)工程项目开工申报审查

(1)分部(分项)工程开工前,监理机构应督促承建单位依据报经批准的单位工程施工组织设计、分部(分项)工程施工图纸及其技术要求,结合现场施工条件和应达到的施工水平,完成分部(分项)工程施工作业措施计划的编制,报送监理机构审查批准,并据此向监理机构申请该分部(分项)工程开工许可签证。

(2)对于工程条件复杂、工程规模大、施工时段长的分部工程,监理机构宜督促承建单位依据工程项目划分,按分项工程进行开工申报。

(3)监理机构对承建单位报送的分部(分项)工程施工措施计划,应着重对承建单位所选择的施工方案、程序和工艺是否符合施工条件、强制性标准、合同技术条款,以及对施工质量、施工安全可能导致的影响进行审查。

(4)对于承建单位采用的新材料、新工艺、新技术、新设备,应要求其提供专题论证,报送相应的施工工艺措施和证明文件,经组织并通过专项审查或联合评审后实施。

(5)涉及较大的变更时,应报请业主(必要时会同工地设计代表机构)组织专项审查。

(6)对每项工程施工措施计划,监理机构应在通过审查批准后督促承建单位落实和实施。在实施过程中,承建单位对已批准的施工措施计划进行实质性变更或重大调整时,应另行报监理机构审查批准。

3. 单元工程开工检查

(1)重要的或主体工程中的隐蔽工程项目单元工程开工或开仓前,监理机构宜组织施工、设计等相关方对开工或开仓条件及开工准备进行联合检查。

(2)当设计单位要求对某些工程项目在单元工程开工或开仓前进行检查时,监理机构应组织对这些工程项目开工或开仓条件及开工准备进行联合检查。

(3)在申请单元工程开工前,凡需要进行地质编录或竣工地形测绘的,应取得该项工作已完成的签证记录。

(4)监理机构接到承建单位开工申报后,无正当理由未在规定时间内进行开工前检查的,承建单位施工质量检查部门可自行完成此项工作,并在认定检查合格后签发开工证,报监理机构确认。监理机构应承担未按规定检查和签发开工证的质量责任。

4. 总价承包项目开工申报审查

(1)工程承建合同约定由承建单位承担设计的总价承包项目,承建单位承担或委托承担项目勘察设计单位,应具备相应的勘察设计资质,并在勘察设计开展前报监理机构审查。

(2)对由承建单位承担设计的总价承包项目,监理机构应督促承建单位按工程承建合同约定,按合同目标控制要求做好规划、布置、设计,并按规定将其规划、布置、设计成果报监理机构审查。

(3)总价承包项目开工申报应按工程项目划分及申报要求进行。

二、分部(分项)工程开工前准备工作

《水电水利工程施工监理规范》(DL/T 5111—2012)规定,工程项目开工前,监理机构应通过对监理工程项目特点、施工条件和影响工程质量因素的分析与预控措施的研究,明确工程质量管理点,制定工程质量控制流程,编制相应分部(分项)工程监理工作实施细则。

1. 设计文件检查与签发

(1)对于按工程承建合同规定由业主提供的设计文件,监理机构应做好检查,包括施工图纸和技术要求与招标文件的符合性、专业关系的协调性、图纸表述的正确性、施工关系的适应性等。及时发现、纠正施工图纸中存在的专业关系协调、图纸表述、后续施工图纸与已施工项目和部位的关系等图面缺陷和差错。如果施工图纸存在重大差错,或与招标图纸和合同技术条件存在重大偏离,应召开专题协调会议予以审议、分析、研究和澄清。

(2)对于按工程承建合同约定应由承建单位完成的施工图纸,监理机构应对其设计方案的可靠性、合理性,以及对工程进度、合同支付的影响等方面进行检查。如果部分资料与成果有保密要求,监理机构应就其申明的相关部分保密。

(3)监理机构发现工程勘察、设计文件不符合工程建设强制性标准、合同规定的质量要求,或设计条件与现场条件不符的,应当及时报告业主,要求工程勘察设计单位对勘察、设计文件进行补充和修改。

(4)施工过程中,监理机构可以根据现场地形、地质与施工条件变化提出优化设计建议,提交业主研究。必须对设计图纸进行重大技术修改或变更的,应由设计单位研究并采纳后进行;对设计文件的一般性修改,也应在得到设计单位的确认后进行。

2. 设计技术交底

(1)监理机构应在工程项目开工前,组织进行设计技术交底,使承建单位明确设计意图、技术标准和设计技术要求。

(2)设计技术交底开始前,监理机构应要求承建单位对相关部分的设计图纸和设计技术要求进行仔细、认真的审阅,对不明确的部分做好记录,以利于在设计技术交底中由驻工地设计代表解释或做出澄清。

3. 施工人员培训与作业队伍组织

(1)监理机构应督促承建单位对管理、检验、测量和承担技术工种作业的人员进行培训,经考核达到规定的技术等级要求并报监理机构认可后,方可上岗作业。

(2)监理机构应督促承建单位做好开工项目施工作业队伍的组织与施工资源配置,并通过培训使其能满足开工项目对作业计划、施工质量、安全生产管理的要求。

4. 施工生产性试验与施工工艺评审

分部(分项)工程开工前,监理机构应督促承建单位按照合同技术条款规定和设计技术要

求,及时完成施工生产性试验和施工工艺评审。需要通过施工生产性试验来确定施工参数的工程项目开工前,以及新的施工设备使用、新的施工工艺实施、新材料使用、重大施工缺陷修复前,监理机构应做好以下工作:

(1)督促承建单位做好施工生产性试验准备与施工生产性试验措施计划安排,选择施工条件类似的部位、场所,按拟采取的施工程序、施工工艺、施工手段进行施工生产性试验。

(2)在施工生产性试验过程中做好跟踪检查,督促承建单位随施工生产性试验进展不断调整,优化施工工艺与施工参数。

(3)必要时,监理机构还应结合施工生产性试验,对承建单位现场施工管理、施工劳动组合进行考察与合同资质认证。

在施工生产性试验完成后,监理机构应及时组织成果评审,对承建单位施工工艺、施工手段、施工水平、施工质量保证措施进行验证,对施工工艺与施工生产性试验参数做出评价。

5. 施工准备的检查

监理机构应在对施工措施计划审查批准的基础上,做好承建单位施工准备的检查。施工准备的检查内容应包括:

(1)必需的施工生产性试验已经完成并通过评审,用于实施的各种施工参数已报经批准。

(2)设计或安装图纸、施工技术与作业规程规范、技术检验标准、施工措施计划等技术交底已经进行。

(3)主要施工机械、设备配置,劳动组织已经完成。

(4)开工所需的材料、构件等经检验合格,能满足计划施工时段连续施工的需要。

(5)施工辅助生产设施和施工养护、防护措施就绪。

(6)场地平整、交通道路、测量布网及其他临时设施满足开工要求。

(7)施工安全、施工环境保护和施工质量保证措施落实。

监理机构在施工准备查验合格或认定未完成部分工作不影响工程施工进展后,应签发分部(分项)工程开工许可证,并在开工后对施工准备不足的部分督促承建单位完善。

第五节 水利水电工程施工过程质量控制

一、施工过程检查与监督

1. 进场材料质量检查

(1)监理机构有权要求承建单位提交进场建筑材料质量证明文件、生产许可证、出厂合格证、材料样品和检验(检测)报告。

(2)监理机构应督促承建单位按规定的检验项目、检验方法和检验频率进行进场材料质量检验,并向监理机构报送进场材料质量检验报告。

(3)对执行国家颁布的产品质量标准的商品材料,监理机构应要求承建单位提供商品材料生产厂家资质文件、商品材料质量性能证书和产品质量合格证,进行材料质量合格认证和必需的抽样检验。

(4)对由业主另行委托材料生产厂家或材料供应商提供的,或由承建单位自行生产的产品材料,监理机构应督促承建单位进行质量检验,并在有必要时独立地进行抽样检验。

(5)材料、构配件未经质量检验合格不得使用。质量检验不合格的材料、构配件,监理机构应督促承建单位定点封存并及时运离工地。发现承建单位使用质量不合格的材料、构配件时,监理机构应指令其进行停工整改。

2. 施工设备设施检查与技术工种人员资格检查

(1)监理机构应对承建单位检验、测量施工设备设施的功能能否有效发挥,以及设备、设施的投入能否满足工程进度与工程质量控制要求进行检查。

(2)监理机构应对承建单位检验、测量和特种作业人员的技术资格,以及承建单位人力资源投入能否满足工程进度与工程质量控制要求进行检查。

3. 施工过程质量检查

(1)监理机构应做好对承建单位质量保证体系落实、施工技术措施计划、施工资源保障,以及施工准备充分性的检查与监督。

(2)监理机构应督促承建单位遵守合同技术条款、施工规程规范和工程质量标准,按申报并经批准的施工工艺、措施和施工程序,按章作业、文明施工。

(3)对重要工程项目、关键施工工序,监理机构应以单元工程为基础、以工序控制为重点,进行全过程跟踪监督。

(4)监理机构有权对工程所有部位及其任何一项工艺、材料和设备进行检查,包括进入现场、制造加工地点察看,查阅施工记录,进行现场取样试验、工程复核测量和设备性能检测,并要求承建单位提供试验和检测成果。

(5)在施工过程中,监理机构有权按工程承建合同规定发布下列指示:

1)指示承建单位停止不正当的或可能对工程质量、安全造成损害的施工(包括试验、检测)工艺、措施、工序、作业方式,以及其他各种违章作业行为。

2)指示承建单位停止对质量不合格材料、设备、设施的安装与使用,并予以更换。

3)指示承建单位对质量不合格的工序采取修复或返工处理。

4)对承建单位施工质量管理中严重失察、失职、玩忽职守、伪造记录和检测资料,或造成质量事故的责任人员予以警告、处罚、撤换,直至指令退场。

5)指令多次严重违反作业规程,经指出后仍无明显改进的作业班、组、队停工整顿、撤换,直至指令退场。

6)指示承建单位按工程承建合同规定对完建工程继续予以养护、维护、照管和进行缺陷修复。

4. 工程施工过程中的停工、复工管理

(1)监理机构发现承建单位性质较为恶劣的违章指挥或违章作业,或施工过程中存在重大质量隐患,可能造成工程质量、安全生产事故或已经造成工程质量、安全生产事故时,应在报告业主后下达工程暂停令,要求承建单位停工整改。

(2)工程施工暂停后,监理机构应督促承建单位在妥善保护、照管工程和提供安全保障的同时,采取有效措施,积极消除停工因素的影响,创造早日复工条件。

(3)当承建单位停工整改完毕并经监理机构复查符合要求,工程具备复工条件,承建单位申请并经监理机构检查同意后,监理机构应立即向承建单位发出复工通知,并督促承建单位在复工通知送达后及时复工。

5. 施工质量问题处理

（1）一般性施工质量缺陷，监理机构应督促承建单位按设计技术要求及时修复。较大的或重要部位的质量缺陷，监理机构应指示承建单位及时查明缺陷范围和数量，分析产生的原因，提出缺陷修复和处理措施计划报经批准后方可进行修复和处理。

（2）对于呈规律性、普遍发生的工程质量问题，监理机构应对是否存在设计质量缺陷、材料与设备供应质量缺陷、施工工艺缺陷等进行分析，不断完善施工质量控制措施。

（3）对重要工程项目，监理机构应在关键施工工序完成后及时进行施工质量检查，针对发现的质量问题指示承建单位做好处理，并提出预控与质量缺陷防范措施。

（4）监理机构应加强工程质量检查，建立工程施工质量问题档案。在工程质量问题处理完成后，及时组织质量检查或联合检查，并在质量问题处理合格后销案。

6. 施工质量记录

（1）监理机构应做好各种生产性试验记录、材料和设备质量检验记录、混凝土料或坝体填筑料生产供应记录、金属结构件焊接作业记录、监理现场记录、施工质量检查记录，以及质量检查签证资料、监理工作日志等重要原始资料的收集保存与分析，及时对工程施工质量做出评价。

（2）对出现的施工质量问题及其处理经过，监理工程师应在现场交接班记录中详细写明。对于隐蔽工程，应详细记录施工和质量检查情况，必要时应照相、摄像或取原状样品保存。

二、施工质量检查

1. 一般规定

（1）工程质量检查按单元工程、分部工程、单位工程逐级进行。大型复杂工程，应对重要分项工程进行工程质量检查。重要单元工程还应对施工工序进行施工质量检查。

（2）工程质量检查实行承建单位自检和监理机构抽检认证，监理机构应对工程质量检查出具书面签证。工程质量检查签证应在承建单位自检合格的基础上进行。

（3）质量不合格的原材料、半成品不得用于工程项目，不合格的施工工序、单元工程必须经返工或修复合格并取得监理机构认证后，方准予进入下道工序或后序单元工程施工。

（4）监理机构对原材料、半成品、施工工序质量的检查可以按规定采用抽检对照、平行检验、旁站监督等方式进行。当监理机构的检验结果与承建单位的检验结果之间存在影响判定质量合格与否的差异时，监理机构应分析并确认其产生差异的原因，在不能判定合格与否时，应指示承建单位加倍检验，或采用其他有效的检验方法进行验证。

（5）对于坝体和重要建筑物建基面、基础处理工程、金属结构件与机电设备安装工程、工程安全监测、施工质量事故或质量缺陷处理及重要隐蔽工程项目，监理机构应在承建单位自检合格的基础上报请业主，或由业主授权监理机构组织或主持，约请业主、设计、承建单位等各方参加现场联合检查。

2. 单元工程（工序）质量检查与质量等级评定

（1）单元工程（工序）质量检查，按工程承建合同技术条款、设计技术要求、《水电水利基本建设工程 单元工程质量等级评定标准》(DL/T 5113)执行。合同技术条款、设计技术要求有特别或更严格要求的,按其要求或规定的标准执行。

(2) 对重要水工构筑物混凝土、预应力锚索、预应力锚杆、锚杆束、锚喷混凝土、围岩与边坡排水孔、水泥灌浆、金属结构与机电设备安装、安全监测仪器设备埋设等施工项目,以及其他应以施工工序为基础进行单元工程质量等级评定的项目,施工工序质量检查应于相应施工工序完成后及时进行。上道工序未经质量检查合格,不得进行下道工序施工作业。

(3) 单元工程质量等级评定,宜于本单元工程完工1个月内完成。因特殊情况,部分项目不能及时检查的,可进行缺项暂评,但应尽快补齐缺项进行终评。单元工程质量等级终评应在消除缺陷后、分部(分项)工程质量检查前完成。

(4) 对于已完成工程质量检查和质量等级评定的单元工程,若在以后的检查或运行中进一步发现存在施工质量问题,监理机构仍应指示承建单位修复,并对该单元工程重新进行质量检查和质量等级评定。

3. 分部(分项)工程质量检查

(1) 分项工程质量检查在所有单元工程完工,并经单元工程质量检查合格后进行。

(2) 分部工程质量检查在所有分项工程完工,并经分项工程质量检查合格后进行。

(3) 对于工程条件简单、工程规模不大的工程项目,可不单独进行分项工程质量检查。

4. 监理机构的独立检验与测量

(1) 监理机构应按工程监理合同约定,对监理项目施工生产性试验、施工过程质量检查和施工测量进行监督性或复核性检测。

(2) 监理机构应随施工进展定期对承建单位检测设备、计量器(具)的检定(校准)情况、质量检测机构资质、人员资格进行检查。

(3) 监理机构应对施工过程中使用的材料、构配件、成品、半成品、混凝土配合比,以及相关施工参数等进行检查、取样和性能检验。

(4) 监理机构应对施工控制网、建筑物轴线,以及建筑物体型尺寸、重要控制点高程等施工放样进行校测,并及时完成对工程验收和质量检查过程中的工程测量成果审查。

(5) 监理机构质量检测工作的方法、方式和手段,按监理合同的约定进行。

1) 业主规定必须开展独立或平行检验时,监理机构应独立地拥有这类手段,并随施工进展不断充实、完善。其检测频率不低于质量检查标准规定检验频数的10%,或达到能独立进行对照与统计分析的数量要求。

2) 监理机构为进行独立的检验,可按工程承建合同规定,要求承建单位提供样品、取样劳务或使用承建单位的检测设备。

三、机电设备及金属结构驻厂监造

《水电水利工程施工监理规范》(DL/T 5111—2012)规定,机电设备及金属结构驻厂监造应符合以下要求:

(1) 监造质量检查依据。

1) 国家及行业主管部门颁发的有关工程质量的法律法规、规程、规范、标准等。

2) 国产设备以国家颁发的标准为原则,参照行业标准及设备制造厂标准;国外生产的设备及配套零部件,应执行设备采购合同规定采用的国际标准、国外有关技术标准或其他有关标准。

3) 业主与制造厂签订的采购合同文件。

4) 经业主确认的机电设备及金属结构设计、制造文件。

5) 业主与监理单位签订的机电设备及金属结构监造合同文件。

(2) 监造方式。

1) 监理单位应按监造合同约定在制造厂派驻驻厂监造机构,按监造项目规模,配备足够的、专业素质满足工作要求的监造人员。

2) 驻厂监造工程师应采取重要部件、关键制造加工工序旁站监督和一般部件、一般工序巡视检查相结合的工作方式,对一般工序进行文件见证;对关键零部件和关键工序,应进行现场见证或旁站见证。

3) 有力学性能或化学成分要求的外协件毛坯、半成品、成品入厂后,监造工程师应要求制造厂对其力学性能或化学成分进行检测或试验,并旁站见证,签认检测或试验结果;对在工厂不进行组装的外协成品件,还应对其形状误差或配合公差进行检测,并旁站见证,签认检测结果。

(3) 监造基础工作的主要内容应包括:

1) 监造工作开展前,监造工程师应熟悉设计、制造文件及相关技术标准,掌握制造图纸、制造工艺规程要求以及采购合同中的各项规定,按监造工作和制造进展要求编制监造规划和监造实施细则。

2) 监造机构应协助或参加业主组织的产品设计技术交底和设计联络会。

3) 监造机构要督促和审查制造厂制定的质量体系文件、生产计划和产品检验大纲,明确主要工艺及工序、主要检查项目、检验标准、检验方法和手段、检测设备和仪器。

4) 监造机构应对制造厂提交的需要业主确认的设计文件进行审查,并提出审查意见。

5) 对制造厂采用的新技术、新材料、新工艺,监造机构应组织技术评审,并报业主批准。

6) 监造机构应审核机电设备及金属结构配件、辅件制造分包单位的资质情况,实际生产能力和质量保证体系,以及分包单位检验标准、检验方法和手段、检测设备和仪器是否符合设备加工制造要求。

7) 监造机构应督促制造厂按规定进行各项工艺试验,并在相应工艺试验完成后及时组织对试验成果进行评审。

(4) 制造质量控制工作的主要内容应包括:

1) 审查制造厂相关生产人员的上岗资格、生产设备的加工能力及精度,并检查设备制造和装配场所的环境。

2) 审查原材料、外购配套件、元器件、标准件以及坯料的质量证明文件与检验报告,监督制造厂对外购器件、外协加工件和材料的质量验收,并审查制造厂提交的报验资料。

3) 对制造过程进行日常监督和检查,对主要及关键零部件和关键工序的制造过程进行旁站见证,对中间工序和结果进行抽检或检验,对制造厂的检验结果进行审核,并做好检验记录。对不符合质量要求的,监造工程师应指令制造厂进行整改、返修或返工;对存在重大质量隐患的,应下达暂停指令,要求制造厂提出处理方案,报驻厂监造机构批准后实施。

4) 在制造过程中,如需要对设备或构件的设计进行变更,监造机构应及时通知业主,必要时协助或参加业主组织的设计变更讨论会,并随变更的进行对因变更引起的费用增减和对制造工期产生的影响做出分析和评价。

5)参加设备制造过程中的调试和整机性能检测,验证设备是否达到合同规定的技术质量要求,并为此进行签证。

(5)监造机构应按照合同规定定期编制设备监造简报,及时向业主报告设备制造的质量和进度等情况。当设备制造质量、制造进度等出现重大问题时,监造机构应及时报告业主,并提交相关专题报告。

(6)出厂验收与交货工作的主要内容应包括:

1)机电设备及金属结构出厂验收前,监造机构应全面检查已完工设备及金属结构件的质量和数量是否符合合同文件及设计图纸的要求,并审查制造竣工资料。具备出厂验收条件时,监造机构应会同制造厂通知业主组织出厂验收。

2)在机电设备及金属结构出厂前,监造机构应检查待运机电设备及金属结构的保护处理和包装措施是否符合运输、装卸、储存和安装顺序的要求,检查相关的随机文件、装箱单和附件是否齐全。

3)机电设备及金属结构件出厂验收合格后,监造机构应及时签发监造产品合格证书。

4)监造机构发现制造进度滞后,可能导致影响按期出厂验收时,应督促制造厂采取有效的加快加工制造的措施及时完工。

5)监造机构应督促制造厂按供货合同约定实现设备成套交货。

(7)监造的各项机电设备及金属结构制造完成,经出厂验收合格后,监造机构应编制监造工作总结报告。监造工作总结报告的主要内容应包括:

1)监造的机电设备及金属结构概况(包括工程特性、设备项目组成、主要设备基本参数、设备整体结构特点及主要零部件的结构特点等)。

2)监造工作综述(包括监造机构设置与主要监造人员,监造工作依据,监造工作的主要内容、程序、方法等)。

3)监造合同履行和监造过程情况。

4)监造质量控制情况(包括机电设备与金属结构质量问题及其处理情况、制造厂对遗留问题的质量承诺、制造质量的总体评价等)。

5)监造进度控制情况。

6)监造合同费用支付情况。

7)监造机电设备及金属结构在安装调试期间应注意的事项或建议。

8)机电设备及金属结构监造大事记。

9)其他应提交的资料和说明事项等。

四、机电设备及金属结构安装质量检查

(1)到货交接验收可分到货验收和开箱验收进行。到货交接验收工作的主要内容应包括:

1)到货验收应对到货设备型号、规格、数量、外观、装箱单、附件、备品备件、专用工器具、产品的技术文件等出厂物品和资料进行检查,并填写验收单。

2)监理机构应对到货情况予以记载,对设备仪器存放的防雨、防尘、防漏、防潮及防磁等措施是否符合安全存放规定进行检查。

3)开箱验收中,监理机构应督促安装承建单位对箱装零部件进行数量清点,并检查质量证明文件。

(2)机电设备及金属结构安装施工组织设计审查:

1)机电设备及金属结构安装施工组织设计审查内容应包括组织机构、安装作业安全保证体系、质量保证体系、技术方案(作业指导书)、主要部件和特殊部件的安装专项措施等。

2)技术方案(作业指导书)审查内容应包括遵循的标准、规范、规程,安装总布置,安装程序,进度计划,资源配置及主要安装调试质量标准等。

3)安装施工措施计划审查内容应包括安装现场组织机构、安装方法、起重机起吊能力复核、大件吊装方案、测量工具与仪器的名称和精度、焊接工艺、支撑与加固方式、安全措施、质量标准、安装工期、人员配备等。

(3)监理机构应协调好土建工程施工中预埋件的预留预埋工作,在承建单位自检合格并报监理工程师验收确认后,才能进入下道工序施工。监理机构应督促承建单位对预埋件或预留孔洞加以保护。

(4)在设备开始安装前,监理机构应会同承建单位检查安装现场是否达到安装条件要求,确认影响安装环境、安装作业安全和安装质量的因素,在得到有效控制后方可准许开工。

(5)大件吊装安装质量检查:

1)对于机电设备、金属结构等重大部件、基准件、易变形部件,如发电机定子与转子吊装、转轮吊装、轮毂烧嵌、主变压器就位与吊芯、闸门及启闭机大件吊装,以及机组基准件,如座环、蜗壳、尾水管等部件的吊装,监理机构应督促安装承建单位报送专项安装施工措施计划和安装作业指导书。

2)监理机构应监督安装承建单位按照报经批准的安装施工措施计划实施,并对大件吊装安装过程进行跟踪、旁站监督,按质量标准对工序进行质量检查和验收。

(6)监理机构应督促安装承建单位按照国家及行业主管部门颁布的安装和试验规程,进行安装质量的过程检验和设备的调试。对重要部件和关键工序安装,监理机构应安排监理人员进行旁站监督,并随安装进展进行必要的抽检和复核。

(7)设备缺陷处理:

1)对于安装过程中发现的设备一般缺陷,监理机构应根据其责任指示制造厂或设计单位提出消除缺陷处理意见,并会同设计、制造、安装单位协调缺陷处理的有关事项。

2)对于重大缺陷,监理机构应及时报告业主,指示责任单位研究提出消除缺陷的处理方案。处理方案应得到业主同意后方可实施。

(8)机电设备启动试运行:

1)监理机构应协助业主审查机电设备安装承建单位或调试单位提交的主要机电设备(包括起重设备、水轮发电机组及其辅助设备、电气一次设备、电气二次设备等)、闸门启闭机与航运过坝设备的调试程序、机组启动调试大纲与调试程序、安全隔离措施、操作规程等。

2)监理机构应组织安装承建单位进行启动试运行技术交底,参加启动试运行,审查试运行记录和试运行情况报告。

3)监理机构应编写机组、主要机电设备、闸门及启闭机、航运过坝设备启动试运行监理报告,并对其能否安全稳定运行做出评价。

第六节 水利水电常见工程施工质量控制

一、工程桩基处理

(一)混凝土灌注桩

1. 施工监理控制要点

(1)泥浆护壁成孔灌注桩。泥浆护壁成孔灌注桩施工监理控制要点见表4-2。

表4-2 泥浆护壁成孔灌注桩施工监理控制要点

序号	项目	内容
1	成孔	(1)机具就位应平整、垂直;护筒埋设应牢固且垂直。 (2)要控制孔内的水位。孔内水位应高于地下水位1.0m,不得过高,以免引起坍孔现象。 (3)成孔的快慢与土质有关,应灵活掌握钻孔的速度。发现有轻微坍孔现象时,应及时调整泥浆的比重和孔内水头。泥浆的比重应控制在1.1~1.5的范围内。 (4)成孔时发现难以钻进或遇到硬土、石块等,应及时检查,以防桩孔出现严重的偏斜、位移等
2	护筒埋设	(1)护筒位置应埋设正确和稳定,护筒与坑壁之间应用黏土填实,护筒中心与桩位中心线偏差不得大于20mm。 (2)护筒内径应大于钻头直径;用回转钻时宜大于100mm;用冲击钻时宜大于200mm。 (3)护筒埋设深度:在黏性土中不宜小于1m,在砂土中不宜小于1.5m。并应保持孔内泥浆面高出地下水位1m以上。 (4)护筒口应高出地面30~40cm或地下水位1.5m以上
3	护壁泥浆与清孔	(1)孔壁土质较好不易坍孔时,可用空气吸泥机清孔。 (2)用原土造浆的孔,清孔后泥浆的比重应控制在1.1左右。 (3)孔壁土质较差时,宜用泥浆循环清孔。清孔后的泥浆比重应控制在1.15~1.25。泥浆取样应选在距孔20~50cm处。 (4)第一次清孔在提钻前,第二次清孔应在沉放钢筋笼、下导管以后。 (5)浇筑混凝土前,桩孔沉渣允许厚度:以摩擦力为主时,允许厚度不得大于150mm;以端承力为主时,其允许厚度不得大于50mm。以套管成孔的灌注桩不得有沉渣
4	钢筋骨架制作	(1)钢筋骨架的制作应符合设计与规范要求。 (2)长桩骨架宜分段制作,分段长度应根据吊装条件和总长度计算确定。相邻两段钢筋骨架的接头应错开。 (3)在钢筋骨架外侧应设置控制保护层厚度的垫块,其间距竖向为2m,横向圆周不得少于4处,并均匀布置。骨架顶端应设置吊环。 (4)大直径钢筋骨架制作完成后,应在内部加强箍上设置十字撑或三角撑。 (5)钢筋笼除应符合设计要求外,还应符合下列规定: 1)分段制作的钢筋笼,其接头宜采用焊接。 2)主筋净距必须大于混凝土粗骨料粒径3倍以上。 3)加劲箍宜设在主筋外侧,主筋一般不设弯钩,所设弯钩不得向内圆伸露,以免妨碍导管工作。 4)钢筋笼的内径比导管接头处外径大100mm以上。 (6)钢筋骨架的制作和吊放的允许偏差为:主筋间距±10mm;箍筋间距±20mm;骨架外径±10mm;骨架长度±50mm;骨架倾斜度±0.5%;骨架保护层厚度水下灌注±20mm,非水下灌注±10mm;骨架中心平面位置20mm;骨架顶端高程±20mm,骨架底面高程±50mm

续表

序号	项目	内容
5	混凝土浇灌	(1)混凝土运至灌注地点时,应检查其均匀性和坍落度,如不符合要求应进行第二次拌和。二次拌和后仍不符合要求,则不得使用。 (2)第二次清孔完毕,检查合格后应立即进行水下混凝土灌注,其时间间隔不宜大于30min。 (3)首批混凝土灌注后,混凝土应连续灌注,严禁中途停止。 (4)在灌注过程中,应经常测探井孔内混凝土面的位置,及时地调整导管埋深,导管埋深宜控制在 2~6m。严禁将导管提出混凝土面。 (5)在灌注过程中,应时刻注意观测孔内泥浆返出情况,倾听导管内混凝土下落声音,如有异常必须采取相应处理措施。 (6)在灌注过程中宜使导管在一定范围内上下窜动,防止混凝土凝固,增加灌注速度。 (7)为防止钢筋骨架上浮,当灌注的混凝土顶面距钢筋骨架底部1m左右时,应降低混凝土的灌注速度。 (8)灌注桩的桩顶标高应比设计标高高 0.5~1.0m,以保证桩头混凝土强度。接桩前,应将多余部分凿除。桩头应无松散层

(2)沉管灌注桩和内夯灌注桩。沉管灌注桩和内夯灌注桩施工监理控制要点见表 4-3。

(3)干作业钻孔灌注桩。干作业钻孔灌注桩施工监理控制要点如下:

1)钻孔时,钻杆应保持垂直稳固、位置正确,防止因钻杆晃动引起扩大孔径。

2)钻进速度应根据电流值变化,及时进行调整。

3)钻进过程中,应随时清理孔口积土和地面散落土,遇到地下水、塌孔、缩孔等异常情况时,应及时处理。

表 4-3　　　　　　沉管灌注桩和内夯灌注桩施工监理控制要点

序号	项目	内容
1	锤击沉管灌注桩	(1)群桩基础和桩中心距小于 4 倍桩径的桩基,应能保证相邻桩桩身的质量。 (2)混凝土预制桩尖或钢桩尖的加工质量和埋设位置应与设计相符,桩管与桩尖的接触应有良好的密封性。 (3)沉管全过程必须有专职记录员做好施工记录。 (4)沉管至设计标高后,应立即灌注混凝土,尽量减少间隔时间;灌注混凝土之前,必须检查桩管内有无吞桩尖或进泥、进水。 (5)当桩身配钢筋笼时,第一次混凝土应先灌至笼底标高,然后放置钢筋笼,再灌混凝土至桩顶标高。第一次拔管高度不得过高,应以能容纳第二次所需灌入的混凝土量为限。 (6)拔管速度要均匀,对一般土层以 1m/min 为宜,在软弱土层和软硬土层交界处宜控制在 0.3~0.8m/min。 (7)采用倒打拔管时,在管底未拔至桩顶设计标高之前,倒打和轻击不得中断。 (8)当桩身配有钢筋时,混凝土的坍落度宜采用 80~100mm;素混凝土桩宜采用60~80mm。 (9)混凝土的充盈系数不得小于1.0;对于混凝土充盈系数小于 1.0 的桩,宜全长复打,对可能有断桩和缩颈桩,应采用局部复打。 (10)成桩后的桩身混凝土顶面标高应不低于设计标高 500mm。全长复打桩的入土深度宜接近原桩长,局部复打应超过断桩或缩颈区 1m 以上

续表

序号	项 目	内 容
2	振动、振动冲击沉管灌注	(1)在含水量较小的土层中,应采用单打法。其检验要求如下: 1)最后 30s 的电流、电压值应符合设计要求或试桩和当地经验值。 2)在桩管内灌满混凝土后,应先振动 5~10s,再开始拔管。每拔 0.5~1.0m 停拔振动 5~10s。 3)在一般土层中,拔管速度应为 1.2~1.5m/min;在软弱土层中,应控制在 0.6~0.8m/min,用活瓣桩尖时应慢些;用预制桩尖时可适当加快。 (2)在饱和土层中,宜采用反插法,其检验要求如下: 1)在桩尖处 1.5m 范围内,应多次反插以扩大桩的端部断面。 2)桩管灌满混凝土之后,应先振动再拔管,每次拔管高度为 0.5~1.0m,反插深度为 0.3~0.5m。 3)在拔管过程中,应分段添加混凝土,管内混凝土面不得低于地表面或高于地下水位 1.0~1.5m 以上。 4)穿过淤泥夹层时,应当放慢拔管速度,并减少拔管高度和反插深度。在流动性淤泥中,不宜使用反插法
3	夯压成型灌注桩	(1)夯扩桩应采用静压或锤击沉管进行夯压、扩底、扩径。内夯管应比外管短 100mm。 (2)外管封底应采用干硬性混凝土、无水混凝土,经夯击形成阻水、阻泥管塞,其高度一般为 100mm。 (3)桩的长度较大或需配置钢筋笼时,桩身混凝土应分段灌注。拔管时,内夯管和桩锤应施压于外管中的混凝土顶面,边压边拔

4)成孔达设计深度后,孔口应予以保护,并按规定进行验收,做好记录。

5)灌注混凝土前,应先放置孔口护孔漏斗,随后放置钢筋笼并再次测量孔内虚土厚度,桩顶以下 5m 范围内混凝土应随浇随振动,并且每次浇筑高度均不得大于 1.5m。

(4)人工挖孔灌注桩。人工挖孔灌注桩施工监理控制要点见表 4-4。

表 4-4 人工挖孔灌注桩施工监理控制要点

序号	项 目	内 容
1	挖孔灌注	(1)挖孔应由人工从上到下逐层进行。遇到坚硬土层应用锤、钎破碎。 (2)挖土应先挖中间部分,后挖周边,允许尺寸误差为±3cm。扩底时,应先挖桩身圆柱体,再按扩底尺寸从上到下进行削修。 (3)为防止坍孔和保证操作安全,直径 1.2m 以上桩孔应多设混凝土支护,或加配足量直径 6~9mm 光圆钢筋。 (4)护壁应采用组合式钢模板,模板用 U 形卡连接,上下设两个半圆组成的钢圈顶紧,不另设支撑。 (5)混凝土应用吊桶运输,人工浇筑。上部应有 100mm 高的浇灌口,拆模后用砌砖或混凝土堵塞。 (6)为控制桩中线,应在第一节混凝土护壁上设十字控制点。每一节应吊大线锤作为中心线,并用尺杆找圆。 (7)混凝土下料时,应采用串桶;对于深桩孔,则应用混凝土导管。混凝土要垂直灌入桩孔内,并应连续分层浇筑,每层厚不超过 1.5m。 (8)大直径桩应分层浇筑、分层捣实。6m 以内的小直径桩孔也应分层捣实;6m 以上的小直径桩孔,则应利用混凝土的大坍落度和下冲力使其密实

序号	项 目	内 容
2	钢筋笼制作	(1)对直径和长度大的钢筋笼,在主筋内侧每隔2.5m应加设一道直径为25～30mm的加强箍。 (2)每隔一箍,应在箍内加设一井字加强支撑,与主筋焊接牢固。 (3)为便于吊运,钢筋笼一般应分二节制作,主筋与箍筋间隔应点焊牢固,平整度误差不得大于5cm。 (4)钢筋笼一侧主筋上每隔5m设置耳环,控制保护层为7cm,钢筋笼外形尺寸比孔小11～12cm。 (5)钢筋笼就位后,上下节主筋应采用帮条双面焊接,整个钢筋笼应用槽钢悬挂在井壁上

2. 施工质量监理验收

(1)对于地基基础设计等级为甲级或地质条件复杂、成桩质量可靠性低的灌注桩,应采用静荷载试验的方法进行检验,检验桩数不应少于总数的1%,且不应少于3根,当总桩数少于50根时,不应少于2根。

(2)对设计等级为甲级或地质条件复杂、成桩质量可靠性低的灌注桩,抽检数量不应少于总数的30%,且不应少于20根;地下水位以上且终孔后经过核验的灌注桩,检验数量不应少于总桩数的10%,且不得少于10根。每个柱子承台下不得少于1根。

(3)每根钻孔灌注桩逐项进行检查,其中孔径和孔斜率的测点间距宜为2～4m。

(4)灌注桩的桩位允许偏差必须符合表4-5的规定。桩顶标高至少要比设计标高高出0.5m。

表 4-5 灌注桩的平面位置和垂直度的允许偏差

序号	成孔方法		桩径允许偏差/mm	垂直度允许偏差/(%)	桩位允许偏差/mm	
					1～3根、单排基垂直于中心线方向和群桩基础的边桩	条形桩基沿中心线方向和群桩基础的中间桩
1	泥浆护壁钻孔桩	$D \leq 1000$mm	±50	<1	$D/6$,且不大于100	$D/4$,且不大于150
		$D > 1000$mm	±50		$100+0.01H$	$150+0.01H$
2	套管成孔灌注桩	$D \leq 500$mm	−20	<1	70	150
		$D > 500$mm			100	150
3	干成孔灌注桩		−20	<1	70	150
4	人工挖孔桩	混凝土护壁	+50	<0.5	50	150
		钢套管护壁	+50	<1	100	200

注:1. 桩径允许偏差的负值是指个别断面。
    2. 采用复打、反插法施工的桩,其桩径允许偏差不受上表限制。
    3. H为施工现场地面标高与桩顶设计标高的距离,D为设计桩径。

(5)混凝土灌注桩钢筋笼的质量检验标准应符合表4-6的规定。

表 4-6　　　　　混凝土灌注桩钢筋笼质量检验标准　　　　　　　　　mm

项目	序号	检查项目	允许偏差或允许值	检查方法
主控项目	1	主筋间距	±10	用钢尺量
	2	长度	±100	用钢尺量
一般项目	1	钢筋材质检验	设计要求	抽样送检
	2	箍筋间距	±20	用钢尺量
	3	直径	±10	用钢尺量

(6)钻孔灌注桩的质量检验标准应符合表 4-7 的规定。

表 4-7　　　　钻孔灌注桩工程质量检查项目、质量标准及检测方法

项目	检查项目		质量标准	检测方法
主控项目	1. 钻孔	孔位偏差	符合设计要求	经纬仪测定或钢尺测量
		孔深	符合设计要求	核定钻杆、钻具长度,或专用测绳测定
		孔底沉渣厚度	端承桩≤50mm	测锤或沉渣仪测定
			摩擦桩≤150mm	
	2. 钢筋笼制作	主筋间距偏差	±10mm	用钢尺量测
		长度偏差	±100mm	用钢尺量测
	3. 混凝土浇筑	导管埋深	≥2m	用测绳量测计算
		混凝土上升速度	≥2m/h	量测计算
	4. 混凝土性能	混凝土抗压强度等	符合设计要求	室内试验、计算
	5. 施工记录、图表		齐全、准确、清晰	查看资料
一般项目	1. 钻孔	孔斜率	<1%	同径测斜工具或钻杆内小口径测斜仪或测井仪测定
		孔径偏差	符合设计要求	测井仪测定或钻头量测
	2. 钢筋笼制作	箍筋间距	±20mm	用钢尺量测
		直径偏差	±10mm	用钢尺量测
		钢筋笼安放	符合设计要求	用钢尺量测
	3. 混凝土浇筑	浇筑最终高度	水下浇筑时应高于设计桩顶浇筑高程 30cm 以上,非水下浇筑时应符合设计桩顶浇筑高程	测锤和钢尺量测
		充盈系数	>1	检查实际灌注量
	4. 混凝土性能	混凝土配合比	符合设计要求	室内试验、计算
		混凝土坍落度	水下灌注 16～22cm,干孔施工 7～10cm,或符合设计要求	坍落度仪和钢尺量测

(7) 混凝土灌注桩的质量检验标准应符合表 4-8 的规定。

表 4-8　　　　　　　　　　　混凝土灌注桩质量检验标准

项目	序号	检查项目	允许偏差或允许值		检查方法
			单位	数值	
主控项目	1	桩位		见表 4-9	基坑开挖前量护筒，开挖后量桩中心
	2	孔深	mm	+300	只深不浅，用重锤测，或测钻杆、套管长度，嵌岩桩应确保进入设计要求的嵌岩深度
	3	桩体质量检验	按基桩检测技术规范。如钻芯取样，大直径嵌岩桩应钻至桩尖下 50cm		按基桩检测技术规范
	4	混凝土强度	设计要求		试件报告或钻芯取样送检
	5	承载力	按基桩检测技术规范		按基桩检测技术规范
一般项目	1	垂直度		见表 4-9	测套管或钻杆，或用超声波探测，干施工时吊垂球
	2	桩径		见表 4-9	井径仪或超声波检测，干施工时用钢尺量，人工挖孔桩不包括内衬厚度
	3	泥浆比重（黏土或砂性土中）		1.15~1.20	用比重计测，清孔后在距孔底 50cm 处取样
	4	泥浆面标高（高于地下水位）	m	0.5~1.0	目测
	5	沉渣厚度：端承桩　　　　　　摩擦桩	mm　mm	≤50　≤150	用沉渣仪或重锤测量
	6	混凝土坍落度：　水下灌注　　干施工	mm　mm	160~220　70~100	坍落度仪
	7	钢筋笼安装深度	mm	±100	用钢尺量
	8	混凝土充盈系数		>1	检查每根桩的实际灌注量
	9	桩顶标高	mm	+30　−50	水准仪，需扣除顶浮浆层及劣质桩体

表 4-9　　　　　　　　预制桩（钢桩）桩位的允许偏差　　　　　　　　　　　　　mm

序号	项目	允许偏差
1	盖有基础梁的桩： （1）垂直基础梁的中心线 （2）沿基础梁的中心线	100+0.01H 150+0.01H
2	桩数为 1~3 根桩基中的桩	100
3	桩数为 4~16 根桩基中的桩	1/2 桩径或边长

续表

序号	项目	允许偏差
4	桩数大于16根桩基中的桩： (1)最外边的桩 (2)中间桩	1/3桩径或边长 1/2桩径或边长

注：H为施工现场地面标高与桩顶设计标高的距离。

(8)单根钻孔灌注桩质量评定。

合格：主控项目符合质量标准；一般项目不少于70%的检查点符合质量标准。

优良：主控项目和一般项目全部符合质量标准。

(9)钻孔灌注桩单元工程质量等级评定。

合格：本单元内的钻孔灌注桩全部合格，优良灌注桩数小于70%。

优良：本单元内的钻孔灌注桩全部合格，优良灌注桩数大于或等于70%。

(二)混凝土预制桩

混凝土预制桩是先在工厂或现场进行预制，然后用打(沉)桩机械，在现场就地打(沉)入到设计位置和深度。主要适用于一般黏性土、粉土、砂土、软土等地基。

1. 原材料质量控制

(1)粗骨料：应采用质地坚硬的卵石、碎石，其粒径宜用5～40mm连续级配。含泥量不大于2%，无垃圾及杂物。

(2)细骨料：应选用质地坚硬的中砂，含泥量不大于3%，无有机物、垃圾、泥块等杂物。

(3)水泥：宜用强度等级为42.5级的硅酸盐水泥或普通硅酸盐水泥。

(4)钢筋：应具有出厂质量证明书和钢筋现场取样复试试验报告，应符合施工设计要求。

(5)混凝土配合比：应符合设计要求强度。

2. 施工监理控制要点

(1)现场预制时，应采用间隔重叠法生产。重叠层数不得超过四层。

(2)模板应支在坚实平整的场地上。桩头部分应使用钢模堵头板，并与两侧模板相互垂直。

(3)桩与桩间用油毡、水泥袋纸或废机油、滑石粉隔离剂隔开。

(4)邻桩与上层桩的混凝土浇筑须待邻桩或下层桩的混凝土达到设计强度的30%以后进行。

(5)混凝土空心管桩应采用成套钢管胎模，加工时宜采用离心法制作。

1)桩钢筋的位置应正确，桩尖应对准纵轴线，纵向钢筋顶部保护层不应过厚，钢筋网格的距离应正确，桩顶平面与桩纵轴线倾斜不应大于3mm。

2)桩混凝土强度等级不低于C30；粗骨料用5～40mm碎石或细卵石；用机械拌制混凝土，坍落度不大于6cm。

3)桩混凝土浇筑应由桩头向桩尖方向或由两头向中间连续灌筑，不得中断，并用振捣器捣实。

4)接桩的接头处要平整，使上下桩能互相贴合对准。

(6)当桩的混凝土达到设计强度的70%后方可起吊，吊点应系于设计规定之处；如无吊环，可按图4-3所示位置起吊。

(7)在吊索与桩间应加衬垫,起吊应平稳提升,避免撞击和振动。

(8)桩运输时,强度应达到100%。装载时应将桩装载稳固,并支撑或绑牢固。长桩运输时,桩下宜设活动支座。

(9)桩堆放时,应按规格、桩号分层叠置在平整坚实的地面上。堆放层数不得超过4层。

(10)打桩时,应用导板夹具或桩箍将桩嵌固在桩架两导柱上。

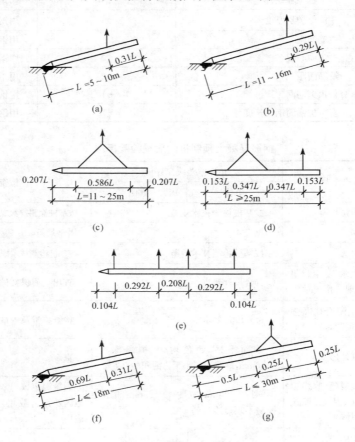

图 4-3 预制桩吊点位置

(a)、(b)一点吊法;(c)两点吊法;(d)三点吊法;
(e)四点吊法;(f)预应力管桩一点吊法;(g)预应力管桩两点吊法

3. 施工质量监理验收

(1)采用静荷载试验方法检验承载力时,检验桩数不应少于总数的1‰,且不应少于3根。当总桩数少于50根时,不应少于2根。

(2)混凝土预制桩桩身检验时,检验数量不应少于总桩数的10%,且不得少于10根。每根柱子承台下不得少于1根。

(3)对长桩或总锤击数超过500击的锤击桩,当符合桩体强度及28d龄期时方可锤击。

(4)桩在现场预制时,应对原材料、钢筋骨架(表4-10)、混凝土强度进行检查;采用工厂生产的成品桩时,桩进场后应进行外观及尺寸检查。

(5)钢筋混凝土预制桩的质量检验标准应符合表4-11的规定。

表 4-10　　　　　　　　　　预制桩钢筋骨架质量检验标准　　　　　　　　　　　　　　mm

项目	序号	检查项目	允许偏差或允许值	检查方法
主控项目	1	主筋距桩顶距离	±5	用钢尺量
	2	多节桩锚固钢筋位置	5	用钢尺量
	3	多节桩预埋铁件	±3	用钢尺量
	4	主筋保护层厚度	±5	用钢尺量
一般项目	1	主筋间距	±5	用钢尺量
	2	桩尖中心线	10	用钢尺量
	3	箍筋间距	±20	用钢尺量
	4	桩顶钢筋网片	±10	用钢尺量
	5	多节桩锚固钢筋长度	±10	用钢尺量

表 4-11　　　　　　　　　　钢筋混凝土预制桩的质量检验标准

项目	序号	检查项目	允许偏差或允许值		检查方法
			单位	数值	
主控项目	1	桩体质量检验	按基桩检测技术规范		按基桩检测技术规范
	2	桩位偏差	见表 4-9		用铗尺量
	3	承载力	按基桩检测技术规范		按基桩检测技术规范
一般项目	1	砂、石、水泥、钢材等原材料（现场预制时）	符合设计要求		查出厂质保文件或抽样送检
	2	混凝土配合比及强度（现场预制时）	符合设计要求		检查称量及查试块记录
	3	成品桩外形	表面平整，颜色均匀，掉角深度<10mm，蜂窝面积小于总面积的 0.5%		直观
	4	成品桩裂缝（收缩裂缝或起吊、装运、堆放引起的裂缝）	深度<20mm，宽度<0.25mm，横向裂缝不超过边长的 1/2		裂缝测定仪，该项在地下水有侵蚀地区及锤击数超过 500 击的长桩不适用
	5	成品桩尺寸： 横截面边长 桩顶对角线差 桩尖中心线 桩身弯曲矢高 桩顶平整度	mm mm mm mm	±5 <10 <10 <l/1000 <2	用钢尺量 用钢尺量 用钢尺量 用钢尺量，l 为桩长 用水平尺量
	6	电焊接桩：焊缝质量 电焊结束后停歇时间 上下节平面偏差 节点弯曲矢高	 min mm mm	 >1.0 <10 <l/1000	 秒表测定 用钢尺量 用钢尺量，l 为两节桩长
	7	硫磺胶泥接桩： 胶泥浇筑时间 浇筑后停歇时间	min min	<2 >7	秒表测定 秒表测定
	8	桩顶标高	mm	±50	用水准仪测量
	9	停锤标准	设计要求		现场实测或查沉桩记录

(三)先张法预应力管桩

1. 原材料质量控制

(1)预应力管桩的外观质量应符合表 4-12 的规定。

表 4-12　　　　　　　　　预应力管桩的外观质量表

项目		产品质量等级		
		优等品	一等品	合格品
粘皮和麻面		不允许	局部粘皮和麻面累计面积不大于桩身总计面积的 0.2%；每处粘皮和麻面的深度不得大于 5mm，且应修补	局部粘皮和麻面累计面积不大于桩身总外表面积的 0.5%；每处粘皮和麻面的深度不得大于 10mm，且应修补
桩身合缝漏浆		不允许	漏浆深度不大于 5mm，每处漏浆长度不大于 100mm，累计长度不大于管桩长度的 5%，且应修补	漏浆深度不大于 10mm，每处漏浆长度不大于 300mm，累计长度不大于管桩长度的 10%，或对漏浆的搭接长度不大于 100mm，且应修补
局部磕损		不允许	磕损深度不大于 5mm，每处面积不大于 20cm²，且应修补	磕损深度不大于 10mm，每处面积不大于 50cm²，且应修补
内外表面露筋		不允许		
表面裂缝		不得出现环向或纵向裂缝，但龟裂、水纹及浮浆层裂纹不在此限		
端顶面平整度		管桩端面混凝土和预应力钢筋镦头不得高出端板平面		
断筋、脱头		不允许		
桩套箍凹陷		不允许	凹陷深度不大于 5mm	凹陷深度不大于 10mm
内表面混凝土坍落		不允许		
接头及桩套箍与桩身结合面	漏浆	不允许	漏浆深度不大于 5mm，漏浆长度不大于周长的 1/8，且应修补	漏浆深度不大于 5mm，漏浆长度不大于周长的 1/4，且应修补
	空洞和蜂窝	不允许		

(2)预应力管桩的尺寸允许偏差及检查方法应符合表 4-13 的规定。

表 4-13　　　　　　　　　预应力管桩的尺寸允许偏差及检查方法

项目		允许偏差值			质检工具及量度方法
		优等品	一等品	合格品	
长度 L		±0.3%L	+0.5%L −0.4%L	+0.7%L −0.5%L	采用钢卷尺
端部倾斜		≤0.3%D	≤0.4%D	≤0.5%D	用钢尺量
顶面平整度		10			将直角靠尺的一边紧靠桩身，另一边端板紧靠，测其最大间隙
外径 d	≤600	+2,−2	+4,−2	+5,−4	用卡尺或钢尺在同一断面测定相互垂直的两直径，取其平均值
	>600	+3,−2	+3,−2	−7,−4	

续表

项目		允许偏差值			质检工具及量度方法
		优等品	一等品	合格品	
壁厚 t		+10.0	+15.0	正偏差不计 0	用钢直尺在同一断面相互垂直的两直径上测定四处壁厚,取其平均值
保护层厚度		+5.0	+7,+3	+10,+5	用钢尺在管桩断面处测量
桩身弯曲度		≤L/1500	≤L/1200	≤L/1000	将拉线紧靠桩的两端部用钢直尺测其弯曲处最大距离
端头板	外侧平面度	0.2			用钢直尺一边紧靠端头板,测其间隙处距离
	外径	0～−1			
	内径	−2			用钣卷尺或钢直尺
	厚度	正偏差值不限 负偏差为 0			

注:1. 表内尺寸以管桩设计图纸为准,允许偏差值单位为毫米。
2. 预应力筋和螺旋箍筋的混凝土保护层应分别不小于 25mm 和 20mm。

2. 施工监理控制要点

(1)为保证桩机行走和打桩的稳定性,应在桩机履带下铺设厚度为 2～3cm 钢板。钢板应比桩机宽 2m 左右。

(2)桩机行走时,桩锤应放置于桩架中下部,桩锤导向脚不得伸出导杆末端。

(3)桩架的垂直度应根据打桩机桩架下端的角度计进行初调。对中时,应用线坠从桩帽中心点吊下,与地上桩位点对中。

(4)管桩应用吊车起吊,转运至打桩机导轨前。管桩单节长≤20m 时,应采用专用吊钩钩住两端内壁直接水平起吊。

(5)管桩插入桩位中心后,先用桩锤自重将桩插入地下 30～50cm,待桩身稳定后,再调正桩身、桩帽及桩锤。

(6)用经纬仪(直桩)和角度计(斜桩)测定管桩垂直度和角度,经纬仪的设置不得影响打桩机作业和移动。

(7)打第一节桩时,必须采用桩锤自重或冷锤(不挂挡位)将桩徐徐打入,直至管桩沉到某一深度时,再转为正常施打。必要时,宜拔出重插,直至满足设计要求。

(8)正常打桩时,应重锤低击。根据管桩规格和入土深度,应先大后小,先长后短。

(9)正常打桩时,其打桩顺序应符合下列规定:

1)若桩较密集且距周围建(构)筑物较远,施工场地开阔时宜从中间向四周进行。

2)若桩较密集场地狭长,两端距建(构)筑物较远时,宜从中间向两端进行。

3)若桩较密集且一侧靠近建(构)筑物时,宜从毗邻建(构)筑物的一侧开始,由近及远地进行。

(10)当管桩需接长时,接头个数不宜超过 3 个且尽量避免桩尖落在厚黏性土层中接桩。

(11)应采用焊接接桩,其入土部分桩段的桩头宜高出地面 0.5～1.0m。

(12)下节桩的桩头处应设置导向箍。接桩时,上下节桩应保持顺直,中心线偏差不宜大于 2mm,节点弯曲矢高不得大于 1‰桩长。

(13)管桩对接前,上下端板表面应用钢丝刷清理干净,坡口处露出金属光泽,对接后,若上下桩接触面不密实,存有缝隙,可用厚度不超过 5mm 的钢片嵌填。

(14)焊接层数不得少于三层。焊接时必须将内层焊渣清理干净后再焊外一层,坡口槽的电焊必须满焊,电焊厚度宜高出坡口 1mm,焊缝必须每层检查,焊缝应饱满连续,不宜有夹渣、气孔等缺陷。

(15)送桩前应保证桩锤的导向脚不伸出导杆末端,管桩露出地面高度应控制在 0.3~0.5m。

(16)送桩前,在送桩器上应按从下至上的顺序以米为单位标明长度,并由打桩机主卷扬吊钩将送桩器喂入桩帽。

(17)在管桩顶部应放置桩垫,厚薄要均匀;送桩器下口应套在桩顶上。桩锤、送桩器和桩三者的轴线应在同一条直线上。

(18)送桩完成后,应及时将空孔回填密实。

3. 施工质量监理验收

(1)应进行承载力检验。对于地基基础设计等级为甲级或地质条件复杂的,应采用静载荷试验的方法进行检验。其检验桩数不应少于总数的 1%,且不应少于 3 根。当总桩数少于 50 根时,不应少于 2 根。

(2)桩身质量应进行检验。预应力混凝土管桩检验数量不应少于总数的 10%,且不应少于 10 根;每个柱子承台下不得少于 1 根。

(3)先张法预应力管桩的质量检验应符合表 4-14 的规定。

表 4-14　　　　　　　先张法预应力管桩质量检验标准

项目	序号	检查项目		允许偏差或允许值		检查方法
				单位	数值	
主控项目	1	桩体质量检验		按基桩检测技术规范		按基桩检测技术规范
	2	桩位偏差		见表 4-9		用钢尺量
	3	承载力		按基桩检测技术规范		按基桩检测技术规范
一般项目	1	成品桩质量	外观	无蜂窝、露筋、裂缝、色感均匀、桩顶处无孔隙		直观
			桩径	mm	±5	用钢尺量
			管壁厚度	mm	±5	用钢尺量
			桩尖中心线	mm	<2	用钢尺量
			顶面平整度		10	用水平尺量
			桩体弯曲		<$l/1000$	用钢尺量,l 为桩长
	2	接桩:焊缝质量				
		电焊结束后停歇时间		min	>1.0	秒表测定
		上下节平面偏差		mm	<10	用钢尺量
		节点弯曲矢高			<$l/1000$	用钢尺量,l 为两节桩长
	3	停锤标准		设计要求		现场实测或查沉桩记录
	4	桩顶标高		mm	±50	用水准仪测量

(四)高压喷射灌浆

1. 原材料质量控制

(1)高喷灌浆材料应满足工程特点、高喷目的和要求。

(2)高喷多采用水泥浆。为增加浆液的稳定性,应在水泥浆液中加入少量膨润土。

(3)对凝结体性能有特殊要求时,在水泥浆液中,应加入一定量的膨润土或其他掺合料。

(4)地基加固的高喷施工一般采用纯水泥浆,浆液水灰比应不大于 1∶1 的浓浆,一般为 0.8∶1～1∶1。

2. 施工监理控制要点

(1)进行高压喷射灌浆的设备由造孔、供水、供气、供浆和喷灌五大系统组成。常用的造孔机具有回转式钻机、冲击式钻机等,但目前用得较多的是立轴式液压回转钻机。

(2)在软弱透水的地层进行造孔,应采用泥浆固壁或跟管(套管法)方法,确保成孔。

(3)为保证钻孔质量,孔位偏差应不大于 10～20mm,孔斜率应小于 1%。

(4)用泥浆固壁钻孔时,应将喷射管直接下入孔内,直到孔底。

(5)用跟管钻孔时,在拔管前应向套管内注入密度大的塑性泥浆,边拔边注,并保持液面与孔口齐平,直至套管拔出,再将喷射管下到孔底。

(6)在下管的过程中,应将喷嘴对准设计的喷射方向,不偏斜,以确保喷射灌浆成墙。

(7)喷射作业时,应根据设计的喷射方法与技术要求,将水、气、浆送入喷射管,喷射 1～3min;待注入的浆液冒出后,按预定的速度自上而下边喷射边转动、摆动,逐渐提升到设计高度。

(8)回填注浆时,随着高度的不断增加,应向喷射管内不断地加注浆液,直至达到预期目的。

3. 施工质量监理验收

(1)根据工程的重要性和规模,高压喷射灌浆工程应以相邻的 20～40 个高喷孔或连续 400～600m² 的防渗墙体为一个单元工程。检测时,应逐孔逐项进行检查。

(2)高压喷射灌浆工程的质量检查项目、质量标准及检测方法见表 4-15。

表 4-15　　　　高压喷射灌浆工程质量检查项目、质量标准及检测方法

项目	检查项目		质量标准		检测方法
			两管法	三管法	
主控项目	钻孔	孔位偏差	不大于 5cm		用钢尺量测
		钻孔深度	符合设计要求		用钢尺、测绳量测
	高喷灌浆	喷射管下入深度	符合设计要求		用钢尺、测绳量测
		喷射方向	符合设计要求		罗盘检测
		提升速度	符合设计要求		钢尺、秒表检测
		浆液压力	符合设计要求		压力表检测
		浆液流量	符合设计要求		体积法量测
		水压力	—	符合设计要求	压力表检测
	施工记录		齐全、准确、清晰		查看资料

续表

项目		检查项目	质量标准		检测方法
			两管法	三管法	
一般项目	钻孔	孔序	符合设计要求		现场查看
		孔斜率	孔深小于30m时≤1.0%，或符合设计要求		测斜仪测值计算或其他有效测量方法
	高喷灌浆	转动速度或摆动速度	为提升速度数值的0.8~1.0倍		秒表检测
		摆动角度	符合设计要求		角度尺量测
		气压力	符合设计要求		压力表检测
		气流量	符合设计要求		流量计检测
		水流量	—	符合设计要求	流量表检测
		进浆密度	$1.4\sim1.7g/cm^3$，或符合设计要求		比重秤检测
		回浆密度	$\geq 1.3g/cm^3$	$\geq 1.2g/cm^2$	比重秤检测
		中断处理	不影响质量或影响轻微		根据施工记录或实际情况分析

注：使用低压浆液时"浆液压力"项为一般项目。

(3)单个高喷灌浆孔的质量评定。

合格：主控项目符合质量标准；一般项目不少于70%的检查点符合质量标准。

优良：主控项目和一般项目全部符合质量标准。

(4)高喷灌浆单元工程质量等级评定。

合格：在本单元工程高压喷射灌浆效果检查符合要求的前提下，高喷灌浆孔全部合格，优良高喷灌浆孔数小于70%。

优良：高喷灌浆孔全部合格，优良高喷灌浆孔数大于或等于70%。

(五)帷幕灌浆

1. 施工监理控制要点

帷幕灌浆施工监理控制要点见表4-16。

表4-16　　　　　　　　　帷幕灌浆施工监理控制要点

序号	项目	内容
1	钻孔检查	(1)钻具的性能应满足灌浆要求。 (2)灌浆孔孔深应符合设计规定。深孔钻进时，应严格控制孔深20m以内的偏差。 (3)进行孔斜测量时，垂直的或顶角小于5°的帷幕灌浆孔，孔底的偏差不得大于表4-17的规定。 (4)对于顶角大于5°的斜孔，孔底最大允许偏差值可根据实际情况按表4-17中的规定适当放宽，但方位角的偏差值不应大于5°。 (5)当孔深大于60m时，孔底最大允许偏差值应根据工程实际情况确定，但不得大于孔距。 (6)发现钻孔偏斜值超过设计规定时，应及时纠正或采取补救措施

续表

序号	项目	内 容
2	灌浆施工	(1)帷幕灌浆材料主要有水泥浆、水泥黏土浆和化学浆液等,较常采用的是水泥浆。化学浆液一般只在特殊情况下使用。 (2)帷幕灌浆必须按分序加密的原则进行: 1)由三排孔组成的帷幕,应先灌注下游排孔再灌注上游排孔,然后进行中间排孔的灌浆,每排孔可分为二序。 2)由两排孔组成的帷幕应先灌注下游排孔,后灌注上游排孔,每排孔可分为二序或三序。 3)单排孔帷幕应分为三序灌浆。 (3)在先灌排或主帷幕孔中应布置先导孔。先导孔应在一序孔中选取,其间距不宜小于15m,或按该排孔数的10%布置。 (4)帷幕灌浆有自上而下分段灌浆法和自下而上分段灌浆法两种,有时也采用综合灌浆法及孔口封闭灌浆法。 (5)进行帷幕灌浆时,坝体混凝土和基岩的接触段应先进行单独灌浆,其在岩石中的长度不得大于2m。以下各灌浆段长度一般为5～6m,最大不超过10m。 (6)帷幕灌浆先导孔各孔段可与压水试验同步自上而下进行灌浆,也可在全孔压水试验完成之后自下而上进行灌浆。 (7)帷幕灌浆孔各灌浆段不论透水率大小均应按技术要求进行灌浆。 (8)灌浆过程中,如发生冒浆、漏浆时,应采取措施进行处理。 (9)灌浆过程中如回浆变浓,可换用相同水灰比的新浆灌注,若效果不明显,继续灌注30min,即结束灌注,可不再进行复灌。 (10)灌浆孔段遇特殊情况,无论采用何种措施处理,其复灌前应进行扫孔,复灌后应达到规范规定的结束条件
3	灌浆结束与封孔	(1)采用自上而下分段灌浆法时,灌浆段在最大设计压力下,注入率不大于1L/min后,继续灌注60min,可结束灌浆。 (2)采用自下而上分段灌浆法时,在该灌浆段的最大设计压力下,注入率不大于1L/min后,继续灌注30min,可结束灌浆。 (3)帷幕灌浆采用自上而下分段灌浆法时,灌浆孔封孔应采用"分段灌浆封孔法"或"全孔灌浆封孔法";采用自下而上分段灌浆时,应采用"全孔灌浆封孔法"

表 4-17　　　　　　　　　　帷幕灌浆孔孔底允许偏差　　　　　　　　　　m

孔深		20	30	40	50	60
允许偏差	单排孔	0.25	0.45	0.70	1.00	1.30
	二或三排孔	0.25	0.50	0.80	1.15	1.50

2. 施工质量监理验收

(1)帷幕灌浆以一个坝段或隧洞内1～2个衬砌段的灌浆帷幕(一般为相邻的10～20个孔)为一单元工程;固结灌浆按混凝土浇筑块、段或其他方式划分,一般以一个浇筑块、段内的若干个灌浆孔为一单元工程。

(2)岩石地基帷幕灌浆和固结灌浆工程各灌浆孔的质量检查项目、质量标准及检测方法见表4-18。

表 4-18　　帷幕灌浆和固结灌浆工程质量检查项目、质量标准及检测方法

项目	检查项目		质量标准	检测方法
主控项目	1. 钻孔	孔深	不得小于设计孔深	钢尺、测绳量测
	2. 灌浆	灌浆压力	符合设计要求	自动记录仪、压力表等检测
		灌浆结束条件	符合设计要求	自动记录仪或压力表、量浆尺等检测
	3. 施工记录、图表		齐全、准确、清晰	查看资料
一般项目	1. 钻孔	孔序	按先后顺序和孔序施工	现场查看
		孔位偏差	≤10cm	钢尺量测
		终孔孔径	帷幕孔不得小于 46mm，固结孔不宜小于 38mm	卡尺量测钻头
		孔底偏距	符合设计要求	测斜仪测取数据、进行计算
	2. 灌浆	灌浆段位置及段长	符合设计要求	核定钻杆、钻具长度或用钢尺、测绳量测
		钻孔冲洗	回水清净，孔内沉淀小于 20cm	观看回水，量测孔深
		裂缝冲洗与压水试验	符合设计要求	测量记录时间、压力和流量
		浆液及变换	符合设计要求	比重秤、量浆尺、自动记录仪等检测
		特殊情况处理	无特殊情况发生，或虽有特殊情况，但处理后不影响灌浆质量	根据施工记录和实际情况分析
		抬动测量	符合设计要求	千分表等量测
		封孔	符合设计要求	目测或钻孔抽查

（3）单个灌浆孔的质量评定。

合格：灌浆孔钻孔及各段灌浆的主控项目全部符合标准，一般项目有 70% 的检查点符合质量标准。

优良：灌浆孔的主控项目和一般项目全部符合标准。

（4）灌浆单元工程质量等级评定。

合格：单元工程灌浆效果检查符合要求，灌浆孔全部合格，优良灌浆孔数小于 70%。

优良：单元工程灌浆效果检查符合要求，灌浆孔全部合格，优良灌浆孔数大于或等于 70%。

(六)锚杆及土钉墙支护

1. 施工监理控制要点

（1）锚杆钻孔水平方向的孔距在垂直方向误差不得大于 100mm，偏斜度不应大于 3%。

（2）注浆管应与锚杆杆体绑扎在一起，一次注浆管距孔底宜为 100～200mm，二次注浆管的出浆孔应进行可灌密封处理。

（3）浆体应按设计配制，一次灌浆宜选用灰砂比 1∶1～1∶2、水灰比 0.38～0.45 的水泥砂浆，或水灰比 0.45～0.5 的水泥浆，二次高压注浆宜使用水灰比 0.45～0.55 的水泥浆。

（4）二次高压注浆压力宜控制在 2.5～5.0MPa 之间，注浆时间可根据注浆工艺试验确定

或在一次注浆锚固体强度达到 5MPa 后进行。

(5)锚杆的张拉与施加预应力(锁定)应符合以下规定：
1)锚固段强度大于 15MPa 并达到设计强度等级的 75% 后方可进行张拉。
2)锚杆张拉顺序应考虑对邻近锚杆的影响。
3)锚杆宜张拉至设计荷载的 0.9～1.0 倍后，再按设计要求锁定。
4)锚杆张拉控制应力不应超过锚杆杆体强度标准值的 0.75 倍。

(6)土钉墙墙面坡度不得大于 1:0.1；坡面上下段钢筋网搭接长度应大于 300mm。

(7)土钉墙墙顶应采用砂浆或混凝土护面，坡面和坡脚应设置排水措施。

(8)土钉必须和面层有效连接。土钉长度应为开挖深度的 0.5～1.2 倍，间距为 1～2m，与水平面夹角为 5°～20°。

(9)土钉注浆材料应符合下列规定：
1)注浆材料宜选用水泥浆或水泥砂浆；水泥浆的水灰比宜为 0.5，水泥砂浆配合比宜为 1:1～1:2(质量比)，水灰比宜为 0.38～0.45。
2)水泥浆、水泥砂浆应拌和均匀，随拌随用，一次拌和的水泥浆、水泥砂浆应在初凝前用完。

(10)在喷射混凝土面层中，钢筋网的铺设应满足以下要求：
1)钢筋网应在喷射一层混凝土后铺设，钢筋保护层厚度不宜小于 20mm。
2)采用双层钢筋网时，第二层钢筋网应在第一层钢筋网被混凝土覆盖后铺设。
3)钢筋网与土钉应连接牢固。

(11)注浆作业前，应将孔内残留或松动的杂土清除干净；注浆开始或中途停止超过 30min 时，应用水或稀水泥浆润滑注浆泵及其管路。

(12)注浆时，注浆管应插至距孔底 250～500mm 处，孔口部位宜设置止浆塞及排气管。

2. 施工质量监理验收

(1)土钉采用抗拉试验检测承载力，同一条件下，试验数量不宜少于土钉总数的 1%，且不应少于 3 根。

(2)墙面喷射混凝土厚度应采用钻孔检测，钻孔数宜每 100m² 墙面积一组，每组不应少于 3 点。

(3)锚杆及土钉墙支护工程质量检验标准应符合表 4-19 的规定。

表 4-19　　　　　　　锚杆及土钉墙支护工程质量检验标准

项目	序号	检查项目	允许偏差或允许值		检查方法
			单位	数值	
主控项目	1	锚杆土钉长度	mm	±30	用钢尺量
	2	锚杆锁定力	设计要求		现场实测
一般项目	1	锚杆或土钉位置	mm	±100	用钢尺量
	2	钻孔倾斜度	°	±1	测钻机倾角
	3	浆体强度	设计要求		试样送检
	4	注浆量	大于理论计算浆量		检查计量数据
	5	土钉墙墙面厚度	mm	±10	用钢尺量
	6	墙体强度	设计要求		试样送检

二、堆石坝工程

(一)坝基与岸坡处理

1. 施工监理控制要点

(1)坝基与岸坡施工时,应设置排水系统,使开挖、基础处理和其他施工作业在无积水条件下进行,并可有效地拦截各种地表水流,防止冲刷边坡和垫层。

(2)截流前宜完成水上部分的两岸边坡、趾板地基开挖,以及岸边溢洪道等项目中干扰坝体填筑部位的开挖。有条件时,可提早安排截流前可以施工的坝基处理项目。

(3)堆石坝体地基应按设计要求分区域进行处理。坝基与岸坡开挖应按照自上而下的顺序进行,施工过程中形成的临时边坡应满足稳定要求。在特殊情况下,需先开挖岸坡下部时,必须进行论证,采取措施,确保安全。

(4)岸坡处理后坡面形态应满足设计要求。

(5)爆破开挖趾板地基应采取控制爆破技术,必要时可预留保护层。

(6)趾板地基遇到岩溶、洞穴、断层破碎带、软弱夹层和易冲蚀面不良地质及勘探孔、洞等时,应按设计要求进行处理。

(7)对开挖后可能造成滑坡、崩塌的部位,应采取有效措施保证岸坡稳定,岸坡中存在滑动面及软弱夹层时,可用灌浆、锚杆、钢筋桩、锚索、换填混凝土等进行处理。

2. 施工质量监理验收

(1)坝区地质钻孔、探坑、竖井、平洞应逐个进行检查。

(2)岸坡开挖清理按 50~100m 方格网进行检查,必要时可局部加密。

(3)坝基砂砾石层开挖清理按 50~100m 方格网进行检查,在每个角点取样测干密度和颗粒级配。地质情况复杂的坝基,应加密布点。

(4)岩石开挖的检测点数,200m² 以内不少于 10 个点,200m² 以上每增加 20m² 增加 1 个点,局部凸凹部位面积在 0.5m² 以上者应增加检测点。

(5)趾板地基处理的检查数量,沿轴线方向每延米不少于 1 个,并做好地质编录。

(6)混凝土面板堆石坝坝基与岸坡处理质量检验标准应符合表 4-20 的规定。

表 4-20　　　　　　坝基与岸坡处理质量检查项目和技术要求

项　目	质量要求
地质钻孔、探坑、竖井、平洞	无遗漏,处理符合要求
坝基部位	(1)草皮、树根、乱石、坟墓及各种建筑物等全部开挖清除,符合设计要求。 (2)按设计要求清除砂砾石覆盖层,或完成砂砾石处理。 (3)岩基处理符合设计要求
岩坡部位	(1)开挖坡度和表面清理符合设计要求。 (2)开挖坡面稳定,无松动岩块、危石及孤石。 (3)凹坑、反坡已按设计要求处理

续表

项　目	质量要求
趾板基础	(1)开挖断面尺寸、深度及底部标高符合设计要求,无欠挖。 (2)断层、裂隙、破碎带及软弱夹层已按设计要求处理。 (3)在浇筑混凝土范围内,渗水水源切断,无积水、明流,岩面清洁。 (4)灌浆质量符合设计要求及有关规定

(二)堆石体填筑

1. 原材料质量控制

(1)堆石料宜采用深孔梯段延时爆破、挤压爆破等方法开采。在地形、地质及施工安全条件允许的情况下,也可采用洞室爆破的方法。

(2)开采前宜根据设计的级配要求和爆破设计进行爆破试验,确定爆破参数。爆破后的超径石宜在料场处理。

(3)过渡料宜从石料场用钻孔爆破法直接生产,也可从枢纽地下洞室等工程的开挖渣料中选用,应控制级配。

(4)垫层料及特殊垫层料可用料场爆破块石料进行破碎、筛分、掺配,也可从符合要求的开挖料和砂砾石料加工筛选后掺配,其加工、掺配工艺应按设计级配要求通过试验确定。

(5)成品料的生产能力和储量,应考虑超填和损耗,并满足坝体填筑进度的要求。

(6)各种坝料应有足够的储备,满足调节开采和上坝强度的需要。

(7)料场开采结束后,应根据环境保护及水土保持要求,做好危岩处理、边坡稳定、场地平整、还田造林、防止水土流失等工作,弃料宜用作平整场地或运到指定弃料场,严禁随意堆放。

2. 施工监理控制要点

(1)主堆石区与岸坡、混凝土建筑物接触带,按设计要求回填过渡料。

(2)周边缝下特殊垫层区应人工配合机械薄层摊铺,每层厚度不超过200mm,采用液压平板振动器、小型振动碾、振动冲击夯等压实。

(3)上游坡面垫层料采用削坡法施工时,垫层料铺筑上游水平超宽一般为200～300mm。如采用液压平板振动器压实垫层料时,水平超宽可适当减少。如采用自行式振动碾压实时,振动碾与上游设计边线的距离不宜大于400mm。

(4)坝体堆石料铺筑宜采用进占法,必要时可采用后退法与进占法结合卸料,应及时平料,并保持填筑面平整。

(5)坝体堆石料铺筑每层铺料后宜测量检查铺料厚度,发现超厚应及时处理。

(6)坝体堆石料填筑宜加水碾压,加水量宜通过碾压试验分析确定。需要加水碾压的填筑料,应有适当的技术措施保证均匀加水和加水量,宜采用运输中向运输车辆加水和坝面洒水相结合的措施。

(7)坝体堆石料碾压应采用振动平碾,其工作质量不小于10t。高坝宜采用重型振动碾,振动碾行进速度宜小于3km/h。应经常检测振动碾的工作参数,保持其正常的工作状态。

(8)负温下施工时,建基面和各种坝料内不应有冻块存在。经试验需加水压实的坝料,在负温下填筑不能加水时,应减薄铺料厚度,增加碾压遍数,达到设计要求的压实标准。

(9)截流前,在滩地或缓坡段先行填筑部分堆石坝体时,其上游坡脚距趾板线不宜小于该处 0.3 倍坝高,且不小于 30m,临时边坡不陡于设计规定值。

(10)采用枯水期低围堰导流、坝体施工期临时挡水度汛方案时,在基坑开挖、处理验收后,按(9)的规定先行填筑部分坝体。在趾板混凝土浇筑完成及养护一定时间后,再补填上游垫层料、过渡料及堆石体,并平起填筑。

(11)堆石区内的临时施工道路,应设于填筑压实合格的坝段,路基应予以相应的压实。未压实的施工道路,继续填筑前应予以处理。

(12)填筑时,应适时进行垫层坡面削坡修整和碾压。削坡修整后的坡面在法线方向宜高于设计线 50～100mm,也可根据试验数据和实践经验确定。有条件时,可用激光控制削坡。

(13)斜坡压实可用振动碾或液压平板振动器,压实参数经试验确定。

(14)雨季施工应缩短上游坡面的整坡、防护周期,并做好岸坡排水。如垫层料被水流冲刷,应进行薄层回填压实,达到设计要求。

(15)坝体填筑和混凝土面板施工期间,若存在反向水压时,坝内应按设计要求设置自流、抽排等系统,并注意控制下游水位,以消除反向水压对垫层和固坡面以及面板的不利影响。排水系统设置应方便后期封堵施工。

3. 施工质量监理验收

(1)各填筑部位的坝料质量符合设计要求。

(2)压实机具规格、质量、振动频率、激振力等符合要求。

(3)负温下施工,填筑面上的冰雪已清除干净,填筑面无冻结现象。

(4)坝料压实质量检查,应采用碾压参数和干密度(孔隙率)等参数控制,以控制碾压参数为主。

(5)填筑面应保持平整。

(6)铺料厚度、碾压遍数、加水量等碾压参数应符合设计要求,铺料厚度应每层测量,其误差不宜超过层厚的 10%。

(7)坝料压实检查项目及取样次数应符合表 4-21 的规定。

表 4-21　　　　　坝料压实检测项目和取样次数

项　目		检 查 项 目	检 查 次 数
垫层料	坝面	干密度、颗粒级配	1 次/(500～1000m³),每层至少一次
	上游坡面	干密度、颗粒级配	1 次/(1500～3000m²)
	小区	干密度、颗粒级配	每 1～3 层一次
过渡料		干密度、颗粒级配	1 次/(3000～6000m³)
砂砾料		干密度、颗粒级配	1 次/(5000～10000m³)
堆石料		干密度、颗粒级配	1 次/(10000～100000m³)

注:渗透系数按设计要求进行检测。

(8)垫层料、过渡料和堆石料压实干密度检测方法,宜采用挖坑灌水(砂)法,或辅以其他成熟的方法。垫层料也可用核子密度仪法。

1)垫层料试坑直径不小于最大粒径的 4 倍,试坑深度为碾压层厚度。

2)过渡料试坑直径为最大粒径的 3～4 倍,试坑深度为碾压层厚度。

3)堆石料试坑直径为坝料最大粒径的 2～3 倍,试坑直径最大不超过 2m。试坑深度为碾压层厚度。

(9)试坑取样质量检查项目成果应符合设计要求。

(10)按表 4-21 规定取样所测定的干密度,其平均值不小于设计值,标准差不大于 50g/cm³。当样本数小于 20 组时,应按合格率不小于 90%,不合格点的干密度不低于设计干密度的 95%控制。

(11)施工过程中,应在坝面采取适当组的各分区填筑料,进行试验室力学性质的复核试验。

(三)面板与趾板

1. 施工监理控制要点

面板与趾板施工监理控制要点见表 4-22。

表 4-22 面板与趾板施工监理控制要点

序号	项目	内容
1	原材料	(1)面板与趾板混凝土的原材料品种和质量应符合相关标准的规定,并满足设计要求。 (2)运至工地的水泥、外加剂、掺合料、钢筋、止水等材料,应有生产厂家的品质检验报告,并应在有资质的单位进行检验复核。 (3)砂石骨料应严格控制含泥量,石料中含泥量不应高于 1%,砂料中含泥量不应高于 3%,骨料中不得含有黏土团块
2	一般要求	(1)面板与趾板混凝土浇筑应保持连续性。如特殊原因中止浇筑且超过允许间歇时间,应按施工缝处理。超过允许间歇时间的混凝土拌合物应按废料处理,不得加水强行入仓。混凝土浇筑允许间歇时间应通过试验确定。 (2)混凝土浇筑时,应加强关注气象预报,根据气候特点做好防雨、防晒、防风、防冻等保护措施的相关准备。 (3)混凝土施工应选择气温适宜、湿度较大的有利时段进行。避开高温、负温、多雨、大风季节。如必须在不利气候条件下施工,则应采取措施,保证混凝土质量。 (4)脱模后的混凝土宜及时用塑料薄膜等遮盖。混凝土初凝后,应及时铺盖隔热、保温材料,并及时洒水养护。宜连续养护至水库蓄水或至少养护 90d。应重视趾板止水连接处等特殊部位的养护。 (5)施工过程中应有专人进行质量检查与控制,并做好各项原始记录。必要时,可根据检验结果调整混凝土施工配合比及施工工艺
3	趾板施工	(1)趾板混凝土施工应在基础面开挖、处理完毕,并按隐蔽工程质量要求验收合格后进行。趾板混凝土施工,应在相邻区的垫层、过渡层和主堆石区填筑前完成。 (2)趾板绑扎钢筋前,应按设计要求设置锚筋。趾板锚筋可作架立筋使用。 (3)趾板绑扎钢筋时,应同时按设计要求设置灌浆导管,将止水片固定在正确位置,并进行保护。 (4)趾板基础处理超挖过大时,宜将超挖部分先用混凝土回填至设计高程,再浇筑趾板混凝土。 (5)趾板分缝按设计要求实施。浇筑时可根据施工条件设置施工缝位置。 (6)混凝土浇筑时,应保证止水片(带)附近混凝土的密实,并避免止水片(带)的变形和变位

续表

序号	项目	内容
4	面板施工	(1) 面板混凝土入仓宜选用溜槽输送。应根据面板宽度选择溜槽数量，也可采用溜槽与布料机联合输送方案。溜槽连接不得脱落、漏浆，溜槽上部宜加覆盖。溜槽出口距仓面距离不应大于2m，应采取有效措施防止骨料分离。 (2) 坝高不大于70m时，面板混凝土宜一次浇筑完成；坝高大于70m时，根据施工安排或提前蓄水需要，面板可分期浇筑。分期浇筑接缝应按施工缝处理，设计有要求时按设计要求处理。 (3) 面板施工前，坝体预沉降期宜为3~6个月，面板分期施工时，先期施工的面板顶部填筑应有一定超高。因度汛要求等原因，需要提前浇筑面板时，应专题论证。 (4) 面板施工前，应对垫层坡面布置方格网进行测量与放样。外边线与设计边线偏差应符合设计要求。混凝土浇筑前应对坡面保护(含挤压边墙)进行检查，发现脱空、坡面局部损坏等应及时处理。 (5) 滑模施工的作业场地宽度应满足布置卷扬机及其平台装置、运输混凝土道路等施工需要，其宽度不宜小于15m。 (6) 面板混凝土浇筑宜使用无轨滑模，跳仓浇筑，起始三角块宜与主面板一起浇筑。 (7) 浇筑面板的侧模，可为木模板或组合钢模板。侧模的高度，应适应面板厚度需要。其分块长度、锚固方式应便于在斜坡面上安装和拆卸。当侧模兼作滑模支撑结构时，应按受力结构设计。 (8) 面板钢筋宜采用现场绑扎、焊接或机械连接，也可采用预制钢筋网片现场整体拼装的办法，应与接地网连接牢固。垫层上的架立筋，应按设计要求设置和处理。 (9) 面板分期浇筑时，施工缝混凝土面在上层钢筋上部按面板法线方向留设，在上层钢筋下部按水平方向留设。先浇面板的钢筋应穿过施工缝，露出施工缝的钢筋长度应不小于其锚固长度。 (10) 分期施工的面板在续浇混凝土或坝顶防浪墙底座浇筑前，应对已浇面板顶部与垫层间脱空情况进行检查，必要时进行处理

2. 施工质量监理验收

(1) 面板混凝土浇筑质量检查、检测项目和要求，见表4-23和表4-24。

表4-23 面板混凝土浇筑质量检查项目和要求

项目	质量要求	检查方法
入仓混凝土料	不合格料不入仓	试验与观察检查
平仓	厚度不大于300mm，铺设均匀，分层清楚，无骨料集中现象	量测与观测检查
混凝土振捣	振捣器应垂直插至下层50mm，有次序，无漏振	观察检查
浇筑间歇时间	符合要求，无初凝现象	观察检查
积水和泌水	无外部水流入，仓内泌水应及时排除	观察检查
混凝土养护	在规定的时间内，混凝土表面保持湿润，无时干时湿现象	观察检查

表 4-24　　　　　　　面板混凝土浇筑质量检测项目和技术要求

项　目	质量要求	检测方法	项　目	质量要求	检测方法
混凝土表面	表面基本平整,局部凹凸不超过±20mm	2m 直尺检查	深层及贯穿裂缝	无或已按要求处理	观察检查
麻　面	无	观察检查	抗压强度	符合设计要求	试　验
蜂窝空洞	无	观察检查			
露　筋	无	观察检查	均匀性	《水工混凝土施工规范》(DL/T 5144—2001)执行	统计分析
表面裂缝	表面裂缝已按要求处理	观察和测量检查	抗冻性	符合设计要求	试　验
			抗渗性	符合设计要求	试　验

(2)趾板每浇筑一块或每 50~100m³ 至少有一组抗压强度试件,抗冻、抗渗检验试件每 200~500m³ 成型一组。

(3)面板浇筑,每班每仓取一组抗压强度试件,抗渗检验试件每 500~1000m³ 成型一组,抗冻检验试件每 1000~3000m³ 成型一组,不足以上数量者,也应取一组样。

(四)止水设施

1. 施工监理控制要点

止水设施施工监理控制要点见表 4-25。

表 4-25　　　　　　　　止水设施施工监理控制要点

序号	项　目	内　容
1	一般规定	(1)除无黏性填料外,接缝止水材料不得露天存放。 (2)施工前,应对各种止水带进行焊接试验或其他连接试验,确定连(焊)接工艺和连(焊)接材料,并经鉴定合格,记录备案。 (3)安装止水带时,应仔细检查止水带的连(焊)接质量,不合格的接头应及时返工。 (4)止水带要确保鼻子中线对准缝中线,安装完毕后,应经验收合格,才允许下一道工序施工。 (5)周边缝下砂浆垫层或沥青砂垫层,应按设计要求配制。其所用的材料、配比、尺寸及厚度应满足设计要求。 (6)在止水带附近的混凝土浇筑时,应指定专人平仓振捣,并有止水带埋设安装人员监护,避免止水带变形、变位,应避免骨料集中、气泡和泌水聚集及漏浆等缺陷产生,保证该区域混凝土密实。 (7)与防渗保护盖片或波形橡胶止水带接触的混凝土表面应平整,其平整度用 2m 直尺检查允许偏差 5mm,局部凹凸小于 3mm。如有麻面、松动等应经清理后,用聚合物砂浆修补。 (8)浇筑准备和拆模的施工过程中要有专人看管,防止钢筋、模板、扣件等硬物从上部跌落损伤止水带,如有此类情况,应及时检查止水带。 (9)对所有露出混凝土的止水带,拆膜后,应按设计要求及时保护。可用木盒、金属盒或其他方式进行覆盖保护。分期施工的分缝顶部止水在前期施工结束时应保护,防止污染、损伤;在后期施工前应检查,经验收合格后方可进入下一工序施工。 (10)施工中,止水带如有损坏或破坏,应修补或更换,并查明原因,记录备案。止水带有严重变形时,在浇筑前应做整形处理。修补处理后,应经验收合格,方可进行下一道工序

续表

序号	项　目	内　　容
2	铜止水带	(1)铜止水带的厚度宜为0.8～1.2mm。 (2)宜选用软态的纯铜带加工铜止水带,其抗拉强度应不小于205MPa,伸长率应不小于30%。 (3)铜止水带应采用卷材,在工作面附近按设计形状、尺寸,采用专门成型机,根据需要长度,整体挤压成型。成型后的止水带应专人检查。表面应平整光滑,不得有机械加工引起的裂纹、孔洞等损伤。 (4)成型后的铜止水带,在搬运和安装时,应避免扭曲变形或其他损坏。安装前应将其表面浮皮、锈污、油漆、油渍等清除干净,检查和校正加工的缺陷。 (5)铜止水带连接宜采用对缝焊接或搭接焊接。采用对缝焊接时,应采用单面双层焊道焊缝,必要时可在对缝焊接后,利用相同形状止水带和宽度不小于60mm的贴片,对称焊接在接缝两侧的止水带上。 　1)搭接焊接宜双面焊接,搭接长度应大于20mm。 　2)铜止水带焊接宜采用黄铜焊条气焊,不应用手工电弧焊接。 　3)焊接时应对垫片作防火、防融蚀保护。 (6)焊接接头应表面光滑,不渗水,无孔洞、裂隙、漏焊、欠焊、咬边伤及母材等缺陷。应抽样检查接头的焊接质量,可采用煤油或其他液体做渗透试验检验。 (7)铜止水带安装后,应用模板夹紧等措施固定牢靠,使鼻子的位置符合设计要求。安装就位后,周边缝铜止水带鼻子外缘应涂刷一层薄沥青漆,或贴宽度为鼻子周长一半的防粘胶带纸。止水带的立腿应清擦干净,两平段端部应有阻止水泥浆流入的措施。 (8)趾板伸缩缝的止水带应埋入基岩止水基座
3	PVC止水带和橡胶止水带	(1)PVC止水带和橡胶止水带的厚度宜为6～12mm。 (2)在使用前应清除PVC止水带或橡胶止水带表面的油渍、污染物,修复被破损的部分。 (3)止水带接头应按其生产厂家要求,采用热(熔)黏结或热焊,搭接长度应大于150mm。橡胶止水带接头应采用硫化连接。接头内不得有气泡、夹渣或渗水,中心部分应黏结紧密、连续,拼接处的抗拉强度应不小于母材抗拉强度的60%。 (4)PVC止水带或橡胶止水带应采用模板夹紧,并用专门的措施保证其在施工过程中不偏移。止水带中心线应与设计线重合;止水带两平段应在个平面上。 (5)安装止水带时,不应在止水带鼻子附近穿孔,如需用铅丝固定止水带,只允许在平段边缘附近穿孔固定。为防止污染,止水带表面保护纸应保留至浇筑覆盖前。 (6)安装波形橡胶止水带前,应将与其接触的混凝土表面擦拭干净,并涂刷黏结剂,安装后拧紧两侧固定螺栓。 (7)周边缝若设有中部橡胶棒,趾板上橡胶棒位置处,应预留与橡胶棒直径相适应的半圆槽,待浇面板混凝土前,将橡胶棒固定在预留槽内,并用胶带纸作局部加固。橡胶棒的连接,可在端部削成一定的斜度胶接

续表

序号	项 目	内 容
4	塑性填料	(1)塑性填料的配套黏结剂应保证材料与混凝土表面黏结良好,其性能测试可通过塑性填料拉伸黏结性能试验的结果来判定。 (2)在设计接缝变形条件下,塑性填料应能在水压力作用下流入接缝,并满足止水要求。塑性填料的断面面积宜为接缝设计张开断面面积2.0～2.5倍。 (3)接缝顶部应按设计要求的形状和尺寸,预留嵌填塑性填料的V型槽。 (4)塑性填料施工应在相应部位混凝土强度达到设计强度的70%后进行。嵌填施工宜在日平均气温高于5℃、无雨的白天进行,否则应采取专门的措施。塑性填料分期施工时,缝的端部应进行密封。 (5)塑性填料嵌填前,应将与填料接触的混凝土表面处理洁净、无松动混凝土块;V型槽内如设置波形橡胶止水带的,在嵌填塑性填料前应再次拧紧波形止水带螺栓。接触面进行干燥处理后,涂刷黏结剂。如无法处理干燥则应采用潮湿面黏结剂。 (6)缝口设置PVC或橡胶棒时,应在塑性填料嵌填前,将PVC或橡胶棒嵌入接缝V型槽下口,棒壁与接缝壁应嵌紧。PVC或橡胶棒接头宜采用焊(粘)接并固定。 (7)塑性填料嵌填时,应按其生产厂家的工艺要求进行施工。 (8)塑性填料嵌填后的外形应符合设计要求,外表面无裂缝和高低起伏。用模具检查合格后,再分段安装防渗保护盖片。 (9)塑性填料填塞工序完成后,应尽快安装防渗保护盖片。与防渗保护盖片接触的混凝土表面应平整、密实。 (10)铺好防渗保护盖片后,用经防锈处理的角钢或扁钢、膨胀螺栓将防渗保护盖片固定紧密,确保防渗保护盖片与混凝土面形成密封腔体。固定防渗保护盖片用的角钢或扁钢和膨胀螺栓的规格、螺栓间距均应符合设计要求。 (11)防渗保护盖片之间的接头可采用硫化连接或搭接,搭接长度应大于200mm
5	无黏性填料	(1)无黏性填料宜采用粉煤灰、粉细砂。 (2)无黏性填料的最大粒径应不超过1mm,其渗透系数至少应比周边缝底部反滤料的渗透系数小一个数量级。 (3)无黏性填料施工应自下而上进行。河床段应分层填筑,适当压实,其外部可直接用土工布或土石等材料保护。两岸斜坡段设计有保护罩处,应先安装保护罩,然后填入无黏性填料。 (4)无黏性填料保护罩的材质及其尺寸、固定保护罩的角钢、膨胀螺栓的规格和间距均应符合设计要求。角钢及膨胀螺栓应经防腐处理。采用粉煤灰为无黏性填料时,其保护罩和混凝土接触面应密封。 (5)周边缝顶部若同时有塑性和无黏性填料时,应先完成塑性填料的施工后,再进行无黏性填料施工

2. 施工质量监理验收

(1)止水带加工成型、接头焊接后,不应有机械加工引起的裂纹、孔洞等损伤,以及漏焊、欠焊等缺陷。对有加工缺陷或焊接质量不符合要求的部位,应用红油漆标出,及时处理,并记录备查。

(2)止水片(带)制作、安装及连接的质量应符合表4-26和表4-27的规定。

表 4-26　　　　　　　　　　　止水片(带)制作及安装允许偏差　　　　　　　　　　　　mm

项　目		允许偏差	
		铜止水片	PVC、橡胶止水带
制作(成型)偏差	宽度	±5	±5
	鼻子或立腿高度	±3	±5
	中心部分直径	—	±2
安装偏差	中心线与设计线偏差	±5	±5
	两侧平段倾斜偏差	±5	±10

表 4-27　　　　　　　　　止水片(带)连接质量检查项目和技术要求

项　目	质　量　要　求
铜止水片连接	焊缝表面光滑、无孔洞、无裂缝、不渗水 对缝焊接为双层焊道焊接 搭接焊接,搭接长度不小于20mm
PVC(或橡胶)止水带连接	PVC 止水带连接焊缝内不得有气泡、黏结牢固、连接橡胶止水带硫化连接牢固

(3)混凝土浇筑前,应对止水带的安装质量进行专项检查,止水带必须安装牢固,其平段及立腿必须彻底清理干净,经验收合格后才能开仓浇筑。止水带安装质量不合格的部位,不应开仓浇筑。

(4)混凝土浇筑过程中,应加强止水带及模板的位移和变形情况检查,发现问题应及时处理。

(5)表面止水的 V 型槽处理完成后,应经验收合格后,方能进行塑性填料的施工。

(6)塑性填料填塞前,宜用塑性填料对混凝土表面进行找平层施工,厚度为 2～3mm,以确保塑性填料与混凝土黏结良好。塑性填料填塞完成后,应以 30～50m 为一段,用模具检查其几何尺寸是否符合设计要求,并抽样切开检查塑性填料与 V 型槽表面是否黏结牢固、填料是否密实,如黏结质量差,应返工处理,经验收合格后,及时覆盖防渗保护盖片。

(7)应对密封塑性填料的防渗保护盖片及膨胀螺栓的紧固性进行抽样检查。

(8)塑性填料和防渗保护盖片的施工质量检查项目和要求见表 4-28。

表 4-28　　　　　　　塑性填料和防渗保护盖片的施工质量检查项目和要求

项　目	质量要求
接缝的混凝土表面	表面必须平整、密实,不得有露筋、蜂窝、麻面、起皮、起砂和松动等缺陷
预留槽涂刷黏结剂	混凝土表面必须清洁、干燥,黏结剂涂刷均匀、平整,不得漏涂、露白,黏结剂必须与混凝土面黏结紧密。黏结剂涂刷后,应防止灰尘、杂物污染,黏结剂与塑性填料的施工间隔时间,应按照材料生产厂家的要求控制,如黏结剂失效后,应返工处理
柔性填料施工	填料应充满预留槽,并满足设计要求断面尺寸,边缘允许偏差±10mm,填料施工应按规定工艺进行
防渗保护盖片施工	防渗保护盖片与混凝土面应黏结紧密,不得脱开。角钢锚压牢固,不得漏水

(9)无黏性填料施工完成后,应检查保护罩规格尺寸及其安装的牢固程度等内容。质量检查项目和要求见表4-29。

表4-29　　　　　　　　无黏性填料的质量检查项目和技术要求

项 目	质 量 要 求	允 许 偏 差
保护罩规格	材质、材料规格、外形尺寸符合设计要求	位置误差小于等于30mm;螺栓孔距误差小于等于50mm;螺栓孔深误差小于等于5mm
保护罩安装	膨胀螺栓的规格、间距符合设计要求,安装牢固	
无黏性填料填筑	填料品种、粒径符合设计要求,填筑密实	

(10)接缝止水应按隐蔽工程施工要求,上道工序不合格不得转入下道工序。接缝止水设施验收不合格,面板堆石坝不应投入运行。

(11)质量检查与验收结果及接缝止水材料质量文件记录是工程验收的重要依据,应及时进行汇总、编录、分析,并妥善保存。严禁涂改或自行销毁有关资料。

三、土石坝工程

(一)坝基与岸坡处理

1. 施工监理控制要点

坝基与岸坡处理施工监理控制要点见表4-30。

表4-30　　　　　　　　坝基与岸坡处理施工监理控制要点

序号	项 目	内　容
1	坝基及岸坝清理	(1)坝基及岸坡清理时,应将树木、草皮、树根、乱石、坟墓以及各种建筑物等全部清除,并认真做好水井、泉眼、地道、洞穴等处理。 (2)坝基和岸坡表层的粉土、细砂、淤泥、腐殖土、泥炭等均应按设计要求和有关规定清除。 (3)对于风化岩石、坡积物、残积物、滑坡体等应按设计要求和有关规定处理。 (4)坝区范围内的地质勘测孔、竖井、平洞、试坑等均应按设计要求进行处理。 (5)天然黏性土作为坝基和岸坡时,应根据设计要求进行清理和处理
2	岩基及岸坡开挖	(1)防渗体岩基及岸坡开挖应按设计要求进行。 (2)坝肩岸坡的开挖清理工作,宜自上而下一次完成。对于高坝可分阶段进行。清除出的废料,应全部运到坝外指定场地。 (3)凡坝基和岸坡易风化、易崩解的岩石和土层,开挖后不能及时回填者,应留保护层,或喷水泥砂浆或喷混凝土保护。 (4)防渗体部位的坝基、岸坡岩面开挖,应采用预裂、光面等控制爆破法,严禁采用洞室、药壶爆破法施工。 (5)爆破开挖应按相关规定及设计要求进行。爆破后,基础面必须无松动岩块、悬挂体、陡坎、尖角等,且无爆破影响裂缝。 (6)开挖底部保护层的厚度宜不小于1.5m。开挖保护层时必须严格按设计或规范要求控制炮孔深度和装药量;在接近设计岩面线时,应尽量避免爆破,宜使用机具或人工挖除。如减小或取消保护层,须有专门论证。 (7)天然黏性土岸坡的开挖坡度,应符合设计规定,必要时可预留保护层

续表

序号	项目	内容
3	坝基及岸坡地质构造处理	(1)在坝基和岸坡处理过程中,如发现新的地质问题或检验结果与勘探有较大出入时,应立即上报,不得隐瞒。 (2)防渗体坝基及岸坡的岩石节理、裂隙、断层或构造破碎带应按设计要求处理,不留后患。 (3)当高坝防渗体与坝基及岩坡结合面,设置有混凝土盖板时,宜在填土前自下而上一次浇筑完成。如与防渗体平行施工时,不得影响基础灌浆和防渗体的施工工期。 (4)灌浆法处理地基时,水泥灌浆应按照《水工建筑物水泥灌浆施工技术规范》(DL/T 5148—2012)进行。灌浆工作除进行室内必要的灌浆材料性能试验外,还必须在施工现场进行灌浆试验。 (5)砂砾石层灌浆处理后,应清除表层至灌浆合格处,方可与防渗体或截水墙相连接。 (6)坝基中软黏土、湿陷性黄土、软弱夹层、中细砂层、膨胀土、岩溶构造等,应按设计要求进行处理。 (7)对于大型工程和特殊地层构造的工程,应进行施工试验,以确定施工工艺、技术参数和施工设备。 (8)有关岩石锚固、地基振冲、强夯加固、高压喷射灌浆等施工,均应进行必要的现场试验
4	坝基及岸坡渗水处理	(1)坝基及岸坡渗水处理,无论排导,还是堵截,包括泉眼处理均须保证坝基回填土和基础混凝土不在水中施工。 (2)防渗体如与基岩直接结合时,岩石上的裂隙水、泉眼渗水均应处理。填土必须在无水岩面进行,严禁水下填土。 (3)插入防渗体内的现浇混凝土防渗墙与水下浇筑的墙体,必须结合良好,混凝土墙体的缺陷必须处理。 (4)人工铺盖的地基按设计要求清理,表面应平整压实。砂砾石地基上,必须按设计要求做好反滤过渡层。 (5)利用天然土层作铺盖时,应按设计要求进行复查。不能满足设计要求的地段,应采取补强措施或做人工铺盖。已确定为天然铺盖的区域,严禁取土,施工期间应予保护,不得破坏。 (6)人工或天然铺盖的表面均应根据设计要求设置保护层,以防干裂、冻裂及冲刷
5	结合面处理	(1)土石坝填筑前,必须对基础进行处理。经验收合格后,方可进行。 (2)土石坝防渗铺盖和均质坝地基应按规定和设计要求认真处理。 1)对于黏性土、砾质土地基,在干燥地区可将其表层含水量调节至施工含水量上限范围,先用与防渗体碾压相同的机械、压实参数进行压实,然后刨毛1~2cm深,再铺土压实。 2)对于无黏性土土地基也应先行压实,然后上第一层土;必要时应做好反滤过渡层。 (3)上下层铺土之间的结合层应加强保护,防止撒入砂砾、杂物,以影响施工质量。 (4)施工中,严禁车辆在层面上重复碾压

2. 施工质量监理验收

(1)坝基处理过程中,必须严格按设计和有关标准要求,认真进行质量控制,并在事先明确检验项目、要求和方法。

(2)坝体填筑前,应按前述"1."中有关规定对坝基进行认真检查。

(二) 坝体土料填筑

1. 施工监理控制要点

坝体土料填筑施工监理控制要点见表4-31。

表 4-31　　　　　　　　　　坝体土料填筑施工监理控制要点

序号	项目	内容
1	填筑	(1) 坝体填筑应在坝基、岸坡及隐蔽工程验收合格后进行。 (2) 筑坝材料的种类、石料品质、级配、含水率、含泥量、超径与软弱颗粒及其相应填筑部位、压实标准、质检取样结果均应符合设计要求。 (3) 坝体各部位的填筑必须按设计断面进行，应保证防渗体和反滤层的有效设计厚度；建基面凹凸不平时，防渗体应从低处开始填筑。 (4) 不影响行洪的坝体部位可先行填筑，横向接坡坡度应符合设计要求。 (5) 防渗体填筑时，应在逐层取样检查合格后，方可继续铺填。 (6) 反滤料、坝壳砂砾料和堆石料填筑时，应逐层检查，严格控制碾压参数。经检查合格后，方可继续填筑。 (7) 填筑过程中，应保证观测仪器埋设与监测工作的正常进行，采取有效措施。 (8) 软黏土地基上的土石坝和高含水率的宽防渗体及均质土坝的填筑，必须按设计要求控制填土速度。 (9) 土工膜防渗体施工时，除应按照《土工合成材料应用技术规范》(GB 50290)的有关规定执行外，还应符合下列要求： 1) 所选用土工膜物理、力学特性、变形性能及渗透系数，均应符合设计要求。 2) 黏结剂的选择及与土工膜的黏结强度，必须符合设计要求，黏结强度应由试验测定，黏结缝的宽度不应小于10cm，已黏结好的土工膜应予保护，防止受损。黏结质量应进行检查。 3) 土工膜防渗墙铺设前，基础垫层必须用斜坡振动碾将坡面碾压密实、平整，不得有突出尖角块石。 4) 土工膜防渗斜墙的现场铺设应从坝面自上而下翻滚，人工拖拉平顺，松紧适度。 5) 土工膜防渗墙铺设后应及时喷射水泥砂浆或回填防护层，避免土工膜受损。 6) 土工膜防渗心墙宜采用"之"字形布置，折皱高度应与两侧垫层料填筑厚度相同。土工膜施工速度应与坝体填筑进度相适应。 7) 土工膜防渗心墙两侧回填材料的粒径、级配、密实度及与土工膜接触面上的孔隙尺寸应符合设计要求。 8) 土工膜防渗心墙与两侧垫层料接触，在土工膜铺设前，垫层料边坡应人工配合机械修正，并用平板振动器振平，不得有尖角块石与其接触。 9) 土工膜与地基、岸坡的连接及伸缩节的结构型式，必须符合设计要求。 10) 土工膜与地基的连接应将土工膜分别埋入混凝土底座、防渗墙顶部或锚固槽内，两岸岩坡连接宜采用将土工膜埋入混凝土齿墙内的连接形式。 (10) 土质材料填筑应符合下列要求： 1) 防渗土料的铺筑应沿坝轴线方向进行，并用平地机进行平整。 2) 上坝土料的黏粒含量、含水量、土块直径、砾质黏土的粗粒含量、粗粒最大粒径，均须符合设计和施工规范规定；严禁冻土上坝。 3) 土石坝铺料应及时，宜采用定点测量方式，严格控制铺土厚度，不得超厚。 4) 土石坝铺填时，必须按设计和规范要求卸料，并及时平料，力求均衡上升，保持施工面平整、层次清楚，以减少接缝；上下层分段位置应错开，当气候干燥蒸发较快时，铺料表面应保持湿润，符合施工含水量。如遇雨天应停止卸铺，表面压实平整。

续表

序号	项目	内容
1	填筑	5）对于中高坝防渗体或窄心墙，凡已压实表面形成光面时，铺土前应洒水湿润并将光面刨毛；对低坝应洒水湿润。 6）防渗体土料应用进占法卸料，汽车不应在已压实土料面上行驶。砾质土、风化料、掺合土应视具体情况选择铺料方式。 7）汽车穿越防渗体路口段，应经常更换位置，不同填筑层路口段应交错布置；对路口段超压土体应予处理。 8）防渗体的铺筑应连续作业，如因故需短时间停工，其表面土层应洒水湿润，保持含水率在控制范围之内；如需长时间停工，则应铺设保护层；复工时予以清除。 9）防渗体及反滤层填筑面上散落的松土、杂物应于铺料前清除。 10）防渗体雨季填筑，应适当缩短流水作业段长度，土料应及时平整、及时压实。 11）均质坝铺土时，上下游坝坡应留有余量，以保证压实边坡的质量。防渗盖在坝体以内部分（与心墙或斜墙连结）应与心墙或斜墙同时铺筑，以防止防渗体在坝内出现纵缝。 12）在负温下填筑时，应做好压实土层的防冻保温工作，避免土层冻结。均质坝体及心墙、斜墙等防渗体不得冻结，否则必须将冻结部分挖除。砂、砂砾料及堆石的压实层，如冻结后其干密度仍达到设计要求的，可继续填筑。 13）填土中严禁夹有冰雪，不得含有冻块。土、砂、砂砾料与堆石，不得加水。必要时采用减薄层厚、加大压实功能等措施，保证达到设计要求。如因下雪停工，复工前应清理坝面积雪，检查合格后方可复工。 14）负温下停止填筑时，防渗料表面应加以保护，防止冻结，并在恢复填筑时予以清除
2	防渗体压实	(1) 土质防渗体，必须在开工前进行碾压试验。如土料含水量高于或低于施工含水量的上、下限值时，还应进行含水量调整的工艺试验。 (2) 施工碾压时，必须严格控制压实参数和操作规程。 (3) 基槽填应从低洼处开始，并应保持填土面始终高出地下水水面；靠近岸坡、结构物边角处的填土应以小型或轻型机具压实，当填土具有足够的长度、宽度和厚度时，方可使用大型压实机具。 (4) 防渗体土料宜采用振动凸块碾压实。碾压应沿坝轴线方向进行。 (5) 在铺料和碾压过程中，应加强现场监视，严禁铺料超厚、漏压或欠压。 (6) 防渗体分段碾压时，相邻两段交接带碾迹应彼此搭接，垂直碾压方向搭接带宽度应不小于0.3～0.5m；顺碾压方向搭接带宽度应为1～1.5m。 (7) 心墙应同上下游反滤料及部分坝壳料平起填筑，跨缝碾压。宜采用先填反滤料后填土料的平起填筑法施工。 (8) 防渗料、砂砾料、堆石料的碾压施工参数应通过碾压试验确定。 (9) 坝壳料应用振动平碾压实，与岸坡结合处2m宽范围内平行岸坡方向碾压，不易压实的边角部位应减薄铺料厚度，用轻型振动碾压实或用平板振动器及其他压实机械压实
3	结合部位处理	(1) 与坝基(包括齿槽)、两岸岸坡、溢洪道边墙、坝下埋管及混凝土齿墙等结合部位的填筑，应符合设计要求。 (2) 斜墙和窄心墙内不得留有纵向接缝，所有接缝接合面不应陡于1:3，其高差不超过15m，与岸坡接合坡度应符合设计要求。 (3) 均质土坝纵向接缝应采用不同高度的斜坡和平台相间形式，坡度与平台宽度应满足稳定要求，平台间高差不大于15m。 (4) 防渗体内纵横接缝的坡面，必须严格进行削坡、润湿、刨毛等处理，以保证接合质量

续表

序号	项目	内容
3	结合部位处理	(5)对于黏性土、砾质土坝基,应将表面含水率调整至施工含水率上限,用凸块振动碾压实,验收合格后才能填筑。 (6)对于无黏性土坝基,铺土前坝基应洒水压实,验收合格后方可根据设计要求回填反滤料和第一层土料。 (7)第一层料的铺土厚度应适当减薄;含水率应调整至施工含水率上限;应采用轻型压实机具压实。 (8)防渗体与岸坡结合带的填土宜选用黏性土,其含水率应调整至施工含水率上限。 (9)防渗体结合带填筑施工参数应由碾压试验确定。 (10)防渗体与其岸坡结合带碾压搭接宽度不应小于1.0m。 (11)如岸坡过缓,接合处碾压后土料因侧向位移。若出现"爬坡、脱空"现象,应将其挖除。 (12)结合带碾压取样合格后方可继续铺填土料。铺料前压实合格面应洒水或刨毛。 (13)结合带碾压时,应采用轻型碾压机具薄层压实,局部碾压不到的边角部位可使用小型机具压实,严禁漏压或欠压。 (14)在混凝土或岩石面上填土时,应洒水湿润,边涂刷浓泥浆、边铺土、边夯实,泥浆涂刷高度必须与铺土厚度一致,并应与下部涂层衔接,严禁泥浆干涸后铺土和压实。泥浆土与水质量比宜为1∶2.5~1∶3.0,宜通过试验确定。 　　填土含水率控制在大于最优含水率1%~3%之间,并用轻型碾压机械碾压,适当降低干密度,待厚度在0.5~1.0m以上时方可用选定的压实机具和碾压参数正常压实。 (15)压实机具可采用振动夯、蛙夯及小型振动碾等。 (16)填土与混凝土表面、岸坡岩面脱开时必须予以清除。 (17)防渗体与混凝土齿墙、坝下埋管、混凝土防渗墙两侧及顶部一定宽度和高度内土料回填宜选用黏性土,含水率应调整至施工含水率上限,采用轻型碾压机械压实,两侧填土应保持均衡上升。 (18)混凝土的防渗墙顶部局部范围用高塑性土回填,其回填范围、回填料的物理力学性质、含水率、压实标准应满足设计要求

2. 施工质量监理验收

(1)坝体填筑质量应按上述"1."中有关规定,检查以下项目是否符合要求:

1)各填筑部位的边界控制及坝料质量,防渗体与反滤料、部分坝壳料的平起关系。

2)碾压机具规格、质量,振动碾振动频率、激振力,气胎碾气胎压力等。

3)铺料厚度和碾压参数。

4)防渗体碾压层面有无光面、剪切破坏、弹簧土、漏压或欠压土层、裂缝等。

5)防渗体每层铺土前,压实土体表面是否按要求进行了处理。

6)与防渗体接触的岩石上之石粉、泥土以及混凝土表面的乳皮等杂物的清除情况。

7)与防渗体接触的岩石或混凝土面上是否涂浓泥浆等。

8)过渡料、堆石料有无超径石、大块石集中和夹泥等现象。

9)坝体与坝基、岸坡、刚性建筑物等的结合,纵横向接缝的处理与结合,土砂结合处的压实方法及施工质量。

10)坝坡控制情况。

(2)坝体压实检查项目及取样次数见表4-32。取样试坑必须按坝体填筑要求回填后,方可继续填筑。

表 4-32　　　　　　　　　　　坝体压实检查次数

坝料类别及部位		检查项目	取样(检测)次数
防渗体	黏性土　边角夯实部位	干密度、含水率	2~3 次/每层
	黏性土　碾压面		1 次/100~200m³
	黏性土　均质坝		1 次/200~500m³
	砾质土　边角夯实部位	干密度、含水率、大于 5mm 砾石含量	2~3 次/每层
	砾质土　碾压面		1 次/200~500m³
反滤料		干密度、颗粒级配、含泥量	1 次/200~500m³，每层至少一次
过渡料		干密度、颗粒级配	1 次/500~1000m³，每层至少一次
坝壳砂砾(卵)料		干密度、颗粒级配	1 次/5000~10000m³
坝壳砾质土		干密度、含水率、小于 5mm 含量	1 次/3000~6000m³
堆石料*		干密度、颗粒级配	1 次/10000~100000m³

＊堆石料颗粒级配试验组数可比干密度试验适当减少。

(3)防渗体压实质量控制除按表 4-32 规定取样检查外，还必须在所有压实可疑处及坝体所有结合处抽查取样，测定干密度、含水率。在压实可疑处取样试验结果不作数理统计和质量管理图的资料。

(4)防渗体填筑时，经取样检查压实合格后，方可继续铺土填筑，否则应进行补压。补压无效时，应分析原因，进行处理。

(5)反滤料、过渡料的填筑，除按规定检查压实质量外，必须严格控制颗粒级配，不符合设计要求应进行返工。

(6)坝壳堆石料的填筑，以控制压实参数为主，并按规定取样测定干密度和级配作为记录。每层按规定参数压实后，即可继续铺料填筑。对测定的干密度和压实参数应进行统计分析，研究改进措施。

(7)进入防渗体填筑面上的路口段处，应检查土层有无剪切破坏，一经发现必须处理。

(8)对堆石料、砂砾料，按上述"(2)"取样所测定的干密度，平均值应不小于设计值，标准差应不大于 $0.1g/cm^3$。当样本数小于 20 组时，应按合格率不小于 90％，不合格干密度不得低于设计干密度的 95％控制。

(9)对防渗土料，干密度或压实度的合格率不小于 90％，不合格干密度或压实度不得低于设计干密度或压实度的 98％。

(10)根据坝址地形、地质及坝体填筑土料性质、施工条件，对防渗体选定若干个固定取样断面，沿坝高每 5~10m 取代表性试样进行室内物理力学性质试验，作为复核设计及工程管理之依据。必要时应留样品蜡封保存，竣工后移交工程管理单位。对坝壳料也应在坝面取适当组数的代表性试样进行试验室复核试验。

(11)雨季施工，应检查施工措施落实情况。雨前应检查防渗土体表面松土是否已适当平整和压实；雨后复工前应检查填筑面上土料是否合格。

(12)负温下施工应增加以下检查项目：

1)填筑面防冻措施。
2)坝基已压实土层有无冻结现象。
3)填筑面上的冰雪是否清除干净。
4)应对气温、土温、风速等进行观测记录。
5)在春季,应对冻结深度以内的填土层质量进行复查。

(四)反滤排水设施

1. 施工监理控制要点

反滤排水设施施工监理控制要点见表4-33。

表4-33　　　　　　　反滤排水设施施工监理控制要点

序号	项目	内容
1	反滤工程	(1)反滤料的粒径、级配、坚硬度、抗冻性和渗透系数必须符合设计要求。 (2)反滤工程的基面(含前一填筑层)处理必须符合设计要求和施工规范的规定,经验收合格后方可填筑。 (3)在挖装和铺筑过程中,应防止反滤料颗粒分离,防止杂物与其他料物混入,反滤料宜在挖装前洒水,保持其湿润状态,以免颗粒分离。 (4)反滤料铺筑必须严格控制铺料厚度,其铺筑位置和有效宽度均应符合设计要求。 (5)对已碾压合格的反滤层应做好防护,一旦发生土料混杂,则必须即时清除。 (6)反滤料压实过程中,应与其相邻的防渗土料、过渡料一起压实。反滤料宜采用自行式振动碾压实。 (7)严禁在反滤层内设置纵缝。反滤层横向接坡必须清至合格面,使接坡反滤料层次清晰,不得发生层间错位、中断和混杂。 (8)施工中,必须严格控制反滤层的压实参数,严禁漏压或欠压。 (9)反滤层的施工顺序和含水量必须符合施工规范规定;坝体上、下游反滤层应与心墙、斜墙和部分坝壳平起填筑,防止分离;分段施工时,接缝处的各层连接必须按施工规范做成阶梯状,不得混杂和错断。 (10)土工织物的拼接宜采用搭接方法,搭接宽度可为30cm。 (11)土工织物铺设前必须妥善保护,防止曝晒、冷冻、损坏、穿孔、撕裂。 (12)土工织物铺设应平顺、松紧适度、避免织物张拉受力及不规则折皱,并采取措施防止损伤和污染。 (13)土工织物两侧回填坝料级配应符合设计要求,坝料回填过程中不得损伤织物。如有损伤必须修补。 (14)土工织物的铺设与防渗体的填筑应平起施工;织物两侧防渗体和过渡料的填筑应人工配合小型机械施工
2	排水工程	(1)排水设施的渗透系数(或排水能力)必须符合设计要求。 (2)排水设施的布置位置、断面尺寸以及排水设施所用石料的软化系数、抗冻性、抗压强度和几何尺寸必须满足设计要求。 (3)施工中排水堆石体内可设置纵缝和横缝,宜采用预留平台方式逐层收坡。 (4)坝内排水带和排水褥垫的地基,必须按设计要求进行处理。 (5)坝内排水设施的基底,必须按设计要求进行夯实或处理,验收合格后方可铺设。滤孔和接头部位的反滤层、减压井的回填,垂直度、水平排水带等均须按反滤工程的规定铺筑;排水管和排水带的纵坡应严格按设计施工,坝外排水管的接头处应保证不漏水,并须采取防冻措施

续表

序号	项目	内　容
2	排水工程	(6)坝内竖式排水体应与两侧防渗体平起施工;也可先回填防渗体,然后将防渗体挖槽再回填排水体,但每层排水体回填厚度应不超过60cm。 (7)水平排水带铺筑的纵坡及铺筑厚度、透水性应符合设计要求。 (8)减压井的位置、井深、井距、井径结构尺寸及所用滤料级配及其他材料均应符合设计要求。 (9)减压井和深式排水沟的施工应在库水位较低时期内进行。钻孔宜用清水固壁。 (10)减压井的钻孔必须符合施工规范规定,并必须等钻孔检验合格后方可安装井管;安装井管时,井管连接应顺直牢固,并封好管底。 (11)反滤料应采用导管法施工,以免分离。 (12)装好井管后,应做好洗井工作。洗井宜采用鼓水和抽水法,水变清后,再连续抽水半小时,如清水保持不变,即可结束洗井作业。 (13)洗井后还应进行抽水试验,测量并记录其抽降、出水量、水的含砂量以及井底淤积。 (14)施工过程中和抽水结束后,必须及时做好井口保护设施

2. 施工质量监理验收

(1)铺筑排水反滤层前,应对坝基覆盖层进行下列试验分析。

1)对于黏性土:天然干密度、含水率及塑性指数;当塑性指数小于7时,还需进行颗粒分析。

2)对无黏性土:进行天然干密度和颗粒分析。

从坝基覆盖层中取样,一般应在25m×25m的面积中取一个样;对于条形反滤层的坝基可每隔50m取一个或数个样。

(2)在填筑反滤层过程中,取样次数按表4-32执行。在施工过程中,应对铺料厚度、施工方法、接头及防护措施等进行检查。

四、水闸工程

(一)基础处理工程

1. 施工监理控制要点

基础处理工程施工监理控制要点见表4-34。

表4-34　　　　　　　基础处理工程施工监理控制要点

序号	项目	内　容
1	土方开挖	(1)土方开挖和填筑应优化施工方案,正确选定降、排水措施,并进行挖填平衡计算;合理调配。 (2)土方开挖前,应降低地下水位,使其低于开挖面0.5m。 (3)合理布置施工现场道路和作业场地,并加强维护。必要时,加铺路面。 (4)基坑开挖应分层分段依次进行,逐层设置排水沟,层层下挖。 (5)根据土质、气候和施工机具等情况,基坑底部应留有一定厚度的保护层。在底部工程施工前,分块依次挖除。 (6)在负温下,挖除保护层后,应立即采取可靠的防冻措施

续表

序号	项目	内容
2	土方填筑	(1)填筑前,必须清除基坑底部的积水、杂物等。 (2)填筑土料,应符合设计要求。控制土料含水量;铺土厚度宜为25~30cm,并应使密实至规定值。 (3)岸、翼墙后的填土,应符合下列要求: 1)墙背及伸缩缝经清理整修合格后,方可回填,填土应均衡上升。 2)靠近岸墙、翼墙、岸坡的回填土宜用人工或小型机具夯压密实,铺土厚度宜适当减薄。 3)分段处应留有坡度,错缝搭接,并注意密实。 (4)墙后填土和筑堤应考虑预加沉降量。 (5)墙后排渗设施的施工程序,应先回填再开挖槽坑,然后依次铺设滤料等
3	换土(砂)地基	(1)砂垫层的砂料应符合设计要求并通过试验确定。如用混合砂料应按优选的比例拌和均匀。砂料的含泥量不应大于5%。 (2)黏性土垫层的土料应符合设计要求。料场表面覆盖层应清理干净,并做好排水系统。土料的含水量应在控制范围内,否则应在料场处理。 (3)挖土和铺料时,不宜直接践踏基坑底面,可边挖除保护层边回填。 (4)回填土应按规定分层铺填,密实度应符合设计要求。下层的密实度经检验合格后,方可铺填上一层。竖向接缝应相互错开。 (5)黏性土垫层宜用碾压或夯实法压实。填筑时,应控制地下水位低于基坑底面。 (6)黏性土垫层的填筑应做好防雨措施。填土面宜中部高四周低,以利排水
4	振冲地基	(1)振冲法适用于砂土或砂壤土地基的加固;软弱黏性土地基必须经论证方可使用。 (2)振冲置换所用的填料宜用碎石、角砾、砾砂或粗砂,不得使用砂石混合料。填料最大粒径不应大于50mm,含泥量不应大于5%,且不得含黏土块。 (3)造孔时,振冲器贯入速度宜为1~2m/min,且每贯入0.5~1.0m宜悬挂留振。留振时间应根据试验确定,一般为5~10s。 (4)制桩宜保持小水量补给,每次填料应均匀对称,其厚度不宜大于50cm。 (5)振冲桩宜采用由里向外或从一边向另一边的顺序制桩。 (6)孔位偏差不宜大于100mm,完成后的桩顶中心偏差不应大于0.3倍的桩孔直径。 (7)制桩完毕后应复查,防止漏桩。桩顶不密实部分应挖除或采取其他补救措施
5	钻孔灌注桩基础	(1)根据地质条件选用回转、冲击、冲抓或潜水等钻机。钻机安置应平稳,不得产生沉陷或位移。 (2)采用回转钻机时,护筒内径宜大于钻头直径20cm;采用冲击、冲抓钻机时,宜大于30cm。 (3)护筒埋置应稳定,其中心线与桩位中心的允许偏差不应大于50mm。其顶端应高出地面30cm以上;当有承压水时,应高出承压水位1.5~2.0m。 (4)在黏土和壤土中成孔时,可注入清水,以原土造浆护壁。排渣泥浆的比重应控制在1.1~1.2。 (5)在砂土和夹砂土层中成孔时,孔中泥浆比重应控制在1.1~1.3;在砂卵石或易坍孔的土层中成孔时,孔中泥浆比重应控制在1.3~1.5。 (6)施工中,要经常孔内取样,测定泥浆的比重,并注意土层变化情况,并做好记录

续表

序号	项目	内容
6	高压喷射灌浆	(1)高压喷射灌浆孔孔深应满足设计要求,成孔孔径一般比喷射管径大3~4cm。 (2)高压喷射灌浆的单管法用于制作直径0.3~0.8m的旋喷桩;二管法用于制作直径1m左右的旋喷桩;三管法用于制作直径1~2m的旋喷桩或修筑防渗板墙。 (3)水泥浆液的配合比和外加剂的用量应通过试验确定。 (4)水泥浆液应搅拌均匀,随拌随用。余浆存放时间不得超过4h。 (5)喷射前,应检查喷射管是否畅通,各管路系统应不堵、不漏、不串。 (6)喷射灌浆终了后,顶部出现稀浆层、凹槽、凹穴时,可将灌浆软管下至孔口以下2~3m处,用灌浆压力为0.2~0.3MPa、比重为1.7~1.8的水泥浆液,由下而上进行二次灌浆。 (7)施工完毕后,所有机具设备应立即清洗干净

2. 施工质量监理验收

(1)换土(砂)地基、振冲地基、钻孔灌注桩基础及高压喷射灌浆的质量检验均应符合设计要求或相关规定。

(2)灌注桩钻孔的质量标准应符合表4-35的规定。

表4-35　　　　　　　　　　灌注桩钻孔的质量标准

项次	项目	质量标准
1	孔的中心位置偏差	单排桩不大于100mm 群桩不大于150mm
2	孔径偏差	+100mm,-50mm
3	孔斜率	<1%
4	孔深	不得小于设计孔深

(二)闸室混凝土

1. 原材料质量控制

(1)水泥。

1)混凝土所用水泥品质应符合国家标准,并应按设计要求和使用条件选用适宜的品种。

2)水泥强度等级应与混凝土设计强度相适应,且不应低于32.5级。水位变化区的混凝土和有抗冻、抗渗、抗冲刷、抗磨损等要求的混凝土,强度等级不宜低于42.5级。

3)每一分部工程所用水泥品种不宜太多。未经试验论证,不同品种的水泥不得混合使用。

(2)粗骨料。

1)粗骨料宜用质地坚硬,粒形、级配良好的碎石、卵石。不得使用未经分级的混合石子。

2)粗骨料最大粒径的选定,应符合下列规定:

①不应大于结构截面最小尺寸的1/4。

②不应大于钢筋最小净距的3/4;对双层或多层钢筋结构,不应大于钢筋最小净距的1/2。

③不宜大于80mm。

④经常受海水、盐雾作用或其他侵蚀性介质影响的钢筋混凝土构件面层,粗骨料最大粒径不宜大于钢筋保护层厚度。

3)粗骨料的质量标准应符合表 4-36 的规定。

表 4-36　　　　　　　粗骨料(碎石或卵石)的质量技术要求

项次	项　目	指　标	备　注
1	含泥量/(%)	≤1	不应含有黏土团块
2	硫化物及硫酸盐含量(折算成 SO_2)/(%)	≤0.5	—
3	有机质含量	浅于标准色	如深于标准色,应进行混凝土对比试验,其强度降低不应大于 15%
4	针片状颗粒含量/(%)	≤15	
5	坚固性(按硫酸钠溶液法 5 次循环后损失)/%	<5 <3	无抗冻要求的混凝土 有抗冻要求的混凝土
6	颗粒密度/(t/m^2)	>2.55	—
7	吸水率/(%)	<2.5	
8	超径	<5%	以原孔筛检验
9	逊径	<10%	

(3)细骨料。

1)细骨料宜采用质地坚硬、颗粒洁净、级配良好的天然砂。如使用海砂,应经过试验论证。

2)砂的细度模数宜在 2.3～3.0 范围内。为改善砂料级配,可将粗、细不同的砂料分别堆放,配合使用。

3)细骨料的质量标准应符合表 4-37 的规定。

表 4-37　　　　　　　细骨料(天然砂)的质量技术要求

项次	项　目	指　标	备　注
1	含泥量/(%)	≤3	不应含有黏土团粒
2	云母含量/(%)	≤2	对有抗冻、抗渗要求的混凝土,云母含量不应大于 1%
3	轻物质含量/(%)	≤1	视比重小于 2.0
4	硫化物及硫酸盐含量(折算成 SO_3)/(%)	≤1	—
5	有机质含量	浅于标准色	如深于标准色,应做砂浆强度对比试验,其强度降低不应大于 15%
6	坚固性(按硫酸钠溶液 5 次循环后的损失)/(%)	<10	—

(4)外加剂。

1)在配制混凝土时,宜掺用外加剂。其品种应按照建筑物所处环境条件、混凝土性能要求和施工需要合理选用。

2)有抗冻要求的混凝土必须掺用引气剂或引气减水剂。含气量宜为 4%～6%。

3)外加剂的技术标准应符合规定,其掺量应通过试验确定。

2. 施工监理控制要点

闸室混凝土施工监理控制要点见表 4-38。

表 4-38　　　　　　　　　　　　闸室混凝土施工监理控制要点

序号	项目	内容
1	钢筋	(1)所用钢筋的种类、钢号、直径和机械性能等均应符合设计要求。 (2)钢筋应有出厂质量保证书。使用前，应按规定作拉力、延伸率、冷弯试验。需要焊接的钢筋，应作焊接工艺试验。 (3)钢筋的接头应采用闪光对焊。无条件采用闪光对焊时，方可采用电弧焊。钢筋的交叉连接，宜采用接触点焊。 (4)轴心受拉构件、小偏心受拉构件或其他混凝土构件中直径大于 25mm 的钢筋接头，均应焊接。 (5)钢筋安装时，应严格控制保护层厚度。绑扎钢筋的铁丝和垫块上的铁丝均应按倒，不得伸入混凝土保护层内
2	模板	(1)模板和支架应采用钢材、木材或其他新型材料制作，尽量少用木材。 (2)模板表面应光洁平整、接缝严密，且具有足够的强度、刚度和稳定性。 (3)模板及支架的安装应与钢筋架设、预埋件安装、混凝土浇筑等工序密切配合，做到互不干扰。 (4)支架或支撑应支撑在基础面或坚实的地基上，并应有足够的支承面积与可靠的防滑措施。 (5)多层支架的支柱应垂直，上、下层支柱应在同一中心线上，支架的横垫木应平整，并应采取有效的构造措施，确保稳定。 (6)支架、脚手架的各立柱之间，应由足够数量的杆件牢固连接。脚手架不宜与模板及支架相连接；如必须连接时，应采取措施，确保模板及支架的稳定，防止模板变形
3	混凝土浇筑	(1)拌制混凝土时，应严格按照工地试验室签发的配料单配料，不得擅自更改。 (2)混凝土应搅拌至组成材料混合均匀，颜色一致。加料程序和搅拌时间应通过试验确定。 (3)混凝土的运输设备和运输能力，应与结构特点、仓面布置、拌和及浇筑能力相适应。 (4)混凝土浇筑前，应详细检查仓内清理、模板、钢筋、预埋件及永久缝的情况，验收合格后即可浇筑。 (5)混凝土应按一定厚度、顺序和方向，分层浇筑。浇筑面应大致水平。上下相邻两层同时浇筑时，前后距离不宜小于 1.5m。 (6)在斜面上浇筑混凝土，应从低处开始，逐层升高，并保持水平分层，采取措施不使混凝土向低处流动。 (7)混凝土应随浇随平，不得使用振捣器平仓。有粗骨料堆叠时，应将其均匀地分布于砂浆较多处，严禁用砂浆覆盖。 (8)混凝土浇筑应连续进行。如因故中断，且超过允许的间歇时间，应按施工缝处理，若能重塑者，仍可继续浇筑上层混凝土。 (9)采用振捣器捣固混凝土时，应按一定顺序振捣，防止漏振、重振；移动间距应不大于振捣器有效半径的 1.5 倍。当使用表面振捣器时，其振捣边缘应适当搭接。 (10)浇筑过程中，应随时检查模板、支架等稳固情况，如有漏浆、变形或沉陷，应立即处理。检查钢筋、止水片及预埋件的位置，如发现移动时，应及时校正。 (11)浇筑过程中，应及时清除黏附在模板、钢筋、止水片和预埋件表面的灰浆。浇筑到顶时，应立即抹平，排除泌水，待定浆后再抹一遍，防止产生松顶和表面干缩裂缝。 (12)混凝土浇筑过程中，如表面泌水过多，应设法减少。仓内泌水应及时排除，但不得带走灰浆。 (13)混凝土浇筑完毕后，应及时覆盖。面层凝结后，应立即洒水养护，使混凝土面和模板经常保持湿润状态

3. 施工质量监理验收

(1)钢筋。

1)加工后钢筋的允许偏差,应符合表 4-39 的规定。

表 4-39　　　　　　　　　加工后钢筋的允许偏差　　　　　　　　　　mm

项　次	项　　目	允许偏差
1	受力钢筋顺长度方向全长净尺寸	±10
2	钢筋弯起点位置	±20
3	箍筋各部分长度	±5

2)钢筋的根数和间距应符合设计规定,并应绑扎牢固,其位置偏差应符合表 4-40 的规定。

表 4-40　　　　　　　　　钢筋安装位置允许偏差　　　　　　　　　　mm

项　次	项　　目	允许偏差
1	受力钢筋间距	±10
2	分布钢筋间距	±20
3	箍筋间距	±20
4	钢筋排距间的偏差(顺高度方向)	±5
5	钢筋保护层厚度	
	(1)基础、墩、墙	±10
	(2)薄墙、梁	−5,+10
	(3)桥面板	−3,+5

3)钢筋的混凝土保护层厚度,应按表 4-41 的规定采用。

表 4-41　　　　　　　　　钢筋的混凝土保护层厚度　　　　　　　　　　mm

部　位	构件名称		保护层厚度
水下部位	底板、消力池、铺盖等	底层　土层	70
		混凝土垫层	50
		面层	50
水位变化区	墩、墙		50
	薄壁墙(厚度<60cm)		35
水上部位	桥面板		20
	梁、柱		35

注:1. 保护层厚度是指钢筋外边至构件外表的尺寸,当箍筋直径超过 6mm 时,应加上超过的数值。
　　2. 有较高抗冻、抗冲磨要求,或经常受海水、盐雾等侵蚀影响的构件或部位,其保护层厚度,应按表列数字增加 10~15mm。
　　3. 经常露出水面的底板、铺盖等部位,其保护层厚度,应酌量增加。

(2)模板。模板制作和安装的允许偏差,应符合表 4-42 的规定。

表 4-42　　　　　　　　　　模板制作和安装的允许偏差　　　　　　　　　　mm

项次	项目	允许偏差
1	钢模板制作： (1)模板的长度和宽度 (2)模板表面局部不平(用2m直尺检查) (3)连接配件的孔眼位置	±2 2 ±1
2	木模板制作： (1)模板的长度和宽度 (2)相邻两板面高差 (3)平面刨光模板局部不平(用2m直尺检查)	±3 1 5
3	模板安装： (1)相邻两板面高差 (2)水平截面内部尺寸 　长度和宽度 　平面对角线 (3)轴线对设计位置 　基础 　墩、墙、柱 　梁、板	2 ±5 ±10 ±10 ±5 ±10
4	承重底模上表面高程	±5
5	预留孔、洞尺寸及位置	10

(3)混凝土浇筑：

1)混凝土的坍落度应根据结构特点和部位选用，见表 4-43。

表 4-43　　　　　混凝土在浇筑地点的坍落度(使用振捣器)　　　　　　　cm

部位和结构情况	坍落度
基础、混凝土或少筋混凝土	2～4
闸底板、墩、墙等一般配筋	4～6
桥梁，配筋较密，捣实较难	6～8
胸墙、岸墙、翼墙等薄壁墙，断面狭窄，配筋较密，捣实困难	8～10

2)混凝土浇筑层厚度，应根据搅拌、运输和浇筑能力、振捣器性能及气温因素确定，不应超过表 4-44 的规定。

表 4-44　　　　　　　　　混凝土浇筑层的允许最大厚度　　　　　　　　　mm

捣实方法和振捣器类别		允许最大厚度
插入式	软轴振捣器	振捣器头长度的1.25倍
表面式	在无筋或少筋结构中	250
	在钢筋密集或双层钢筋结构中	150
附着式	外挂	300

(三) 灌浆砌石

1. 施工监理控制要点

(1) 砌石所用石料有粗料石和块石两种,石料质地应坚硬、无裂纹,风化石不得使用。

(2) 混凝土灌砌块石所用的石子粒径不宜大于2cm。在水位变化区、受水流冲刷的部位以及有抗冻要求的砌体,其水泥强度等级不宜低于32.5级。

(3) 使用混合材和外加剂,应通过试验确定。混合材宜优先取用粉煤灰,其品质指标参照有关规定。

(4) 砌筑前,应将石料刷洗干净,并保持湿润。砌体的石块间应有胶结材料粘结、填实。

(5) 浆砌石墩、墙应符合下列要求:

1) 砌筑应分层,各砌层均应坐浆,随铺浆随砌筑。

2) 每层应依次砌角石、面石,然后砌腹石。

3) 块石砌筑,应选择较平整的大块石经修整后用作面石,上下两层石块应骑缝,内外石块应交错搭接。

4) 料石砌筑,按一顺一丁或两顺一丁排列,砌缝应横平竖直,上下层竖缝错开距离不小于10cm,丁石的上下方不得有竖缝;粗料石砌体的缝宽可为2~3cm。

5) 砌体宜均衡上升,相邻段的砌筑高差和每日砌筑高度,不宜超过1.2m。

(6) 采用混凝土底板的浆砌石工程,在底板混凝土浇筑至面层时,宜在距砌石边线40cm的内部埋设露面块石,以增加混凝土底板与砌体间的结合强度。

(7) 混凝土底板面应凿毛处理后方可砌筑。砌体间的接合面应刷洗干净,在湿润状态下砌筑。砌体层间缝如间隔时间较长,可凿毛处理。

(8) 混凝土灌砌块石,块石净距应大于石子粒径,不得采取先嵌填小石块再灌缝的做法;灌入的混凝土应插捣密实。

(9) 砌体的外露面和挡土墙的临土面均应勾缝。砌体勾缝前,应清理缝槽,并用水冲洗湿润,砂浆应嵌入缝内约2cm。

(10) 具有框格的干砌石工程,宜先修筑框格,然后砌筑。

(11) 干砌石工程宜采用立砌法,不得叠砌和浮塞;石料最小边厚度不得小于15cm。

(12) 铺设大面积坡面的砂石垫层时,应自下而上,分层铺设,并随砌石面的增高分段上升。

(13) 砌体缝口应砌紧,底部应垫稳填实,严禁架空。

2. 施工质量监理验收

(1) 材料和砌体的质量规格应符合要求。

(2) 砌缝砂浆应密实,砌缝宽度、错缝距离应符合要求。

(3) 砂浆、小石子混凝土配合比应正确,试件强度不低于设计强度。

(4) 砌体尺寸的允许偏差不得超过表4-45的规定。

表 4-45　　　　　　　　　　　砌体尺寸的允许偏差　　　　　　　　　　　　mm

项次	项　目	允许偏差
1	墙面垂直度： (1)浆砌料石墙 (2)浆砌块石墙临水面	墙高的 0.5%且不大于 20 墙高的 0.5%且不大于 30
2	护底、海漫高程	+50,-100
3	护坡坡面平整度(每 10m 长范围内)	100
4	护底、海漫、护坡砌石厚度	厚度的 15%
5	垫层厚度	厚度的 20%
6	齿坎深度	±50

(四)防渗与导渗

1. 施工质量控制要点

防渗与导渗施工质量控制要点见表 4-46。

表 4-46　　　　　　　　　　防渗与导渗施工质量控制要点

序号	项　目	内　容
1	防渗板桩	(1)防渗板桩应优先采用钢筋混凝土板桩,条件适宜时可采用木板桩。 (2)钢筋混凝土板桩应根据土质情况和施工条件,浇制一定数量的备用桩。施打前,应复查,并清除附着杂物。 (3)木板桩的凹凸榫应平整光滑,桩身宜超长 10cm。制成的板桩应编号,并套榫叠放。 (4)角桩或始桩应加长 1~2m,其横截面宜放大,制成凹榫,桩尖应对称。 (5)打板桩宜凹榫套凸榫。自角桩或始桩接出的第一根板桩制成两面凸榫,两向合拢桩制成两面凹榫。 (6)打桩时,封闭型的板桩应先打角桩;多套桩架施打时,应分别设始桩;角桩和始桩应保持垂直。 (7)打桩过程中,要经常观测板桩的垂直度,并及时纠正;两向合拢时,按实际打入板桩的偏斜度,用大小头木板桩封闭之。 (8)木板桩打完后,桩顶宜用马钉或螺栓与围囹木联成一体,防止挤压变位,并按桩顶设计高程锯平
2	防渗铺盖	(1)钢筋混凝土铺盖应按分块间隔浇筑。在荷载相差过大的邻近部位,应等沉降基本稳定后,再浇筑交接处的分块或预留的二次浇筑带。 (2)黏土铺盖填筑时,应尽量减少施工接缝;如分段填筑,其接缝的坡度不应陡于 1:3。填筑达到高程后,应立即保护,防止晒裂或受冻。 (3)用塑料薄膜等高分子材料组合层或橡胶布作防渗铺盖时,应铺设平整,及时覆盖,同时防止沾染油污
3	导渗	(1)铺筑反滤层时,应使滤料处于湿润状态,以免颗粒分离,同时,防止杂物或不同规格的料物混入。分段铺筑时,应将接头处各层铺成阶梯状,防止层间错位、间断、混杂。 (2)铺筑土工织物滤层应铺设平整,松紧度应均匀,端部锚着应牢固。 (3)滤层与混凝土或浆砌石的交界面应加以隔离,防止砂浆流入。放水前,排水孔应清理,并灌水检查,孔道畅通后,用小石子填满

2. 施工质量监理验收

(1) 板桩制作的允许偏差应符合表 4-47 的规定。

表 4-47　　　　　　　　板桩制作的允许偏差　　　　　　　　mm

项次	项　　目	允许偏差
1	木板桩： (1) 厚度 (2) 凸榫或凹榫 (3) 桩身弯曲矢高	－10 ±2 桩长的 0.3%
2	钢筋混凝土板桩： (1) 横截面相对两边之差 (2) 凸榫或凹榫 (3) 保护层厚度 (4) 桩尖对桩轴线位移 (5) 桩身弯曲矢高	5 ±3 +5 10 桩长的 0.1% 并不得大于 10

(2) 打入板桩的允许偏差应符合表 4-48 的规定。

表 4-48　　　　　　　　打入板桩的允许偏差　　　　　　　　mm

项次	项　　目	允许偏差
1	木板桩： (1) 桩轴线 (2) 垂直度 (3) 桩顶高程 (4) 最大间隙	±20 1% ±50 10
2	钢筋混凝土板桩： (1) 桩轴线 (2) 垂直度 (3) 桩顶高程 (4) 最大间隙	±20 1% －50～+100 15

五、泵站工程

(一) 泵房施工

1. 施工监理要求

(1) 泵房钢筋混凝土的施工，应做好施工措施设计。混凝土配合比应通过试验确定。

(2) 泵房水下混凝土宜整体浇筑；安装大、中型立式机组的泵房工程可根据泵房结构由下至上分层施工。

(3) 混凝土浇筑层面应平整。若出现高低不同时，应设斜面过渡段。

(4)泵房浇筑在平面上一般不再分块;如泵房较长,需分期分段浇筑时,应设置永久伸缩缝,划分为数个浇筑单元。泵房挡水墙围护结构不宜设置垂直施工缝。

(5)泵房内部的机墩、隔墙、楼板、柱、墙外启闭台、导水墙等,均应分期浇筑。

2. 施工监理控制要点

(1)底板。

1)底板地基经验收合格后,方可进行混凝土施工。

2)施工时,应先在地基面上浇筑一层素混凝土垫层,其厚度为80～100mm,混凝土强度等级不应低于C10,垫层混凝土面积应大于底板的面积,以利于施工,避免搅动地基土。

3)底板上、下层钢筋骨架网应使用柱撑。柱撑应具有足够的强度和稳定性,应架设与上部结构相连接的插筋。插筋与上部钢筋的接头应错开。

4)混凝土的水泥用量应满足设计要求,且不宜低于200kg/m³。使用的缓凝剂必须符合有关规定,并应在工地进行试验。

5)混凝土浇筑前应全面检查,验收合格后,才能开盘浇筑。

6)混凝土应分层连续浇筑,不得斜层浇筑。如浇筑仓面较大,应采用多层阶梯推进法浇筑,上下两层前后距离不得小于1.5m;同层接头部位应充分振捣,不得漏振。

7)在斜面基底上浇筑混凝土时,应从低处开始,逐层升高,并采取措施保持水平分层,防止混凝土向低处流动。

8)混凝土浇筑过程中,应及时清除黏附在模板、钢筋、止水片和预埋件上的灰浆。混凝土表面泌水过多时,应及时采取措施,设法排去仓内积水,但不得带走灰浆。

9)混凝土表面应抹平、压实、收光,防止松顶和干缩裂缝。

(2)楼层结构。

1)施工时,所用的模板及支架必须符合设计要求,必须保证结构和构件的形状、尺寸及相对位置符合设计要求。

2)模板表面应平整,接缝应严密,不得漏浆。

3)模板及支架、脚手架应有可靠的防滑措施,杆件节点应连接牢固。

4)楼层混凝土结构施工缝的设置应符合下列规定:

①墩、墙、柱底端的施工缝宜设在底板或基础老混凝土顶面。

②与板连成整体的大断面梁宜整体浇筑。如需分期浇筑,其施工缝应设在板底面以下20～30mm处;当板下有梁托时,应设在梁托下面。

③有主、次梁的楼板,施工缝应设在次梁跨中1/3范围内。

④单向板施工缝宜平行于板的长边。

⑤双向板、多层刚架及其他结构复杂的施工缝位置,应按设计要求留置。

5)混凝土施工缝的处理应符合下列规定:

①施工时,混凝土的强度应达到2.5MPa。

②清除已硬化的混凝土表面的水泥浆薄膜和松弱层,并冲洗干净、排除积水。

③临近浇筑时,水平缝应铺一层厚20～30mm的水泥砂浆,垂直缝应刷一层水泥净浆,其水灰比均应较混凝土减少0.03～0.05。

6)对于有防渗要求的构筑物,其厚度小于400mm者,应配制防水混凝土。防水混凝土的水泥用量不宜小于300kg/m³,砂率应适当加大,且宜选掺防水外加剂,其配合比应由试验确定。

7）浇筑较高的墩、墙、柱时，应使用溜筒、导管等工具，将拌好的混凝土徐徐灌入；对于断面狭窄、钢筋较密的薄墙、柱等结构物，应在两侧模板适当部位均匀布置便于进料和振捣的窗口。随着浇筑面积的上升，窗口应及时封堵。

8）浇筑混凝土时，应指派专人负责检查模板和支架，发现有变形迹象，应及时加固纠正；发现模板漏浆或仓内积水，应分别堵浆和处理。

9）拆模后，应将螺杆两端外露段和深入保护层部分截除，并用与结构同质量的水泥砂浆填实抹光。必要时，可在螺栓中加焊截渗钢板。

10）泵房建筑施工应保证下部结构的安全，应有合理的施工方案和技术措施。

（3）埋件和二期混凝土施工。

1）各种埋件及插筋、铁件的安装均应符合设计要求，且牢固可靠。

2）各种埋件及插筋在埋设前，应将表面的锈皮、油漆和油污清除干净。

3）埋设于混凝土中的供排水管、测压管等应符合设计要求。

4）埋设的管子应无堵塞现象，其接头必须牢固，不得漏水、漏气。外露管口应临时加盖保护。

5）管路安装后，应用压力水或充气的方法进行检查。若不畅通，应予以处理。

6）混凝土浇筑过程中，应对各种管路进行保护，防止损坏、堵塞或变形。

7）对闸门槽和水泵机座部位，应进行二期混凝土施工。浇筑前，应对一期混凝土表面进行凿毛清理，并刷洗干净。

8）二期混凝土应采用细石混凝土，其强度等级应等于或高于同部位一期混凝土的强度等级，如体积较小，可采用水泥砂浆或水泥浆压入法施工。

9）二期混凝土采用膨胀水泥或膨胀剂施工时，其品种和质量应符合有关规定，掺量和配合比可通过试验确定。

10）二期混凝土浇筑时，应注意已安装好的设备及埋件，且应振捣密实，收光整理。

11）机、泵座二期混凝土，应保证设计标准强度达到70%以上，才能继续加荷安装。

（4）移动式泵房施工。

1）岸坡地基必须稳定、坚实。岸坡开挖后经验收合格，方可进行上部结构物的施工。

2）泵房施工时，应根据设计施工图标定各台车的轨道、输水管道的轴线位置。

3）坡道工程施工时，应对坡道附近上、下游天然河岸进行平整，坡道面应高出上、下游岸坡300～400mm。

4）坡轨工程如需延伸到最低水位以下，应修筑围堰、抽水、清淤，保证能在干燥情况下施工。

5）坡轨工程的位置偏差应符合设计规定；若无规定，可按下列要求执行：

①岸坡轨道基础梁的中心线与泵车拖吊中心线的距离允许偏差为±3mm。

②钢轨中心线与泵车拖吊中心线的距离允许偏差应为±2mm；同一断面处的轨距偏差不应超过±3mm。

6）轨道梁上固定钢轨的预埋螺栓，宜采用二期混凝土施工。轨道螺栓中心与轨道中心线的偏差不应超过±2mm。

7）泵车运行机构的制作与组装应符合有关规定；浮船船体的建造应按内河航运船舶建造

的有关规定执行。

8) 输水管道应沿岸坡进行敷设；管道接头应密封牢固；若设置支墩固定,支墩应坐落在坚硬的地基上。

9) 浮船的锚固设施应牢固；承受荷载时,不得产生变形和位移。

(二) 流道与管道施工

1. 施工监理要求

(1) 钢筋混凝土流道应防渗、防漏、防裂和防错位。施工时应采取有效的技术措施,提高混凝土质量,防止各种混凝土缺陷的产生。

(2) 输水管道的管基槽施工应符合下列规定：

1) 土坡开挖尺寸符合设计要求,槽基面应设置排水沟；不回填土的管槽面应设置永久性排水系统；有地下水逸出的坡面,必须做好导渗工作。

2) 管坡基土为填方时,应分层夯实。施工方法应参照《碾压式土石坝施工规范》(DL/T 5129—2013)的有关规定执行。

3) 岩石管坡的开挖施工,应参照《水工建筑物岩石基础开挖工程施工技术规范》(SL 47)的有关规定执行,正确选择开挖的施工方法,严防事故发生。

2. 施工监理控制要点

(1) 流道。

1) 进、出水流道应分别按已拟定的浇筑单元整体浇筑,每一浇筑单元不应再分块,也不应再分期浇筑。

2) 与水相接触的围护结构物,如挡水墙、闸墩等宜与流道一次立模整体浇筑。不与水接触的结构物,如内部隔墙、机墩、梁、板等可分期或提前浇筑。

3) 仓面脚手架应采用桁架、组合梁等大跨度结构。立柱较高时,可使用钢管组合柱或钢筋混凝土预制柱,中间应有足够数量的连杆和斜撑。通过混凝土部位的连杆,可随着新浇混凝土的升高而逐步拆卸。

4) 流道模板宜在厂内制作和预拼,经检验合格后运到施工现场安装。

5) 流道的模板、钢筋安装与绑扎应作统一安排,互相协调。

6) 模板、钢筋安装完毕,经验收合格后,才能浇筑混凝土。如果安装后长时间没有浇筑,在浇筑之前应再次检查,合格后方可浇筑。

7) 浇筑混凝土时应采取综合措施,控制施工温度缝的发生。应做好浇筑混凝土的施工计划安排,明确分工责任制,配足设备和工具,确保工程质量。

8) 在浇筑混凝土过程中,应建立有效的通信联络和指挥系统。

9) 混凝土浇筑应从低处开始,按顺序逐层进行,仓内混凝土应大致平衡上升,仓内应布设足够数量的溜筒,保证混凝土能输送到位,不得采用振捣器长距离赶料平仓。

10) 倾斜面层模板底部混凝土应振捣充分,防止脱空。模板面积较大时,应在适当位置开设便于进料和捣固的窗口。

11) 临时施工孔洞应有专人负责,并应及时封堵。

12) 混凝土浇筑完毕应做好顶面收浆抹面工作,加强洒水养护,混凝土表面应经常保持湿润状态,并做好养护记录,定时观测室内外温度变化,防止温差过大出现混凝土裂缝。

(2)混凝土输水管道。

1)泵站所使用的预制钢筋混凝土管宜向持有生产许可证的专业厂家定制。

2)管子成品的强度、抗裂、抗渗等性能应符合设计规定,其外观质量应符合下列要求:

①节端应平整,并应与其轴线垂直(斜交管的外端面应按斜交角规定处理)。

②内、外管壁平直圆滑,不得有裂缝、蜂窝、露石、露筋等缺陷。承口、插口工作面应光洁平整,局部凹凸度不应超过 2mm,单个缺陷面积不应超过 30mm。

③小于 φ1000mm 的中、小直径混凝土管和钢筋混凝土管的尺寸误差,不得超过表 4-49 的规定。

表 4-49　　　　　　　　　　　管子成品尺寸允许偏差　　　　　　　　　　　　　　mm

项　目	允许偏差
管节长度	−5,0
内(外)直径	±5
管壁厚度	−3,+5

3)管子运输装卸过程中应轻装轻放,并应采取防震动、碰撞、滑移的措施,避免产生裂纹或损伤。

4)管子的现场堆放应符合下列规定:

①堆放场地应夯实平整,且有排水措施。

②管子应按型号、规格分类堆放。管下应设防止滚动滑移的措施,层间应设软质垫木。堆放层数不宜超过表 4-50 的规定。

③当管子直接运至管线,沿管线摆放时,其摆放位置应不妨碍管线施工。

表 4-50　　　　　　　　　　　　　管子堆放层数

管径/mm	400~600	700~800	900~1200	1400~1600	>1800
堆放层数/层	5	4	3	2	1

5)管子安装前,应清除管壁、承插口和密封圈上黏附的脏污和泥沙,有损伤和裂缝的管子不得使用。

6)大直径管道安装,应及时逐节进行接头水压试验,压力值取 0.2MPa,恒压 5min,无渗迹者方为合格,然后进行下一接头的施工。

7)管道施工各部位允许偏差按表 4-51 的规定。

表 4-51　　　　　　　　　　　管道施工各部位允许偏差　　　　　　　　　　　　　mm

项　目	允许偏差
基底面标高	±20
管基包角	侧边高度±30
管道中心线	±15
管道标高	±10
接口间隙	±10

(3)金属输水管道制作与安装。

1)钢管原材料及其辅助材料应符合设计要求。

2)管件的几何尺寸和焊接要求均应符合设计要求和规定标准,并用钢印或油漆标出各管件的编号和配合标记。

3)钢管焊缝应达到标准,且应通过超声波或射线检验,不得有任何渗漏水现象。焊工应有相应等级的上岗证,并应按规定通过有关考核。

4)钢管各支墩应有足够的稳定性,保证钢管在安装阶段不发生倾斜和沉陷变形。

5)钢管的管口平面度:当管径 $D \leqslant 5m$ 时,不应大于 2mm;当管径 $D > 5m$ 时,不应大于 3mm。

6)钢管实际周长与设计周长差值,不应大于 $\pm 3D/1000$(D 为管道直径)。

7)相邻管节周长差值:当壁厚小于 10mm 时,不应大于 6mm;当壁厚等于或大于 10mm 时,不应大于 10mm。

8)钢管壁在对接接头的任何位置表面的最大错位:纵缝不应大于 2mm;环缝不应大于 3mm。

9)钢管制作的椭圆度不应超过 $3D/1000$(D 为管道直径)。

10)以等于钢管内径 0.25 倍长度为弦长的标准样板测量,其外形弧度间隙不得大于 2mm。

11)直管外表直线平直度可用任意平行轴线的钢管外表一条线与钢管轴线间的偏差确定,长度为 4m 的管段,其偏差不应大于 3.5mm。

12)单节钢管长度与设计值之差不应大于 ± 5mm。

13)主、支、岔管中心偏差不应大于 ± 5mm。

14)伸缩节内外套管和止水压环直径偏差不应大于 $D/1000$(D 为管道直径),且不应超过 ± 2.5mm。

15)内外套管和止水环任何部位的间隙偏差不应大于 1mm。

16)钢管的安装偏差值:对于鞍式支座的顶面弧度,间隙不应大于 2mm;滚轮式和摇摆式支座垫板高程与纵横向中心的偏差不应超过 ± 5mm。

17)钢管的安装轴线偏差值:始装节和弯管起点不应大于 ± 5mm,其他管节不应大于 ± 15mm。

18)弯管起点的桩号偏差不应大于 ± 10mm。

19)管口安装椭圆度不应大于 $5D/1000$(D 为管道直径)。

20)钢管安装完毕应进行水压试验,水压试验的技术要求由设计单位提出。

六、堤防工程

(一)护坡工程

1. 施工监理控制要点

(1)砌石护坡。

1)按设计要求削坡,并铺好垫层或反滤层。

2)干砌石护坡,应由低向高逐步铺砌,要嵌紧、整平,铺砌厚度应达到设计要求。

3)浆砌石护坡,应做好排水孔的施工。浆砌石砌筑应符合下列要求:

①砌筑前,应在砌体外将石料上的泥垢冲洗干净,砌筑时保持砌石表面湿润。

②应采用坐浆法分层砌筑,铺浆厚3~5cm,随铺浆随砌石,砌缝需用砂浆填充饱满,不得无浆直接贴靠,砌缝内砂浆应采用扁铁插捣密实。严禁先堆砌石块再用砂浆灌缝。

③上下层砌石应错缝砌筑;砌体外露面应平整美观,外露面上的砌缝应预留约4cm深的空隙,以备勾缝处理;水平缝宽应不大于2.5cm,竖缝宽应不大于4cm。

④砌筑因故停顿,砂浆已超过初凝时间的,应待砂浆强度达到2.5MPa后才可继续施工。在继续砌筑前,应将原砌体表面的浮渣清除。砌筑时应避免振动下层砌体。

⑤勾缝前必须清缝,用水冲净并保持缝槽内湿润,砂浆应分次向缝内填塞密实。勾缝砂浆强度等级应高于砌体砂浆,应按实有砌缝勾平缝,严禁勾假缝、凸缝。砌筑完毕后应保持砌体表面湿润,做好养护。

⑥砂浆配合比、工作性能等,应按设计强度通过试验确定,施工中应在砌筑现场随机制取试件。

4)灌砌石护坡,要确保混凝土的质量,并做好削坡和灌入振捣工作。

(2)用现浇混凝土或预制混凝土板护坡时,应符合有关标准的规定。

(3)草皮护坡,应按设计要求选用适宜草种,铺植要均匀,草皮厚度不应小于3cm,并注意加强草皮养护,提高成活率。

(4)护堤林、防浪林应按设计选用林带宽度、树种和株、行距,适时栽种,保证成活率,并应做好消浪效果观测点的选择。

2. 施工质量监理验收

(1)平顺护岸的护坡工程宜按施工段长60~100m划分为一个单元工程;现浇混凝土护坡宜按施工段长30~50m划分为一个单元工程;丁坝、垛的护坡工程宜按每个坝、垛划分为一个单元工程。

(2)砂(石)垫层单元工程施工质量标准见表4-52。

表4-52　　　　　砂(石)垫层单元工程施工质量标准

项	次	检验项目	质量要求	检验方法	检验数量
主控项目	1	砂、石级配	符合设计要求	土工试验	每单元工程取样1个
	2	砂、石垫层厚度	允许偏差为±15%设计厚度	量测	每20m² 检测1个点
一般项目	1	垫层基面表面平整度	符合设计要求	量测	每20m² 检测1个点
	2	垫层基面坡度	符合设计要求	坡度尺量测	

(3)土工织物铺设单元工程施工质量标准见表4-53。

第四章　水利水电工程监理质量控制

表 4-53　　　　　　　　土工织物铺设单元工程施工质量标准

项	次	检验项目	质量要求	检验方法	检验数量
主控项目	1	土工织物锚固	符合设计要求	检查	全面检查
一般项目	1	垫层基面表面平整度	符合设计要求	量测	每 20m² 检测 1 个点
一般项目	2	垫层基面坡度	符合设计要求	坡度尺量测	每 20m² 检测 1 个点
一般项目	3	土工织物垫层连接方式和搭接长度	符合设计要求	观察、量测	全数检查

（4）毛石粗排护坡单元工程施工质量标准见表 4-54。

表 4-54　　　　　　　　毛石粗排护坡单元工程施工质量标准

项	次	检验项目	质量要求	检验方法	检验数量
主控项目	1	护坡厚度	厚度小于 50cm，允许偏差为±5cm；厚度大于 50cm，允许偏差为±10％设计厚度	量测	每 50～100m² 检测 1 处
一般项目	1	坡面平整度	坡度平顺，允许偏差为±10cm	量测	每 50～100m² 检测 1 处
一般项目	2	石料块重	符合设计要求	量测	沿护坡长度方向每 20m 检查 1m²
一般项目	3	粗排质量	石块稳固、无松动	观察	全数检查

（5）石笼护坡单元工程施工质量标准见表 4-55。

表 4-55　　　　　　　　石笼护坡单元工程施工质量标准

项	次	检验项目	质量要求	检验方法	检验数量
主控项目	1	护坡厚度	允许偏差为±5cm	量测	每 50～100m² 检测 1 处
主控项目	2	绑扎点间距	允许偏差为±5cm	量测	每 30～60m² 检测 1 处
一般项目	1	坡面平整度	允许偏差为±8cm	量测	每 50～100m² 检测 1 处
一般项目	2	有间隔网的网片间距	允许偏差为±10cm	量测	每幅网材检查 2 处

（6）干砌石护坡单元工程施工质量标准见表 4-56。

表 4-56　　　　　　　干砌石护坡单元工程施工质量标准

项次		检验项目	质量要求	检验方法	检验数量
主控项目	1	护坡厚度	厚度小于 50cm,允许偏差为±5cm;厚度大于 50cm,允许偏差为±10%设计厚度	量测	每 50～100m² 检测 1 处
	2	坡面平整度	允许偏差为±8cm	量测	每 50～100m² 检测 1 处
	3	石料块重a	除腹石和嵌缝石外,面石用料符合设计要求	量测	沿护坡长度方向每 200m 检查 1m²
一般项目	1	砌石坡度	不陡于设计坡度	量测	沿护坡长度方向每 20m 检测 1 处
	2	砌筑质量	石块稳固、无松动,无宽度在 1.5cm 以上、长度在 50cm 以上的连续缝	检查	沿护坡长度方向每 20m 检测 1 处

a 1级、2级、3级堤防石料块重的合格率分别不应小于 90%、85%、80%。

(7)浆砌石护坡单元工程施工质量标准见表 4-57。

表 4-57　　　　　　　浆砌石护坡单元工程施工质量标准

项次		检验项目	质量要求	检验方法	检验数量
主控项目	1	护坡厚度	允许偏差为±5cm	量测	每 50～100m² 检测 1 处
	2	坡面平整度	允许偏差为±5cm	量测	每 50～100m² 检测 1 处
	3	排水孔反滤	符合设计要求	检查	每 10 孔检查 1 孔
	4	坐浆饱满度	大于 80%	检查	每层每 10m 至少检查 1 处
一般项目	1	排水孔设置	连续贯通,孔径、孔距允许偏差为±5%设计值	量测	每 10 孔检查 1 孔
	2	变形缝结构与填充质量	符合设计要求	检查	全面检查
	3	勾缝	应按平缝勾填,无开裂、脱皮现象	检查	全面检查

(8)混凝土预制块护坡单元工程施工质量标准见表 4-58。

表 4-58　　　　　　混凝土预制块护坡单元工程施工质量标准

项次		检验项目	质量要求	检验方法	检验数量
主控项目	1	混凝土预制块外观及尺寸	符合设计要求,允许偏差为±5mm,表面平整,无掉角断裂	观察、量测	每 50～100 块检测 1 块
	2	坡面平整度	允许偏差为±1cm	量测	每 50～100m² 检测 1 处
一般项目	1	混凝土块铺筑	应平整、稳固、缝线规则	检查	全数检查

(9)现浇混凝土护坡单元工程施工质量标准见表 4-59。

表 4-59　　　　　　现浇混凝土护坡单元工程施工质量标准

项	次	检验项目	质量要求	检验方法	检验数量
主控项目	1	护坡厚度	允许偏差为±1cm	量测	每 50～100m² 检测 1 处
	2	排水孔反滤层	符合设计要求	检查	每 10 孔检查 1 孔
一般项目	1	坡面平整度	允许偏差为±1cm	量测	每 50～100m² 检测 1 处
	2	排水孔设置	连续贯通,孔径、孔距允许偏差为±5%设计值	量测	每 10 孔检查 1 孔
	3	变形缝结构与填充质量	符合设计要求	检查	全面检查

(10)模袋混凝土护坡单元工程施工质量标准见表 4-60。

表 4-60　　　　　　模袋混凝土护坡单元工程施工质量标准

项	次	检验项目	质量要求	检验方法	检验数量
主控项目	1	模袋搭接和固定方法	符合设计要求	检验	全数检验
	2	护坡厚度	允许偏差为±5%设计值	检验	每 10～50m² 检查 1 点
	3	排水孔反滤层	符合设计要求	检查	每 10 孔检查 1 孔
一般项目	1	排水孔设置	连续贯通,孔径、孔距允许偏差为±5%设计值	量测	每 10 孔检查 1 孔

(11)灌砌石护坡单元工程施工质量标准见表 4-61。

表 4-61　　　　　　灌砌石护坡单元工程施工质量标准

项	次	检验项目	质量要求	检验方法	检验数量
主控项目	1	细石混凝土填筑	均匀密实、饱满	检查	每 10m² 检查 1 次
	2	排水孔反滤	符合设计要求	检查	每 10 孔检查 1 孔
	3	护坡厚度	允许偏差为±5cm	量测	每 50～100m² 检测 1 次
一般项目	1	坡面平整度	允许偏差为±8cm	量测	每 50～100m² 检测 1 处
	2	排水孔设置	连续贯通,孔径、孔距允许偏差为±5%设计值	量测	每 10 孔检查 1 孔
	3	变形缝结构与填充质量	符合设计要求	检查	全面检查

(12)植草护坡单元工程施工质量标准见表 4-62。

表 4-62　　　　　　　　植草护坡单元工程施工质量标准

项次		检验项目	质量要求	检验方法	检验数量
主控项目	1	坡面清理	符合设计要求	观察	全面检查
一般项目	1	铺植密度	符合设计要求	观察	全面检查
	2	铺植范围	长度允许偏差为±30cm，宽度允许偏差为±20cm	量测	每20m检查1处
	3	排水沟	符合设计要求	检查	全面检查

(13) 防浪护堤林单元工程施工质量标准见表 4-63。

表 4-63　　　　　　　　防浪护堤林单元工程施工质量标准

项次		检验项目	质量要求	检验方法	检验数量
主控项目	1	苗木规格与品质	符合设计要求	检查	全面检查
	2	株距、行距	允许偏差为±10%设计值	量测	每300~500m² 检测1处
一般项目	1	树坑尺寸	符合设计要求	检查	全面检查
	2	种植范围	允许偏差：不大于株距	量测	每20~50m检查1处
	3	树坑回填	符合设计要求	观察	全数检查

(二) 护脚工程

1. 施工监理控制要点

(1) 抛石护脚。

1) 石料尺寸和质量应符合设计要求。

2) 抛投时机宜在枯水期内选择。

3) 抛石前，应测量抛投区的水深、流速、断面形状等基本情况。

4) 必要时应通过试验掌握抛石位移规律。

5) 抛石应从最能控制险情的部位抛起，依次展开。

6) 船上抛石应准确定位，自下而上逐层抛投，并及时探测水下抛石坡度、厚度。

7) 水深流急时，应先用较大石块在护脚部位下游侧抛一石埂，然后再逐次向上游侧抛投。

(2) 抛土袋护脚。

1) 装土(砂)编织袋布的孔径大小，应与土(砂)粒径相匹配。

2) 编织袋装土(砂)的充填度以 70%~80% 为宜，每袋重不应少于 50kg，装土后封口绑扎应牢固。

3) 岸上抛投宜用滑板，使土袋准确入水叠压。

4) 船上抛投土(砂)袋，如水流流速过大，可将几个土袋捆绑抛投。

(3) 抛柴枕护脚。

1) 柴枕的规格(长度和直径)和结构应按设计要求确定，一般采用枕长 10~15m，枕径 1.0m；柴、石体积比约为 7∶3。

2) 柴枕抛枕应按以下要求进行：

①考虑流速因素,准确定位。

②抛枕前,将穿心绳活扣拴在预先打好的拉桩上,并派专人掌握穿心绳的松紧度。抛枕时人要均匀站在枕后,同时推枕、掀垫桩,确保柴枕平衡滚落入水。

(4) 抛石笼护脚。

1) 石笼大小视需要和抛投手段而定,石笼体积以 $1.0\sim 2.5m^3$ 为宜。

2) 应先从最能控制险情的部位抛起,依次扩展,并适时进行水下探测,坡度和厚度应符合设计要求。

3) 抛完后,须用大石块将笼与笼之间不严密处抛填补齐。

(5) 混凝土沉井护脚。

1) 施工前应将质量合格的混凝土沉井运至现场。

2) 将沉井按设计要求在枯水时河滩面上准确定位。

3) 人工或机械挖除沉井内的河床介质,使沉井平稳沉至设计高程。

4) 向混凝土沉井中回填砂石料,填满后,顶面应以大石块盖护。

(6) 土工织物软体沉排护脚。

1) 一般用聚丙烯(或聚乙烯)编织布缝成 $12m\times 10m$ 的排体。

2) 排体长度应大于所抢护段堤岸坡长度与掏刷深度之和,不足时可用两个排体相接。

3) 软体排缝制应采用双道缝线,叠压宽度不小于 5cm,两线相距以 $1.5\sim 2.0cm$ 为宜。

4) 软体排上游侧竖袋充填土砂必须密实,必要时可充填碎石加重。

5) 软体排沉放过程中,要随时探测,如发现排脚下仍有冲刷坍塌,应继续向竖袋内加土,并放松拉筋绳,使排体紧贴岸边整体下滑,贴覆整个坍塌部位。

6) 两软体排搭接时,上游侧排体应搭接在下游侧排体上,搭接宽度不小于 50cm,并应将搭接处压实。

2. 施工质量监理验收

(1) 防冲体护脚。

1) 防冲体护脚工程宜按平顺护岸的施工段长 $60\sim 80m$ 或以每个丁坝、垛的护脚工程为一个单元工程。

2) 单元工程宜分为防冲体制备和防冲体抛投两个工序,其中防冲体抛投工序为主要工序。

3) 不同防冲体制备施工质量标准见表 4-64~表 4-68。

表 4-64 散抛石施工质量标准

项　目	检验项目	质量要求	检验方法	检验数量
一般项目	石料的块径、块重	符合设计要求	检查	全数检查

表 4-65 石笼防冲体制备施工质量标准

项　目	检验项目	质量要求	检验方法	检验数量
主控项目	钢筋(丝)笼网目尺寸	不大于填充块石的最小块径	观察	全数检查
一般项目	防冲体体积	符合设计要求:允许偏差为 $0\sim +10\%$	检测	

表 4-66　　　　　　　　　预制防冲体制备施工质量标准

项目	检验项目	质量要求	检验方法	检验数量
主控项目	预制防冲体尺寸	不小于设计值	量测	每50块至少检测1块
一般项目	预制防冲体外观	无断裂、无严重破损	检查	全数检查

表 4-67　　　　　　　　　土工袋(包)防冲体制备施工质量标准

项目	检验项目	质量要求	检验方法	检验数量
主控项目	土工袋(包)封口	封口应牢固	检查	全数检查
一般项目	土工袋(包)充填度	70%~80%	观察	

表 4-68　　　　　　　　　柴枕防冲体制备施工质量标准

项目	次	检验项目	质量要求	检验方法	检验数量
主控项目	1	柴枕的长度和直径	不小于设计值	检验	全数检查
	2	石料用量	符合设计要求	检验	
一般项目	1	捆枕工艺	符合 SL 260 的要求	观察	

4)防冲体抛投施工质量标准见表 4-69。

表 4-69　　　　　　　　　防冲体抛投施工质量标准

项目	次	检验项目	质量要求	检验方法	检验数量
主控项目	1	抛投数量	符合设计要求,允许偏差为 0~+10%	量测	全数检查
	2	抛投程序	符合 SL 260 或抛投试验的要求	检查	
一般项目	1	抛投断面	符合设计要求	量测	抛投前、后每 20~50m 检测 1 个横断面、每横断面 5~10m 检测 1 个点

(2)沉排护脚。

1)沉排护脚工程宜按平顺护岸的施工段长 60~80m 或以每个丁坝、垛的护脚工程为一个单元工程。

2)沉排护脚单元工程宜分为沉排锚定和沉排铺设两个工序,其中沉排铺设工序为主要工序。

3)沉排锚定施工质量标准见表 4-70。

表 4-70　　　　　　　　　沉排锚定施工质量标准

项目	次	检验项目	质量要求	检验方法	检验数量
主控项目	1	系排梁、锚桩等锚定系统的制作	符合设计要求		参照 SL 632

续表

项次		检验项目	质量要求	检验方法	检验数量
一般项目	1	锚定系统平面位置及高程	允许偏差为±10cm	量测	全数检查
	2	系排梁或锚桩尺寸	允许偏差为±3cm	量测	每5m长系排梁或每5根锚桩检测1处(点)

4)旱地或冰上铺设铰链混凝土块沉排铺设施工质量标准见表4-71。

表4-71　　　　　旱地或冰上铺设铰链混凝土块沉排铺设施工质量标准

项次		检验项目	质量要求	检验方法	检验数量
主控项目	1	铰链混凝土块沉排制作与安装	符合设计要求	观察	全数检查
	2	沉排搭接宽度	不小于设计值	量测	每条搭接缝或每30m搭接缝长检查1个点
一般项目	1	旱地沉排保护层厚度	不小于设计值	量测	每40～80m² 检测1个点
	2	旱地沉排铺放高程	允许偏差为±0.2m	量测	

5)水下铰链混凝土块沉排铺设施工质量标准见表4-72。

表4-72　　　　　水下铰链混凝土块沉排铺设施工质量标准

项次		检验项目	质量要求	检验方法	检验数量
主控项目	1	铰链混凝土块沉排制作与安装	符合设计要求	观察	全数检查
	2	沉排搭接宽度	不小于设计值	量测	每条搭接缝或每30m搭接缝长检查1个点
一般项目	1	沉排船定位	符合设计和SL 260的要求	观察	全数检查
	2	铺排程序	符合SL 260的要求	检查	

6)旱地或冰上土工织物软体沉排铺设施工质量标准见表4-73。

表4-73　　　　　旱地或冰上土工织物软体沉排铺设施工质量标准

项次		检验项目	质量要求	检验方法	检验数量
主控项目	1	沉排搭接宽度	不小于设计值	量测	每条搭接缝或每30m搭接缝长检查1个点
	2	软体排厚度	允许偏差为±5%设计值	量测	每10～20m² 检测1个点
一般项目	1	旱地沉排铺放高程	允许偏差为±0.2m	量测	每40～80m² 检测1个点
	2	旱地沉排保护层厚度	不小于设计值	量测	

7)水下土工织物软体沉排铺设施工质量标准见表4-74。

表4-74　　　　　　水下土工织物软体沉排铺设施工质量标准

项次		检验项目	质量要求	检验方法	检验数量
主控项目	1	沉排搭接宽度	不小于设计值	量测	每条搭接缝或每条30m搭接缝长检测1个点
	2	软体排厚度	允许偏差为±5%设计值	量测	每 20～40m^2 检测1个点
一般项目	1	沉排般定位	符合设计和 SL 260 的要求	观察	全数检查
	2	铺排程序	符合 SL 260 的要求	观察	

(三)堤身填筑工程

1. 施工监理控制要点

堤身填筑工程施工监理控制要点见表4-75。

表4-75　　　　　　堤身填筑工程施工监理控制要点

序号	项目	内容
1	堤基清理	(1)堤基基面清理范围包括堤身、铺盖、压载的基面,其边界应在设计基面边线外30～50cm。 (2)堤基表层不合格土、杂质等必须清除。堤基范围内的坑、槽、沟等,应按堤身填筑要求进行回填处理。 (3)堤基开挖、清除的弃土、杂物、废渣等,均应运到指定的场地堆放。 (4)基面清理平整后,应及时报验。基面验收后应抓紧施工,若不能立即施工时,应做好基面保护,复工前应再检验,必要时须重新清理
2	土料碾压筑堤	(1)铺料。 1)土料中的杂质应予清除;严禁将砂(砾)料或其他透水料与黏性土料混杂。 2)铺料时,土料或砾质土应采用进占法或后退法卸料,砂砾料应采用后退法卸料。卸料时,如砂砾料或砾质土发生颗粒分离现象,则应将其拌和均匀。 3)土料应铺至设计要求规定的部位。至堤边时,应在设计边线外侧各超填一定余量:人工铺料宜为 10cm,机械铺料宜为 30cm。 (2)压实。 1)施工前应先做碾压试验,验证碾压质量能否达到设计干密度值。 2)已铺土料表面在压实前被晒干时,应洒水润湿。 3)土料碾压应严密,不得有漏压、欠压和过压现象。上下层分段接缝的位置应错开。 4)碾压机械行走方向应平行于堤轴线。拖拉机带碾碾或振动碾压实作业,宜采用进退错距法,碾迹搭压宽度应大于10cm;铲运机兼作压实机械时,轮迹应搭压轮宽的1/3。 5)分段、分片碾压时,相邻作业面的搭接碾压宽度,平行堤轴线方向不应小于 0.5mm;垂直堤轴线方向不应小于 3m。 6)机械碾压不到的部位,应辅以夯具夯实。分段、分片夯压时,夯迹搭压宽度应不小于1/3夯径。 (3)加筋土堤填筑。 1)筋材铺放,基面应平整;筋材规格应符合设计要求;填土前,如发现筋材有破损或裂纹,应及时修补或做更换处理

续表

序号	项　目	内　容
2	土料碾压筑堤	2）筋材铺展方向应垂直堤轴线；长度应符合设计要求，但不得有拼接缝。 3）如筋材必须拼接时，应按不同情况区别对待： ①编织型筋材接头的搭接长度应不小于15cm，并以细尼龙线双道缝合。 ②土工网、土工格栅接头的搭接长度应不小于5cm，土工格栅应至少搭接一个方格。连接处应用尼龙绳绑扎牢固。 4）铺放筋材不允许有褶皱，并尽量用人工拉紧，以U形钉定位于填筑土面上，填土时不得发生移动。 5）筋材上可按规定层厚铺土，但施工机械与筋材间的填土厚度不应小于15cm。 6）加筋堤应逐层填筑，最初二、三层的填筑应符合以下规定： ①极软地基，宜先由堤脚两侧开始填筑，然后逐渐向堤中心扩展，在平面上呈凹字形向前推进。 ②一般地基，宜先从堤中心开始填筑，然后逐渐向两侧堤脚对称扩展，在平面上呈凸字形向前推进。 7）加筋土堤压实时，宜用平碾或气胎碾；但在极软地基上筑加筋堤，开始填筑的二、三层宜用推土机或装载机铺土压实。当填筑层厚度大于0.6m后，方可按常规方法碾压
3	土料吹填筑堤	（1）吹填筑堤应采用无黏性土或少黏性土。培厚老堤背水侧更宜选用此类土。 （2）流塑—软塑态的中、高塑性有机黏土不应用于筑堤。 （3）软塑—可塑态黏粒含量高的壤土和黏土也不宜用于筑堤，但可用于充填堤身两侧池塘洼地，加固堤基。 （4）绞吸式、半轮式挖泥船以黏土团块方式吹填筑堤时，应采用可塑—硬塑态的重粉质壤土和粉质黏土。 （5）筑堰。 1）吹填区筑围堰时，每次筑堰高度不宜超过1.2m（黏土团块吹填时筑堰高度可为2m）。 2）填筑围堰前，应注意清基，以确保围堰填筑质量。 3）根据不同土质，围堰断面可采用下列尺寸：黏性土，顶宽1～2m，内坡1∶1.5，外坡1∶2.0；砂性土，顶宽2m，内坡1∶1.5～1∶2.0，外坡1∶2.0～1∶2.5。 4）筑堰土料可就近取土或在吹填面上取用，但取土坑边缘距堰脚不应小于3mm。 5）在浅水域或有潮汐的江河滩地，可采用水力冲挖机组等设备，向透水的编织布长管袋中充填土（砂）料垒筑围堰，并需及时对围堰表面作防护。 （6）吹填新堤。 1）应先在两堤脚处各做一道纵向围堰，然后根据分仓长度要求做多道横向分隔封闭围堰，构成分仓吹填区。 2）排泥管道应居中布放，采用端进法吹填直至吹填仓末端。 3）每次吹填层厚一般宜为0.3～0.5m（黏土团块吹填允许在1.8m）。 4）每仓吹填完成后应间歇一定时间，待吹填土初步排水固结后才允许继续施工，必要时需铺设内部排水设施。 5）当吹填接近堤顶，吹填面变窄不便施工时，可改用碾压法填筑至堤顶。 （7）排泥管线应平顺，避免死弯。 （8）堤身两侧池塘洼地充填时，排泥管出泥口应相对固定。 （9）堤身两侧填筑加固平台时，出泥口应适时向前延伸或增加出泥支管，不宜相对固定。 （10）每次吹填厚度不得超过1.0m，应分段间歇施工，分层吹填。 （11）挖泥船取土区应设置水尺和挖掘导标

续表

序号	项 目	内 容
4	砌石筑堤	(1)浆砌石砌筑。 1)砌筑前,应在砌体外将石料上的泥垢冲洗干净,砌筑时保持砌石表面湿润。 2)应采用坐浆法分层砌筑,铺浆厚宜为3～5cm,随铺浆随砌后,砌缝需用砂浆填充饱满,不得无浆直接贴靠;砌缝内砂浆应采用扁铁插捣密实,严禁先堆砌石块再用砂浆灌缝。 3)上下层砌石应错缝砌筑;砌体外露面应平整美观,外露面上的砌缝应预留约4cm深的空隙,以备勾缝处理;水平缝宽应不大于2.5cm,竖缝宽应不大于4cm。 4)砌筑因故停顿,砂浆已超过初凝时间,应待砂浆强度达到2.5MPa后才可继续施工;在继续砌筑前,应将原砌体表面的浮渣清除;砌筑时应避免振动下层砌体。 5)勾缝前必须清缝,用水冲净并保持缝槽内湿润,砂浆应分次向缝内填塞密实;勾缝砂浆强度等级应高于砌体砂浆;应按实有砌缝勾平缝,严禁勾假缝、凸缝;砌筑完毕后应保持砌体表面湿润做好养护。 7)砂浆配合比、工作性能等,应按设计强度等级通过试验确定,施工中应在砌筑现场随机制取试件。 (2)干砌石砌筑。 1)不得使用有尖角或薄边的石料砌筑;石料最小边尺寸不宜小于20cm。 2)砌石应垫稳填实,与周边砌石靠紧,严禁架空。 3)严禁出现通缝、叠砌和浮塞;不得在外露面用块石砌筑,而中间以小石填心;不得在砌筑层面以小块石、片石找平;堤顶应以大石块或混凝土预制块压顶。 4)承受大风浪冲击的堤段,宜用粗料石丁扣砌筑。 (3)混凝土预制块镶面砌筑。 1)预制块尺寸及混凝土强度应满足设计要求。 2)砌筑时,应根据设计要求布排丁、顺砌块;砌缝应横平竖直,上下层竖缝错开距离不应小于10cm,丁石的上下方不得有竖缝。 3)砌缝内砂浆应填充饱满,水平缝宽应不大于1.5cm,竖缝宽不得大于2cm
5	抛石筑堤	(1)在陆域软基段或水域筑堤时,应先抛石棱体,再填筑堤身闭气土方。 (2)抛石棱体时,在陆域可仅在临水侧做一道;在水域宜在堤两侧堤脚处各做一道。 (3)抛石棱体定线放样时,应符合以下规定: 1)在陆域软基段或浅水域可插设标杆,间距以50m为宜。 2)在深水域,放样控制点需专设定位船,并通过岸边架设的定位仪指挥船舶抛石。 (4)在陆域软基段或浅水域抛石,可采用自卸车辆以端进法向前延伸立抛。 (5)在软基上的立抛厚度,应不超过地基土的相应极限承载高度。 (6)在深水域抛石,宜用驳船在水上定位分层平抛,每层厚度不宜大于2.5m。 (7)陆域抛石填筑闭气土方时,应从紧靠抛石棱体的背水侧开始,逐渐向堤身扩展;闭气土方有填筑密实度要求者,应符合其规定。 (8)水域抛石筑堤时,应用吹填法填筑两抛石棱体之间的闭气土体。吹填土层露出水面且表层初步固结后,应先用可塑性大的土料碾压填筑一厚度约为1m的过渡层,然后填筑

2. 施工质量监理验收

(1)堤基清理。

1)堤基清理宜沿堤轴线方向将施工段长100～500m划分为一个单元工程。

2)堤基清理单元工程宜分为基面清理和基面平整压实两个工序,其中基面平整压实工序为主要工序。

3)堤基内坑、槽、沟、穴等的回填土料土质及压实指标应符合设计和下述"(2)3)"的要求。

4)基面清理施工质量标准见表 4-76。

表 4-76　　　　　　　　　　基面清理施工质量标准

项次		检验项目	质量要求	检验方法	检验数量
主控项目	1	表层清理	堤基表层的淤泥、腐殖土、泥炭土、草皮、树根、建筑垃圾等应清理干净	观察	全面检查
	2	堤基内坑、槽、沟、穴等处理	按设计要求清理后回填、压实,并符合下述"(2)7)"的要求	土工试验	每处、每层、每层超过 400m² 时每 400m² 取样 1 个
	3	结合部处理	清除结合部表面杂物,并将结合部挖成台阶状	观察	全面检查
一般项目	1	清理范围	基面清理包括堤身、戗台、铺盖、盖重、堤岸防护工程的基面,其边界应在设计边线外 0.3~0.5m。老堤加高培厚的清理还应包括堤坡及堤顶等	量测	按施工段堤轴线长 20~50m 量测 1 次

5)基面平整压实施工质量标准见表 4-77。

表 4-77　　　　　　　　　　基面平整压实施工质量标准

项目	检验项目	质量要求	检验方法	检验数量
主控项目	堤基表面压实	堤基清理后应按堤身填筑要求,无松土、无弹簧土等,并符合下述"(2)7)"的要求	土工试验	每 400~800m² 取样 1 个
一般项目	基面平整	基面应无明显凹凸	观察	全面检查

(2)土料碾压筑堤。

1)土料碾压筑堤单元工程宜按施工的层、段来划分。新堤填筑宜按堤轴线施工段长 100~500m 划分为一个单元工程;老堤加高培厚宜按填筑工程量 500~2000m³ 划分为一个单元工程。

2)土料碾压筑堤单元工程宜分为土料摊铺和土料碾压两个工序,其中土料碾压工序为主要工序。

3)土料碾压筑堤单元工程施工前,应在料场采集代表性土样复核上堤土料的土质,确定压实控制指标,并应复核下列规定:

①上堤土料的颗粒组成、液限、塑限和塑性指数等指标应符合设计要求。

②上堤土料为黏性土或少黏性土的,应通过轻型击实试验,确定其最大干密度和最优含水率。

③上堤土料为无黏性土的,应通过相对密度试验,确定其最大干密度和最小干密度。

④当上堤土料的土质发生变化或填筑量达到 3 万 m^3 及以上时,应重新进行上述试验,并及时调整相应控制指标。

4)铺土厚度、压实遍数、含水率等压实参数宜通过碾压试验确定。

5)土料摊铺施工质量标准见表 4-78。

表 4-78　　　　　　　　　土料摊铺施工质量标准

项	次	检验项目	质量要求	检验方法	检验数量
主控项目	1	土块直径	符合表 4-79 的要求	观察、量测	全数检查
主控项目	2	铺土厚度	符合碾压试验或表 4-79 的要求;允许偏差为-5.0~0cm	量测	按作业面积每 100~200m^2 检测 1 个点
一般项目	1	作业面分段长度	人工作业不小于 50m;机械作业不小于 100m	量测	全数检查
一般项目	2	铺筑边线超宽值	人工铺料大于 10cm;机械铺料大于 30cm	量测	按堤轴线方向每 20~50m 检测 1 个点
一般项目	2	铺筑边线超宽值	防渗体:0~10cm	量测	按堤轴线方向每 20~30m 或按填筑面积每 100~400m^2 检测 1 个点
一般项目	2	铺筑边线超宽值	包边盖顶:0~10cm	量测	按堤轴线方向每 20~30m 或按填筑面积每 100~400m^2 检测 1 个点

表 4-79　　　　　　铺料厚度和土块限制直径表　　　　　　　　　cm

压实功能类型	压实机具种类	铺料厚度	土块限制直径
轻型	人工夯、机械夯	15~20	≤5
轻型	5~10t 平碾	20~25	≤8
中型	12~15 平碾、斗容 2.5m^2 铲运机、5~8t 振动碾	25~30	≤10
重型	斗容大于 7m^3 铲运机、10~16t 振动碾、加载气胎碾	30~50	≤15

6)土料碾压施工质量标准见表 4-80。

表 4-80　　　　　　　　　土料碾压施工质量标准

项	次	检验项目	质量要求	检验方法	检验数量
主控项目	1	压实度或相对密度	符合设计要求和下述"7)"的规定	土工试验	每填筑 100~200m^3 取样 1 个,堤防加固按堤轴线方向每 20~50m 取样 1 个
一般项目	1	搭接碾压宽度	平行堤轴线方向不小于 0.5m;垂直堤轴线方向不小于 1.5m	观察、量测	全数检查
一般项目	2	碾压作业程序	应符合 SL 260 的规定	检查	每台班 2~3 次

7) 土料碾压筑堤的压实质量控制指标应符合下列规定：

① 上堤土料为黏性土或少黏性土时应以压实度来控制压实质量；上堤土料为无黏性土时应以相对密度来控制压实质量。

② 堤坡与堤顶填筑（包边盖顶），应按表 4-81 中老堤加高培厚的要求控制压实质量。

③ 不合格样的压实度或相对密度不应低于设计值的 96%，且不合格样不应集中分布。

④ 合格工序的压实度或相对密度等压实指标合格率应符合表 4-81 的规定；优良工序的压实指标合格率应超过表 4-81 规定数值的 5 个百分点或以上。

表 4-81　　　　　　土料填筑压实度或相对密度合格标准

序号	上堤土料	堤防级别	压实度/(%)	相对密度	压实度或相对密度合格率/(%)		
					新筑堤	老堤加高培厚	防渗体
1	黏性土	1 级	≥94	—	≥85	≥85	≥90
		2 级和高度超过 6m 的 3 级堤防	≥92	—	≥85	≥85	≥90
		3 级以下及低于 6m 的 3 级堤防	≥90	—	≥80	≥80	≥85
2	少黏性土	1 级	≥94	—	≥90	≥85	—
		2 级和高度超过 5m 的 3 级堤防	≥92	—	≥90	≥85	—
		3 级以下及低于 6m 的 3 级堤防	≥90	—	≥85	≥80	—
3	无黏性土	1 级	—	≥0.65	≥85	≥85	—
		2 级和高度超过 6m 的 3 级堤防	—	≥0.65	≥85	≥85	—
		3 级以下及低于 6m 的 3 级堤防	—	≥0.60	≥80	≥80	—

(3) 土料吹填筑堤。

1) 土料吹填筑堤宜按一个吹填围堰区段（仓）或按堤轴线施工段长 100～500m 划分为一个单元工程。

2) 土料吹填筑堤单元工程宜分为围堰修筑和土料吹填两个工序，其中以土料吹填工序为主要工序。

3) 土料吹填筑堤单元工程施工前，应采集代表性土样复核围堰土质、确定压实控制指标以及吹填土料的土质，并符合上述"(2)3)"的规定。

4) 围堰修筑施工质量标准见表 4-82。

表 4-82　　　　　　围堰修筑施工质量标准

项次		检验项目	质量要求	检验方法	检验数量
主控项目	1	铺土厚度	符合表 4-79 的要求；允许偏差为 −5.0～0cm	量测	按作业面积每 100～200m² 检测 1 点
	2	围堰压实	符合设计要求和上述"(2)7)"中老堤加高培厚合格率要求	土工试验	按堰长每 20～50m 量测 1 个点

续表

项次		检验项目	质量要求	检验方法	检验数量
一般项目	1	铺填边线超宽值	人工铺料大于10cm；机械铺料大于30cm	量测	按堰长每50～100m量测1断面
	2	围堰取土坑距堰、堤脚距离	不小于3m	量测	按堰长每50～100m量测1个点

5) 土料吹填施工质量标准见表 4-83。

表 4-83 土料吹填施工质量标准

项次		检验项目	质量要求	检验方法	检验数量
主控项目	1	吹填干密度[a]	符合设计要求	土工试验	每200～400m² 取样1个
	2	吹填高程	允许偏差为0～+0.3m	量测	按堤轴线方向每50～100m测断面，每断面10～20m测1个点
一般项目	1	输泥管出口位置	合理安放、适时调整，吹填区沿程沉积的泥沙颗粒无显著差异	观察	全面检查

a 除吹填筑新堤外，可不作要求。

七、地下洞室工程

(一)地下开挖工程

1. 施工监理控制要点

地下开挖工程施工监理控制要点见表 4-84。

表 4-84 地下开挖工程施工监理控制要点

序号	项目	内容
1	洞口开挖	(1) 洞口开挖前，应分析洞口岩体稳定性，确定开挖方法、支护措施和洞口边坡加固方案。 (2) 洞口削坡应自上而下分层进行。 (3) 洞脸开挖前应对开挖范围外影响安全的危石进行处理，设置排水设施，必要时可在洞脸上方设置柔性防护网或加设挡石栏栅。随坡面的下挖，做好坡面和洞脸加固。 (4) 应减少对洞口周围岩体的扰动，洞脸宜采用喷、锚等工程措施加固。 (5) 应根据设计断面先锁好洞口，锁口方法根据洞口围岩类别，可采用锚、喷、预灌浆、格栅拱架或工字钢拱架加锚、喷。 (6) 在Ⅳ、Ⅴ类围岩中，开挖前宜进行管棚预支护。洞口上方为高陡边坡区时，宜在洞口外一定范围内浇筑明洞。洞口开挖宜在雨季前完成。在交通要道开洞口时，应做好安全防护专项设计。 (7) 隧洞进、出口应满足防洪度汛要求，并按相应防洪标准采取工程措施

续表

序号	项目	内容
2	平洞开挖	(1)平洞开挖方法应根据围岩类别、工程规模、工期要求、支护参数、施工条件、出渣方式等确定。中、小断面洞室，宜采用全断面开挖；大断面、特大断面洞室宜采用分层、分区开挖。 (2)分层分区开挖的洞室。应根据地质情况进行适时支护。 (3)下列情况可采用预先贯通导洞法施工： 1)地质条件复杂，需进一步查清。 2)为解决排水或降低地下水位。 3)改善通风和优化交通。 (4)循环进尺应根据围岩情况、断面大小和支护能力、监测结果等条件进行控制，在Ⅳ类围岩中宜控制在 2m 以内，在Ⅴ类围岩中宜控制在 1m 以内
3	竖井与斜井开挖	(1)竖井与斜井开挖方法可根据其断面尺寸、深度、倾角、围岩特性、工期要求、施工设备、地形条件、交通条件和施工技术水平等因素选择。 (2)竖井、斜井采用自上而下全断面开挖时，应遵守下列规定： 1)应做好锁口，确保井口稳定，井口要有防护措施。锁口井圈应采用混凝土结构，并高出井口地面 0.3m 以上。露天竖井、斜井锁口圈高度应考虑防洪要求，且应预留 3～5m 宽的井台，边坡与井台交接处设排水沟。埋藏式竖井、斜井应根据围岩条件，做好支护，必要时应先衬好顶拱。 2)提升设备应有专项设计。 3)人员上下：竖井深超过 15m 时，宜采用"之"字形楼梯。井深超过 30m 时，宜加设提升设备。 4)涌水和淋水地段，应有防水、排水措施。 5)应随开挖深度下降而跟进支护。支护参数根据不同围岩确定。井壁有不利的节理裂隙组合时，应增加随机支护。 6)Ⅳ、Ⅴ类围岩地段，应制定专项施工措施，应开挖一段支护或衬砌一段，也可采用预灌浆法加固围岩后再开挖。 (3)在Ⅰ、Ⅱ、Ⅲ类围岩中采用导井法开挖斜井、竖井时，导井断面宜为 4～5m²，若形成的导井不足 2m²，可先二次扩挖导井。 (4)在Ⅳ类围岩中进行反导井开挖前，宜进行预灌浆加固导井周边围岩。 (5)在Ⅳ、Ⅴ类围岩中，宜采用正井法全断面一次开挖到位，并必须紧跟支护成型。 (6)倾角小于 45°的斜井不具备自然溜渣条件时，宜采用自上而下全断面开挖。采用自下而上开挖时，宜配置扒渣、溜渣设施
4	特大断面洞室开挖	(1)特大断面洞室的开挖方法，根据断面尺寸、工程地质条件、施工技术条件、工程安全、进度要求等因素，通过技术经济比较后选定。 (2)根据地下洞室的不同结构型式，开挖施工遵循"平面多工序、立体多层次、分层开挖、逐层支护"的原则，宜采用自上而下分层分区开挖方法，分层高度、分区方法可结合设计断面、围岩条件、支护参数、施工机械性能及运输通道条件综合考虑。 (3)Ⅳ、Ⅴ类围岩可采用先墙后拱法开挖和衬砌，边导洞的布置根据工程条件和围岩稳定情况确定。 (4)洞室断面设有拱座，采用先拱后墙法施工时，应注意保护和加固拱座岩体。拱座下部岩体开挖时，应遵守下列规定

续表

序号	项目	内容
4	特大断面洞室开挖	1）拱脚下部开挖面至拱脚线的最低点距离，不宜小于1.5m。 2）拱脚及相邻处的边墙开挖，应有专项措施。 3）顶拱混凝土强度应达到设计强度的75%以上后，方可开挖拱座以下岩体。 (5)与特大断面洞室交叉的洞口，宜采用先洞后墙法，并进行加强支护。如采用先墙后洞法施工，应先做好洞脸支护和锁口，并按洞口开挖原则进行。 (6)相邻两洞室之间的岩墙或岩柱，应根据地质情况确定支护措施。相邻洞室的开挖程序，宜采取间隔开挖，及时支护。相邻洞室开挖时，前后开挖作业面应错开30m以上，并在先开挖的洞室完成初期支护后再开挖相邻洞室
5	施工支洞布置	(1)支洞的设置，应根据地下建筑物的布置、工程量、总进度、地形、地质、施工方法等因素确定，并遵守下列规定： 1）长洞室施工支洞的间距宜在3km以内，且各支洞承担的工程量大体平衡。 2）竖井与斜井的施工支洞，高差宜在200m以内。 3）应遵循永久和临时相结合的原则，并考虑地质条件选取短线。 4）考虑对水道的水力梯度及与帷幕线的影响。 5）有利于施工排水和通风。洞口高程应满足相应的防洪标准，并采取措施防止外水内灌。 6）采用无轨运输时坡度不宜大于9%，采用有轨运输时坡度不宜大于2.5%。 7）减少对耕地、林地的占用，利于环境保护。 (2)支洞断面尺寸应满足大件运输、各种管线布置及人行安全的要求。采用单车道时，每150～200m宜设一个错车道。 (3)支洞洞线宜与主洞正交，交叉口应满足大件运输要求。 (4)因受地形限制，需采用竖井或斜井作施工支洞时，应遵守下列规定： 1）斜井洞轴线不宜变坡与转弯，下水平段长度不宜小于20m。 2）竖井宜设在洞室的一侧，与洞室的净距离宜为15～20m。 3）斜井或竖井井底，应设回车场及集水井。 4）斜井的一侧应设置宽度不小于0.7m的人行道。竖井内应设牢固、安全的爬梯

2. 施工质量监理验收

(1)按横断面或纵断面进行检查，检测间距不大于5m；每个单元不少于2个检查断面，总检测点数不少于20个，局部突出或凹陷部位（面积在$0.5m^2$以上）应增设检测点。

(2)岩石地下开挖工程质量检查项目、质量标准及检测方法见表4-85。

(3)岩石地下开挖工程质量等级评定标准如下：

合格：主控项目符合质量标准；一般项目不少于70%的检查点符合质量标准。

优良：主控项目符合质量标准；一般项目不少于90%的检查点符合质量标准。

表4-85 岩石地下开挖工程质量检查项目、质量标准及检测方法

项目	检查项目	质量标准	检测方法
主控项目	开挖岩面或壁面	无松动岩块、陡坎、尖角	测量仪器、查看施工记录
	不良地质处理	符合设计要求	
	洞、井轴线	符合设计要求	

第四章 水利水电工程监理质量控制

续表

项 目		检查项目	质量标准	检测方法
一般项目	无结构要求或无配筋预埋件等	平洞（径向、侧墙）	−10cm，+20cm	测量仪器、查看施工记录
		竖井（径向、侧墙）	−10cm，+25cm	
		底部标高	−10cm，+20cm	
		开挖面不平整度	15cm	用2m直尺检查
	有结构要求或有配筋预埋件等	平洞（径向、侧墙）	0，+20cm	测量仪器、查看施工记录
		竖井（径向、侧墙）	0，+25cm	
		底部标高	0，+20cm	
		开挖面不平整度	15cm	用2m直尺检查
	半孔率	节理裂隙不发育的岩体	>80%	观察检查
		节理裂隙发育的岩体	>50%	
		节理裂隙极发育的岩体	>20%	
	声波检测（需要时采用）		声波降低率小于10%，或达到设计要求声波值以上	仪器检测

注：1. "−"为欠挖，"+"为超挖。本表所列的超欠挖的质量标准是指不良地质原因以外的部位。
2. 表中所列允许偏差值是指局部欠挖的突出部位（面积不大于 $0.5m^2$）的平均值和局部超挖的凹陷部位（面积不大于 $0.5m^2$）的平均值（地质原因除外）。
3. 斜井、洞室超欠挖质量标准参照竖井允许偏差执行。

（4）岩石地下平洞开挖单元工程质量等级评定表参见表 4-86。
（5）岩石竖井（斜井）开挖单元工程质量等级评定表参见表 4-87。

表 4-86　　岩石地下平洞开挖单元工程质量等级评定表

单位工程名称			单元工程量			
分部工程名称			起止桩号（高程）			
单元工程名称、部位			检验日期		年 月 日	
项目	检查项目		质量标准		检验记录	
主控项目	开挖岩面或壁面		无松动岩块、陡坎尖角，周边无不稳定块体			
	不良地质处理		符合设计要求			
	洞轴线		符合规范要求			
一般项目	检测项目	设计值	允许偏差/cm	实测值	合格数点	合格率/(%)
	无结构要求或无配筋预埋件等	底部标高		−10，+20		
		径向		−10，+20		
		侧墙		−10，+20		
		开挖面不平整度		15		

续表

项目	检查项目	质量标准		检验记录
一般项目	有结构要求或有配筋预埋件等	底部标高	0,+20	
		径向	0,+20	
		侧墙	0,+20	
		开挖面不平整度	15	
	半孔率%	岩性特征		实测值
	声波检测(需要时采用)	声波降低率小于10%,或达到设计要求声波值以上		
检测结果	主控项目			
	一般项目	共检测　　点,其中合格　　点,合格率　　%		
单元工程等级评定	施工单位	年　月　日		单元工程质量等级
	监理单位	年　月　日		单元工程质量等级

注:"+"为超挖,"-"为欠挖。

表 4-87　岩石竖井(斜井)开挖单元工程质量等级评定表

单位工程名称				单元工程量			
分部工程名称				起止桩号(高程)			
单元工程名称、部位				检验日期		年　月　日	
项目	检查项目		质量标准		检验记录		
主控项目	开挖岩面或壁面		无松动岩块、陡坎尖角,周边无不稳定块体				
	不良地质处理		符合设计要求				
	竖井轴线		符合规范要求				
一般项目	检测项目		设计值	允许偏差/cm	实测值	合格数点	合格率/(%)
	无结构要求或无配筋预埋件等	底部标高		-10,+20			
		径向		-10,+25			
		侧墙		-10,+25			
		开挖面不平整度		15			
	有结构要求或有配筋预埋件等	底部标高		0,+20			
		径向		0,+25			
		侧墙		0,+25			
		开挖面不平整度		15			
	半孔率%	岩性特征			实测值		
	声波检测(需要时采用)	声波降低率小于10%,或达到设计要求声波值以上					

第四章 水利水电工程监理质量控制

续表

检测结果	主控项目		
	一般项目	共检测　　点,其中合格　　点,合格率　　%	
单元工程等级评定	施工单位		单元工程质量等级
		年　月　日	
	监理单位		单元工程质量等级
		年　月　日	

注："+"为超挖,"−"为欠挖。

(二)钻孔爆破

1. 施工监理控制要点

钻孔爆破施工监理控制要点见表4-88。

表4-88　　　　　　钻孔爆破施工监理控制要点

序号	项目	内容
1	爆破作业	(1)钻孔爆破作业,应按照爆破设计图进行。 (2)地下工程开挖,钻孔直径宜小于110mm。 (3)钻孔质量应符合下列要求: 1)钻孔孔位应由测量精确定位。 2)周边孔在断面轮廓线上开孔,周边孔和掏槽孔的孔位偏差不大于5cm,其他炮孔孔位偏差不大于10cm。 3)炮孔孔径、孔深、孔斜应满足爆破设计要求。 4)炮孔经检验合格后,方可装药爆破。 (4)引爆方法可按下列情况确定: 1)在杂散电流较大或用吊罐法、爬罐法施工时,应采用塑料导爆管非电雷管。 2)预裂或光面爆破宜采用导爆索引爆
2	特大断面	特大断面洞室的中、下部开挖,采用台阶开挖爆破时,应满足下列要求: (1)宜采用非电毫秒雷管分段起爆。 (2)台阶高度应由围岩稳定性及最佳爆破效率确定。 (3)爆破石渣的块度和爆堆,应适合装渣机械作业
3	爆破安全	(1)爆破作业应由取得相关特种作业许可证的专业人员按爆破设计进行操作。 (2)爆破器材的运输、储存、加工、现场装药、起爆及瞎炮处理,应遵守《爆破安全规程》(GB 6722)的有关规定。 (3)爆破器材应符合施工使用条件和国家规定的技术标准。每批爆破器材使用前,应进行有关的性能检验。 (4)进行爆破时,人员应撤至飞石、有害气体和冲击波的影响范围之外,且无落石威胁的安全地点。单向开挖洞室,安全地点至爆破工作面的距离,应不小于200m

序号	项目	内容
3	爆破安全	(5)相向开挖的两个工作面相距30m,或小断面洞室为5倍洞径距离放炮时,双方人员均应撤离工作面,相距15m时应停止一方工作,单向贯通。 (6)爆破前应将施工机具撤离至距爆破工作面不小于100m的安全地点。对难以撤离的施工机具、设备,应加以妥善保护。 (7)开挖与衬砌面平行作业时的距离,应根据围岩特性、混凝土强度的允许质点振动速度及开挖作业需要的工作空间确定。因地质原因需要混凝土衬砌紧跟开挖面时,按混凝土龄期强度的允许质点振动速度确定最大单段装药量。 (8)采用电力引爆方法,装药时距工作面30m以内应断开电流,可在30m外用投光灯照明

2. 施工质量监理验收

光面爆破和预裂爆破的效果,用下列标准检验:

(1)残留炮孔痕迹应在开挖轮廓面上均匀分布,半孔率为:完整岩石85%以上;较完整和完整性差的岩石不小于60%;较破碎和破碎岩石不小于20%。

(2)相邻两孔间的岩面平整,孔壁不应有明显的爆震裂隙。

(3)相邻两茬炮之间的台阶或钻孔的最大偏斜值,应小于20cm。

(4)预裂爆破后应形成贯穿性连续裂缝。

(三)支护工程

1. 施工监理控制要点

支护工程施工监理控制要点见表4-89。

表4-89　　　　　　　　　　支护工程施工监理控制要点

序号	项目	内容
1	锚喷支护	(1)洞室开挖后,应根据围岩类别,适时进行锚喷支护,限制围岩变形,以发挥围岩的自承能力。对于Ⅳ、Ⅴ类围岩,应进行加强支护。 (2)应保证围岩、喷层和锚杆之间有良好的黏结和锚固,使锚喷支护与围岩形成共同受力体。 (3)根据围岩类别确定施工程序、掘进进尺、支护顺序与支护时机。 (4)对易风化、易崩解和具膨胀性的软岩,开挖后应及时封闭岩体,并采取防水、排水措施。 (5)需要特别加固部位的锚杆,宜采用预应力锚杆。成孔困难时,宜采用自进式锚杆或中空注浆锚杆。 (6)喷混凝土应优先采用湿喷法和无碱速凝剂。钢纤维和合成纤维喷混凝土有其独特的工作特性,宜推广应用
2	钢构架支撑	(1)钢构架支撑有格栅构架和型钢构架两类,架设时应符合下列条件: 1)支撑架应有足够刚度,接头牢固可靠,相邻钢构架之间应连接牢靠。 2)每排支撑应保持在同一平面上,支撑构件各节点与围岩之间应楔紧。 3)支撑柱基应放在平整的岩面上,柱基较软时应设垫梁或封闭底梁,在斜井中架设支撑时,应挖出柱脚平台或加设垫梁。 4)应采取措施保证支撑构件与围岩结合紧密。 5)支撑应定期检查,发现杆件破裂、倾斜、扭曲、变形等情况应立即加固。 6)钢构架背面应采用不易降解的材料充填

第四章 水利水电工程监理质量控制

续表

序号	项目	内容
2	钢构架支撑	(2)斜井支撑还须遵守下列规定： 1)应加设纵梁或斜撑防止其下滑。 2)在倾角大于30°的斜井中，支撑杆件连接应使用夹板；倾角大于45°时，支撑应采用框架结构。 3)当斜井倾角大于底板岩层的稳定坡角时，底板应加设底梁。 4)柱腿与基岩应结合牢固。 5)钢构架背面不允许垫衬木料、塑胶等可腐蚀与易老化的材料。 (3)采用构架支撑时，要预留变形量

2. 施工质量监理验收

(1)锚喷支护

1)锚喷支护工程采用抽样的方法进行检查。

2)锚杆检查：每一个单元工程内锚杆的检测数量为该单元工程内锚杆总数的10%~15%，并不少于20根；锚杆总量少于20根时，应进行全数检查。注浆锚杆抗拔力(或无损检测)检测数量为每300~400根(或按设计要求)抽样不少于1组(每组3根)。

3)喷混凝土检查：每200m^2(隧洞一般为20m洞长)设置一个检查断面，检测点数不少于5个。对喷混凝土性能的检查，每100m^3喷混凝土混合料或混合料小于100m^3的独立工程，试件数不少于1组(每组3块)，材料或配合比变更时，应另做一组。

4)锚杆质量检查项目、质量标准及检测方法见表4-90。

表4-90　　　　　锚杆质量检查项目、质量标准及检测方法

项目	检查项目	质量标准	检测方法
主控项目	锚杆及胶结材料性能	符合设计要求	取样试验、查看资料
	锚孔清理	无岩粉、积水	查看施工记录、测杆测量
	锚孔孔深	符合设计要求	钢尺、测杆测量
	注浆锚杆抗拔力(或无损检测)	符合设计要求	现场抽查试验、查看资料
一般项目	孔位偏差	≤10cm	钢尺、测杆测量
	钻孔方向	垂直锚固面或符合设计要求	钢尺、经纬仪测量
	孔径	符合设计要求	钢尺测量
	锚杆长度	符合设计要求	钢尺测量
	注浆	符合设计要求	现场检查

5)喷射混凝土质量检查项目、质量标准及检测方法见表4-91。

表4-91　　　　　喷射混凝土质量检查项目、质量标准及检测方法

项目	检查项目	质量标准	检测方法
主控项目	喷混凝土性能	符合设计要求	取样试验、查看资料
	喷层均匀性	无夹层、包砂或个别处有夹层、包砂	目测检查
	喷层密实性	符合设计要求	目测检查
	挂网直径与网格尺寸	符合设计要求	钢尺测量

续表

项目	检查项目		质量标准	检测方法
一般项目	喷射厚度	过水隧洞	不得小于设计厚度的70%	针探,钻孔,查看标记和施工记录
		非过水隧洞	不得小于设计厚度的60%	
	岩面清理		符合设计要求	目测检查
	喷层表面整体性		无裂缝或个别处有裂缝	目测检查
	喷层养护		符合设计要求	目测检查,查看施工记录
	挂网与坡面距离		符合设计要求	钢尺测量

6)质量等级评定。

合格:主控项目符合质量标准;一般项目不少于70%的检查点符合质量标准。

优良:主控项目符合质量标准;一般项目不少于90%的检查点符合质量标准。

(2)预应力锚固

1)每根锚索(锚杆)逐项检查。其中钻孔、编索、内锚段注浆、封孔注浆、张拉、锚墩施工等应当进行专项检查和质量评定。

2)预应力锚固工程的质量检查项目、质量标准及检测方法见表4-92。

表4-92　　　　预应力锚固工程质量检查项目、质量标准及检测方法

项目	检查项目		质量标准	检测方法
主控项目	钻孔	孔深	不小于设计孔深且不大于设计孔深40cm	钢尺、测杆测量
		孔向	符合设计要求	测斜仪等
	锚索制作安装	材质检验	符合设计要求	抽样试验
		编索	符合设计要求	现场检查
	注浆	浆液性能	符合设计要求	现场检查,室内试验
		内锚段注浆	符合设计要求	现场检查,查看资料
	张拉	张拉及锁定荷载	符合设计要求	现场检查,查看资料
		钢绞线或索体伸长值	符合设计要求	现场检查,查看资料
	各项施工记录		齐全、准确、清晰	查看资料
一般项目	钻孔	锚孔孔位偏差	≤10cm	钢尺、经纬仪测量
		锚孔孔径	终孔孔径不小于设计孔径10mm	钢尺测量
		锚孔清理	符合设计要求	查看施工记录,测杆测量
	锚索制作安装	存放与运输	符合设计要求	现场检查
		索体安装	符合设计要求	现场检查,查看资料
	注浆	封孔注浆	符合设计要求	现场检查,查看资料
	锚墩及封锚	混凝土性能	符合设计要求	现场取样试验
		基面清理	符合设计要求	现场检查
		结构与体形	符合设计要求	现场检查,查看资料
		防护措施	符合设计要求	现场检查

3)质量评定标准。

合格:主控项目符合质量标准;一般项目不少于70%的检查点符合质量标准。

优良:主控项目和一般项目全部符合质量标准。

八、混凝土防渗墙工程

1. 施工监理控制要点

混凝土防渗墙工程施工监理控制要点见表4-93。

表 4-93 混凝土防渗墙工程施工监理控制要点

序号	项目	内容
1	钻孔	(1)孔口应高出地下水位2.0m,应能顺畅地排除废浆、废水和废渣。 (2)采用钻劈法造槽孔时,开孔钻头的直径必须大于终孔钻头直径;磨损后应及时补焊。 (3)造孔中,孔内泥浆面应保持在导墙顶面以下30~50cm。 (4)槽孔孔壁应平整垂直,不得有梅花孔、小墙等。孔位允许偏差不得大于3cm,孔斜率不得大于0.4%。 (5)漏失地层应采取预防措施,如发现有泥浆漏失,应立即堵漏和补浆。 (6)造孔结束后,应对孔质量进行全面检查。经检查合格,方可进行清孔换浆。 (7)清孔后,孔底淤积厚度不得大于10cm。清孔合格后,应在4h内开浇混凝土
2	混凝土浇筑	(1)泥浆下浇筑混凝土应采用直升导管法,导管内径以200~250mm为宜。 (2)混凝土的拌和、运输应保证浇筑能连续进行。运至孔口的混凝土应具有良好的和易性。 (3)导管的连接和密封必须可靠。导管底口距槽底应控制在15~25cm范围内。 (4)导管埋入混凝土的深度不得小于1m,也不宜大于6m。槽孔内使用两套以上导管时,间距不得大于3.5m。 (5)开浇前,导管内应置入可浮起的隔离塞球。开浇时,应先注入水泥砂浆,随即浇入足够的混凝土,挤出塞球并埋住导管底端。 (6)混凝土面应均匀上升,其上升速度不应小于2m/h;各处高差应控制在0.5m以内,在有钢筋笼和埋设件时尤应注意。 (7)槽孔口应设置盖板,避免混凝土散落槽孔内,不符合质量要求的混凝土严禁浇入槽孔内。 (8)混凝土终浇顶面宜高于设计高程50cm
3	钢筋笼下设	(1)钢筋笼的外形尺寸应符合设计要求,其保护层的厚度应不小于80mm。 (2)在钢筋笼中,加强筋与筋箍不得在同一水平面上,垂直钢筋净间距应不小于混凝土粗骨料直径的4倍。制作时,应尽量减少水平配置的钢筋,其中心距宜大于150mm。 (3)混凝土导管接头外缘至最近处钢筋的间距应大于100mm。 (4)钢筋笼下设起吊应选择合适起吊点。钢筋笼较长时,应采用两点法起吊。 (5)存放和吊运钢筋笼时,应在钢筋笼上安装定位垫块,以保证保护层的厚度。在吊运和存放过程中,还应采取措施保证钢筋笼不得扭曲变形。 (6)分节制作的钢筋笼应保证上、下节连接后的垂直度。 (7)下设钢筋笼时,应对准槽段中轴线,吊直扶稳,缓慢下沉,如遇阻碍,不可强行下沉。 (8)下设后,钢筋笼下端距槽底不应超过20cm;同时,应防止混凝土浇筑时钢筋笼上浮。 (9)钢筋笼入槽后,应对其进行检查;定位标高允许偏差为±50mm;垂直墙轴线方向为±20mm;沿墙轴线方向为±75mm

续表

序号	项目	内 容
4	预埋管或管模	(1)预埋管或预留孔孔位应布置在相邻混凝土导管间的中心位置或槽孔端头。 (2)预埋管或预留孔所使用的拔管管模应有足够的强度和刚度。 (3)管接头应牢固。下设前,应先在地面上试组装,其弯曲度应小于1‰。 (4)预埋管底部和上端应予以固定。 (5)混凝土开浇后,应适时将管模插入混凝土内,固定下端。此外,须保护好预埋管和预留孔,防止异物坠入
5	泥浆固化	(1)固化材料加入槽内前,应将孔内泥浆搅拌均匀;水泥宜搅拌成水泥砂浆加入,水泥砂浆的密度不宜小于$1.8g/cm^3$。 (2)采用原位搅拌法时,空压机的额定压力不小于孔内最大浆柱压力的1.5倍;每根风管均应下到槽底,风管底部应安装水平出风花管。 (3)原位搅拌结束前,应从槽内2~4个不同部位取样装模,成型试件。 (4)槽孔内混合浆液固化后,应用湿土覆盖墙顶
6	墙段连接	(1)在条件许可时,应尽量减少墙段连接缝。 (2)采用接头管(板)法连接墙段时,接头管(板)应能承受最大的混凝土压力和起拔力。 (3)管(板)表面应平整光滑,其节间连接方式应简便、可靠、易操作。 (4)浇筑过程中应经常活动接头管(板);开始拔管的时间应通过试验确定。 (5)用于防渗墙槽段(或圆桩)连接的双反弧桩柱,其弧顶间距应为墙厚的1.1~1.5倍。 (6)钻完桩孔后应将一期槽(或圆桩)混凝土上所附泥皮及地层残留物全部清除。清除结束标准是作业后孔底淤积不再增加

2. 施工质量监理验收

(1)造孔质量检查应逐孔进行,孔斜检查在垂直方向的测点间距不得大于5m。

(2)清孔质量检查:孔底淤积厚度检查每个单孔位置;泥浆性能指标至少检查2个单孔位置。

(3)其他检查项目按有关标准逐项检查。对于重要工程或经资料分析认为有必要对混凝土墙体进行钻孔取芯及注(压)水试验检查时,其检测数量由设计、监理和施工单位商定。

(4)混凝土防渗墙工程质量检查项目、质量标准及检测方法见表4-94。

表4-94　　　　　混凝土防渗墙工程质量检查项目、质量标准及检测方法

项目	检查项目		质量标准	检测方法
主控项目	造孔	槽孔孔深	不得小于设计孔深	钢尺或测绳量测
		孔斜率	符合设计要求	重锤法或测井仪法量测
	清孔	接头刷洗	刷子钻头上不带泥屑,孔底淤积不再增加	观察、钢尺或测绳量测
		孔底淤积	≤10cm	钢尺或测绳量测
	混凝土浇筑	导管埋深	≥1m	钢尺或测绳量测
		混凝土上升速度	≥2m/h,或符合设计要求	测绳量测、计算
		施工记录、图表	齐全、准确、清晰	查看资料

续表

项目	检查项目		质量标准	检测方法
一般项目	造孔	孔位中心偏差	≤3cm	钢尺测量
		槽孔宽度	符合设计要求(包括接头搭接厚度)	钻具量测或测井仪量测,需要时可作图计算
	清孔	孔内泥浆密度 黏土泥浆	≤1.3g/cm³	比重秤量测
		孔内泥浆密度 膨润土泥浆	≤1.15g/cm³	比重秤量测
		孔内泥浆黏度 黏土泥浆	≤30s	500mL/700mL漏斗计量
		孔内泥浆黏度 膨润土泥浆	32~50s	马氏漏斗计量
		孔内泥浆含砂量 黏土泥浆	≤10%	含砂量测定仪量测
		孔内泥浆含砂量 膨润土泥浆	≤6%	含砂量测定仪量测
	钢筋笼下设	钢筋笼安放、预埋件安装、仪器埋设	符合设计要求	钢尺量测
	混凝土浇筑	导管布置	符合设计要求	钢尺或测绳量测
		槽内混凝土面高差	≤0.5m	测绳量测、计算
		浇筑最终高度	高于设计要求50cm	钢尺或测绳量测
	混凝土性能	混凝土配合比	符合设计要求	室内试验、计算
		混凝土坍落度	18~22cm	坍落度筒和钢尺量测
		混凝土扩散度	34~40cm	坍落度筒和钢尺量测
		混凝土抗压强度、抗渗等级、弹性模量等	符合设计要求	室内试验、计算

(5)质量评定标准如下:

合格:主控项目符合质量标准;一般项目不少于70%的检查点符合质量标准。

优良:主控项目符合质量标准;一般项目不少于90%的检查点符合质量标准。

如果进行了墙体钻孔检查,则其检查结果应符合设计要求。

九、金属结构制造与安装工程

(一)闸门和埋件制作安装

1. 埋件制作安装施工监理控制要点

(1)高水头弧门采用突扩式门槽时,侧轨上止水座基面的曲率半径允许偏差为±2.0mm,其偏差方向应与门叶面板外弧的曲率半径偏差方向一致。门槽上侧止水板和侧轮导板的中心曲率半径允许偏差为±3.0mm。

(2)当止水板布置在主轨上时,任一横断面的止水板与主轨轨面的距离的允许偏差为±0.5mm,止水板中心至轨面中心的距离的允许偏差为±2.0mm。

(3)当止水板布置在反轨上时,任一横断面的止水板与反轨工作面的距离允许偏差为±2.0mm,止水板中心至反轨工作面中心距离允许偏差为±3.0mm。

(4)护角如兼作侧轨,其与主轨轨面(或反轨工作面)中心距离 a 允许偏差为±3.0mm,其与主轨轨面(或反轨工作面)的垂直度公差应不大于±1.0mm。

(5)底槛和门楣的长度允许偏差为-4.0~0mm；如底槛不是嵌于其他构件之间，则允许偏差为±4.0mm。

胸墙的宽度允许偏差为-4.0~0mm；对角线相对差应不大于4.0mm。

(6)焊接主轨的不锈方钢、止水板与主轨面板组装时应压合，局部间隙应不大于0.5mm，且每段长度不超过100mm，累计长度不超过全长的15%。铸钢主轨支承面(踏面)宽度尺寸允许偏差为±3.0mm。

2. 埋件制作安装质量监理验收

(1)底槛、主轨、副轨、反轨、止水座板、门楣、侧轮导板、侧轨、铰座钢梁和具有止水要求的胸墙及钢衬制造的允许公差，应符合表4-95的规定。

表4-95　　　　　　　　　　具有止水要求的埋件公差　　　　　　　　　　　　mm

序号	项目	公差	
		构件表面未经加工	构件表面经过加工
1	工作面直线度	构件长度的1/1500且不大于3.0	构件长度的1/2000，且不大于1.0
2	侧面直线度	构件长度的1/1000且不大于4.0	构件长度的1/2000，且不大于2.0
3	工作面局部平面度	每米范围内不大于1.0，且不超过2处	每米范围内不大于0.5，且不超过2处
4	扭曲	长度小于3.0m的构件，应不大于1.0；每增加1.0m，递增0.5，且最大不大于2.0	—

注：1. 工作面直线度，沿工作面正向对应支承梁腹板中心测量。
　　2. 侧向直线度，沿工作面侧向对应焊有隔板或筋板处测量。
　　3. 扭曲是指构件两对角线中间交叉点处不吻合值。

(2)没有止水要求的胸墙和钢衬制造公差应符合表4-96的规定。

表4-96　　　　　　　　　　没有止水要求的埋件公差　　　　　　　　　　　　mm

序号	项目	公差
1	工作面直线度	构件长度的1/1500，且不大于3.0
2	侧面直线度	构件长度的1/1500，且不大于4.0
3	工作面局部平面度	每米范围内不大于3.0
4	扭曲	长度小于3.0m，应不大于2.0，每增加1.0m，递增0.5，且不大于3.0

(3)平面链轮闸门主轨承压凹槽及承压板加工应不低于《产品几何技术规范(GPS)极限与配合》(GB/T 1800)标准IT8级精度要求，凹槽底面的直线度应符合表4-106的规定。

承压板装配在主轨上之后，接头的错位应不大于0.1mm，主轨承压面的直线度公差应符合表4-97的规定。

表 4-97 主轨凹槽底面和承压面公差　　　　　　　　　　　　　　　　mm

主轨长度	公　　差	
	主轨凹槽底面	主轨承压面
≤1000	0.15	0.20
>1000,≤2500	0.20	0.30
>2500,≤4000	0.25	0.40
>4000,≤6300	0.30	0.50
>6300,≤10000	0.40	0.60

(4)分节制造的埋件,应在制造厂进行预组装,预组装可以立拼,也可以卧拼,但必须符合下列规定:

1)各构件之间的装配关系、几何形状应符合设计图样。

2)整体几何尺寸及公差应符合有关规定。

3)转铰式止水装置应转动灵活,无卡阻现象。

4)相邻构件组合件的错位应符合下列规定:

①链轮闸门主轨承压面应不大于 0.1mm。

②其他经过加工的应不大于 0.5mm。

③未经加工的应不大于 2.0mm。

5)预组装检验合格后,应在埋件的工作面和止水面显著标记中心线,在节间组合面两侧 150mm 处标定检查线;必要时应设置定位装置,并按有关规定进行编号和包装。

(5)混凝土开仓浇筑前,应对预埋的锚板(栓)位置进行检查、核对。

(6)埋件安装前,门槽中的模板等杂物必须清除干净。

(7)平面链轮闸门主轨承压面接头处的错位应不大于 0.2mm,并应作缓坡处理;孔口两侧主轨承压面应在同一平面之内,其平面度公差应符合表 4-98 的规定。

表 4-98 主轨承压面平面度公差　　　　　　　　　　　　　　　　mm

主轨长度	公　　差
≤1000	0.4
>1000,≤2500	0.5
>2500,≤4000	0.6
>4000,≤6300	0.8
>6300,≤10000	1.0

(8)弧门铰座的基础螺栓中心和设计中心的位置偏差应不大于 1.0mm。

(9)弧门铰座钢梁单独安装时,钢梁中心的里程、高程和对孔口中心线距离的极限偏差为 ±1.5mm。铰座钢梁的倾斜,按其水平投影尺寸 L 的偏差值来控制,要求 L 的偏差应不大于 $L/1000$。

(10)水平钢衬高程极限偏差为 ±3.0mm,侧向钢衬至孔口中心线距离极限偏差为 −2.0～+6.0mm,表面平面度公差为 4.0mm,垂直度公差为高度的 1/1000 且不大于 4.0mm,组合面错位应不大于 2.0mm。

(11) 埋件安装调整好后,应按设计图样将调整螺栓与锚板(栓)焊牢,确保埋件在浇筑二期混凝土过程中不发生变形或移位。

(12) 埋件工作面对接接头的错位均应进行缓坡处理,过流面及工作面的焊疤和焊缝余高应铲平磨光,凹坑应补焊平并磨光。

(13) 埋件安装完,经检查合格,应在 5～7d 内浇筑二期混凝土。如过期或有碰撞,应予复测,复测合格,方可浇筑混凝土。混凝土一次浇筑高度不宜超过 5.0m,浇筑时应注意防止撞击埋件和模板,并采取措施捣实混凝土。

(14) 埋件的二期混凝土拆模后,应对埋件进行复测,做好记录。

3. 平面闸门制作与安装质量监理验收

(1) 闸门制作。

1) 平面闸门门叶制造、组装的公差和极限偏差应符合《水电水利工程钢闸门制造安装及验收规范》(DL/T 5018—2004)的相关要求。

2) 平面链轮闸门门叶焊接完成后,应进行应力消除处理。

3) 根据设计图样要求,对平面闸门门叶进行机械加工后,应满足下列要求:

①相应平面之间距离允许偏差为±0.5mm。

②门叶两侧与承载走道相接触的表面平面度应不大于 0.3mm。

③平行平面的平行度公差应不大于 0.3mm。

④各机械加工面的表面粗糙度 $Ra \leqslant 25\mu m$。经加工后的梁系翼缘板板厚应符合设计图样尺寸,局部允许偏差为 -2.0mm。

4) 平面链轮闸门的主要零部件的制造,应满足下列要求:

①主要零部件的毛坯材料应满足《水电水利工程钢闸门制造安装及验收规范》(DL/T 5018—2004)的相关规定。

②主要零部件的尺寸公差应符合设计要求,表面粗糙度 $Ra \leqslant 3.2\mu m$。

③当需要对承载走道进行表面热处理时,热处理工艺不但应满足表面硬度要求,同时应满足硬度分布要求。

5) 滑道支承和轴承材料应符合设计图样的规定,其支承夹槽底面与门叶表面的间隙应符合表 4-99 的规定。

表 4-99　　　　　滑道支承夹槽底面与门叶表面的间隙　　　　　　　　　　mm

序号	间隙性质	间隙数值	
		接触表面未经加工	接触表面经过加工
1	贯穿间隙	$\triangle$ 应不大于 1.0,每段长度不超过 200,累计长度不大于滑道全长的 20%	$\triangle$ 应不大于 0.3,每段长度不超过 100,累计长度不大于滑道全长的 15%
2	局部间隙	$\triangle \leqslant 0.5, b \leqslant l/10$(累计长度不大于滑道全长的 50%)	$\triangle \leqslant 0.3, b \leqslant l/10$(累计长度不大于滑道全长的 25%)

6)闸门的主支承行走装置或反向支承装置组装时,应以止水座面为基准面进行调整。所有滚轮或支承滑道应在同一平面内,其平面度允许公差为:当滚轮或滑道的跨度小于或等于10m时,应不大于2.0mm;跨度大于10m时,应不大于3.0mm。每段滑道至少在两端各测一点,同时滚轮对任何平面的倾斜应不超过轮径的2/1000。

7)滑道支承与止水座基准面的平行度允许公差为:当滑道长度小于或等于500mm时,应不大于0.5mm;当滑道长度大于500mm时,应不大于1.0mm。相邻滑道衔接端的高低差应不大于1.0mm。

8)滚轮或滑道支承跨度的允许偏差应符合表4-100的规定,同侧滚轮或滑道的中心线极限偏差应不大于2.0mm。

表4-100　　　　　　　　支承跨度极限偏差　　　　　　　　　　　　　　mm

序号	跨度	极限偏差	
		滚轮	滑道支承
1	≤5000	±2.0	±2.0
2	>5000,≤10000	±3.0	±2.0
3	>10000	±4.0	±2.0

9)在同一横断面上,滚轮或主支承滑道的工作面与止水座面的距离允许偏差为±1.5mm;反向支承滑块或滚轮的工作面与止水座面的距离允许偏差为±2.0mm。

10)闸门吊耳应以门叶中心线为基准,单个吊耳允许偏差为±2.0mm,双吊点闸门两吊耳中心距允许偏差为±2.0mm。闸门吊耳孔的纵向、横向中心线允许偏差为±2.0mm,吊耳、吊杆的轴孔应各自保持同心,其倾斜度应不大于1/1000。

(2)闸门组装。

1)平面闸门门体应在制造厂进行整体组装,经检查合格方可出厂。

2)平面闸门组装应在自由状态下进行,如节间是焊接连接的,则节间允许用连接板连接,但不得强制组合。

3)平面闸门组装后,应对其进行检查,其组合处的错位应不大于2.0mm。

4)链条组装好后,应活动灵活,无卡滞现象。

5)门叶水平放置时,每个链轮与承载走道面应接触良好,接触长度应不小于链轮长度的80%,局部间隙应小于0.10mm。

门叶处在工作位置时,应检查链轮与下部端走道之间的距离(下弛度),并满足设计的要求。

6)反轮、侧轮及橡胶水封的组装,应以承载走道上的链轮所确定的平面和中心为基准进行调整与检查,检查结果应符合有关规定,且其组合处的错位应不大于1.0mm。

7)检查合格后,应明显标记门叶中心线、边柱中心线及对角线测控点,在组合处两侧150mm作供安装控制的检查线,设置可靠的定位装置并进行编号和标志。

(3)闸门安装。

1)整体闸门在安装前,应对其各项尺寸进行复查,并应符合有关规定的要求。

2)分节闸门组装成整体后,除应对各项尺寸进行复查外,还应满足下列要求:

①节间如采用螺栓连接,则螺栓应均匀拧紧,节间橡皮的压缩量应符合设计要求。

②节间如采用焊接,则应采用已经评定合格的焊接工艺和相关焊接规定进行焊接和检验。焊接时,应采取措施控制变形。

3)充水阀的尺寸应符合设计图样,其导向机构应灵活可靠,密封件与座阀应接触均匀,并满足止水要求。

4)止水橡皮的物理机械性能应符合规范规定。

5)止水橡皮的螺孔位置应与门叶或止水压板上的螺孔位置一致;孔径应比螺栓直径小1.0mm,并严禁烫孔,当均匀拧紧螺栓后其端部至少应低于止水橡皮自由表面8.0mm。

6)止水橡皮表面应光滑平直,不得盘折存放。其厚度允许偏差为±1.0mm,其余外形尺寸的允许偏差为设计尺寸的2%。

7)止水橡皮接头可采用生胶热压等方法胶合,胶合接头处不得有错位、凹凸不平和疏松现象。

8)平面闸门应作静平衡试验。试验方法为:将闸门吊离地面100mm,通过滚轮或滑道的中心测量上、下游与左、右方向的倾斜,一般单吊点平面闸门的倾斜不应超过门高的1/1000,且不大于8.0mm;平面链轮闸门的倾斜应不超过门高的1/1500,且不大于3.0mm。当超过上述规定时,应予配重调整。

9)平面闸门门体安装质量标准见表4-101。

表4-101　　　　　　　　平面闸门门体安装质量标准　　　　　　　　mm

部位	项次	检验项目	质量标准		检验方法	检验数量
			合格	优良		
反向滑块	主控项目 1	反向支承装置至正向支承装置的距离(反向支承装置自由状态)	±2.0	+2.0 −1.0	钢丝线、钢板尺、水准仪、经纬仪	通过反向支承装置路面、正向支承装置路面拉钢丝线测量
焊缝对口错边		焊缝对口错边(任意板厚δ)	≤10%δ,且不大于2.0	≤5%δ,且不大于2.0	钢板尺或焊接检验规	沿焊缝全长测量
表面清除和凹坑焊补	一般项目 1	门体表面清除	焊疤清除干净	焊疤清除干净并磨光	钢板尺	全部表面
	2	门体局部凹坑焊补	凡凹坑深度大于板厚10%或大于2.0mm应焊补	凡凹坑深度大于板厚10%或大于2.0mm应焊补并磨光		

续表

部位	项次	检验项目	质量标准 合格	质量标准 优良	检验方法	检验数量
止水橡皮	主控项目 1	止水橡皮顶面平度	2.0		钢丝线、钢板尺、水准仪、经纬仪	通过止水橡皮顶面拉线测量，每0.5m测1个点
	主控项目 2	止水橡皮与滚轮或滑道面距离	±1.5	±1.0	钢丝线、钢板尺、水准仪、经纬仪	通过滚轮顶面或通过滑道面（每段滑道至少在两端各测1个点）拉线测量
	一般项目 1	两侧止水中心距离和顶止水中心至底止水底缘距离	±3.0		钢丝线、钢板尺、水准仪、经纬仪、全站仪	每米测1个点
	一般项目 2	止水橡皮实际压缩量和设计压缩量之差	+2.0 −1.0		钢尺	每米测1个点

注：止水橡皮应用专用空心钻头掏孔，严禁烫孔、冲孔。

4. 弧形闸门制作与安装质量监理验收

（1）闸门制作。

1）弧形闸门门叶制造、组装的允许公差与偏差应符合《水电水利工程钢闸门制造安装及验收规范》（DL/T 5018—2004）的相关规定。

2）支臂下料时，应留出焊接收缩和调整的余量，在弧门整体组装时再修正。

3）支臂的长度应能满足铰链轴孔中心至面板外缘曲率半径的要求。

4）支腿开口处弦长的允许偏差应符合表4-102的规定。支腿的侧面扭曲应不大于2.0mm。

表4-102　　　　　　　　闸门支腿开口处弦长允许偏差　　　　　　　　mm

序号	支腿开口处弦长	允许偏差
1	$l \leqslant 4000$	±2.0
2	$4000 < l \leqslant 6000$	±3.0
3	$l > 6000$	±4.0

5）分节弧门门叶组装成整体后，除应按有关规定对各项尺寸进行复查外，还应按相关焊接工艺和有关规定进行焊接和检验。焊接时，应采取措施控制变形。

6）门体运到现场后，应对门体做单件或整体复测，各项尺寸应符合现行有关规范和设计图纸规定。

（2）闸门安装。

弧形闸门门体安装质量标准见表4-103。

表 4-103　　　　　　　　　弧形闸门门体安装质量标准　　　　　　　　　　　　mm

部位	项次		检验项目	质量标准		检验方法	检验数量/简图
				合　格	优　良		
铰座	主控项目	1	铰座轴孔倾斜度	$l/1000$	$l/1000$	钢丝线、钢板尺、垂球、水准仪、经纬仪、全站仪	—
		2	两铰座轴线同轴度	1.0	1.0		
	一般项目	1	铰座中心对孔口中心线的距离	±1.5	±1		
		2	铰座里程	±2.0	±1.5		
		3	铰座高程	±2.0	±1.5		
焊缝对口锚边	主控项目	1	焊缝对口错边(任意板厚δ)	≤10%δ,且不大于2.0	≤5%δ,且不大于2.0	钢板尺或焊接检验规	沿焊缝全长测量
表面清除和凹坑焊补	一般项目	1	门体表面清除	焊疤清除干净	焊疤清除干净并磨光	钢板尺	全部表面
		2	门体局部凹坑焊补	凡凹坑深度大于板厚10%或大于2.0mm应焊补	凡凹坑深度大于板厚10%或大于2.0mm应焊补并磨光		
止水橡皮	一般项目	1	止水橡皮实际压缩量和设计压缩量之差	+2.0 −1.0		钢板尺	沿止水橡皮长度检查
门体铰轴与支管	主控项目	1	铰轴中心至面板外缘曲率半径R	潜孔式±4.0 露顶式±8.0	潜孔式±4.0 露顶式±6.0	钢丝线、钢板尺、垂球、水准仪、经纬仪、全站仪	
		2	两侧曲率半径相对差	潜孔式3.0 露顶式5.0	潜孔式3.0 露顶式4.0		
		3	支臂中心线与铰链中心线吻合值	潜孔式2.0 露顶式1.5	潜孔式2.0 露顶式1.5		
	一般项目	1	支臂中心至门叶中心的偏差L	潜孔式±1.5 露顶式±1.5	潜孔式±1.5 露顶式±1.5		
		2	支臂两端的连接板和铰链、主梁接触	良好,互相密贴,接触面不小于75%		塞尺	—
		3	抗剪板和连接板接触	顶紧			—

注：铰座轴孔倾斜是指任何方向的倾斜。l—轴孔宽度。

5. 人字闸门制作与安装质量监理验收

(1)闸门制作。

1）人字闸门门叶制造、组装的允许公差和偏差应符合相关规定。

2）支、枕垫块出厂前应逐对配装研磨，使其接触紧密，局部间隙应不大于 0.05mm，累计长度应不超过支、枕垫块长度的 10%。

3）底枢蘑菇头与底枢顶盖轴套应在厂内组装研刮，并满足下列要求：

①在加工时，定出蘑菇头的中心位置。应转动灵活，无卡阻现象。

②蘑菇头与轴套接触面应集中在中间 120°范围内，接触面上的接触点数，在每 25mm×25mm 面积内应有 1～2 个点。

4）除安装焊缝两侧外，门体防腐蚀工作均应在制造厂完成；如设计另有规定，则应按设计要求执行。

5）门体运到现场后，应对门体做单件或整体复测。各项尺寸应符合现行有关规范要求和设计图纸规定。

6）门体如分节运到现场，在现场应采用平放位置或竖立位置组焊成整体。焊接前应编制焊接工艺措施。焊接时应监视变形，焊接后门体尺寸应符合现行有关规范和设计图纸规定。

（2）闸门组装。

1）门体应在制造厂进行整体组装，经检查合格方可出厂。

2）人字闸门在整体组装检查时，其偏差应控制在规定的范围之内。

3）底枢顶盖和门叶底横梁组装后，其中心偏差应不大于 2.0mm，倾斜应不大于 1/1000。

4）如顶、底枢装置不是在工地进行镗孔和扩孔的，则顶、底枢中心的同轴度公差为：当门高小于或等于 15m 时，应不大于 0.5mm；门高大于 15m 时，应不大于 1.0mm。

5）如顶、底枢装置是在工地进行镗孔或扩孔的，则顶、底枢中心的同轴度公差为：当门高小于或等于 15m 时，应不大于 1.0mm；门高大于 15m 时，应不大于 2.0mm。

（3）闸门安装。

人字闸门门体安装质量标准见表 4-104。

表 4-104　　　　　　　人字闸门门体安装质量标准　　　　　　　mm

部位	项次	检验项目		质量标准		检验方法	检验数量
				合格	优良		
顶、底枢	1	顶、底枢轴线同轴度		2.0	1.5	垂球、钢板尺、经纬仪、水准仪、全站仪	—
	2	旋转门叶，从全开到全关过程中斜接柱上任一点的跳动量	门宽为 12m	1.0	1.0		用胶布将钢板尺贴于门体斜接柱上
			门宽为 12~24m	1.5	1.0		
			门宽大于 24m	2.0	1.5		
	3	底横梁在斜接柱一端的位移	顺水流方向	±2.0	±1.5		—
			垂直方向	±2.0	±1.5		
支、枕垫块	主控项目 1	支、枕垫块间隙	局部的	0.4 且连续长度不大于垫块全长的 10%		钢板尺、塞尺	每块支、枕垫块的全工
			连续的	0.2			
	一般项目 1	每对相接处的支、枕垫块中心线偏移		5.0	4.0		每对支、枕垫块的两端

续表

部位	项次	检验项目	质量标准 合格	质量标准 优良	检验方法	检验数量
焊缝对口错边	主控项目 1	焊缝对口错边(任意板厚δ)	≤10%δ，且不大于2.0	5%δ，且不大于2.0	钢板尺或焊接检验规	沿焊缝全长测量
表面清除和凹坑焊补	一般项目 1	门体表面清除	焊疤清除干净	焊疤清除干净并磨光	钢板尺	全部表面
表面清除和凹坑焊补	一般项目 2	门体局部凹坑焊补	凡凹坑深度大于板厚10%或大于2.0mm应焊补	凡凹坑深度大于板厚10%或大于2.0mm应焊补并磨光	钢板尺	全部表面
止水橡皮	主控项目 1	止水橡皮顶面平度	2.0	2.0	钢丝线、钢板尺	通过止水橡皮顶面拉线测量，每0.5m测1个点
止水橡皮	一般项目 1	止水橡皮实际压缩量与设计压缩量之差	+2.0 −1.0	+2.0 −1.0	钢板尺	沿止水橡皮长度检测

(二)压力钢管制造与安装

1. 施工监理控制要点

(1)直管、弯管和渐变管的制造。

1)钢板画线的极限偏差应符合表 4-105 的规定。

表 4-105　　　　　钢板画线的极限偏差　　　　　mm

项　　目	极限偏差
宽度和长度	±1
对角线相对差	2
对应边相对差	1
矢高(曲线部分)	±0.5

2)钢板卷板应满足下列要求：

①卷板方向应和钢板的压延方向一致。

②卷板前或卷制过程中，应将钢板表面已剥离的氧化皮和其他杂物清除干净。

③卷板后，将瓦片以自由状态立于平台上，用样板检查弧度，其间隙应符合表 4-106 的规定。

第四章 水利水电工程监理质量控制

表 4-106 样板与瓦片的极限间隙

钢管内径 D /m	样板弦长 /m	样板与瓦片的极限间隙 /mm
$D \leqslant 2$	$0.5D$(且不小于 500mm)	1.5
$2 < D \leqslant 5$	1.0	2.0
$5 < D \leqslant 8$	1.5	2.5
$D > 8$	2.0	3.0

3) 钢管对圆应在平台上进行,其管口平面度应符合表 4-107 的规定。

表 4-107 钢管管口平面度

钢管内径 D /m	极限偏差 /mm
$D \leqslant 5$	2
$D > 5$	3

4) 钢管对圆后,其周长差应符合表 4-108 的规定,纵缝处的管口轴向错边量不大于 2mm。

表 4-108 钢管周长差 mm

项 目	板厚 δ	极限偏差
实测周长与设计周长差	任意板厚	$\pm 3D/1000$,且极限偏差 ± 24
相邻管节周长差	$\delta < 10$	6
	$\delta \geqslant 10$	10

5) 钢管纵缝、环缝对口径向错边量的极限偏差应符合表 4-109 的规定。

表 4-109 钢管纵缝、环缝对口径向错边量的极限偏差 mm

焊缝类别	板厚 δ	极限偏差
纵缝	任意板厚	$10\%\delta$,且不大于 2
环缝	$\delta \leqslant 30$	$15\%\delta$,且不大于 3
	$30 < \delta \leqslant 60$	$10\%\delta$
	$\delta > 60$	$\leqslant 6$
不锈钢复合钢板焊缝	任意板厚	$10\%\delta$,且不大于 1.5

6) 纵缝焊接后,用样板检查纵缝处弧度,其间隙应符合表 4-110 的规定。

表 4-110 钢管纵缝处弧度的极限间隙

钢管内径 D /m	样板弦长 /mm	样板与纵缝的极限间隙 /mm
$D \leqslant 5$	500	4
$5 < D \leqslant 8$	$D/10$	4
$D > 8$	1200	6

7)钢管横截面的形状偏差应符合下列规定:

①圆形截面的钢管,圆度(指同端管口相互垂直两直径之差的最大值)的偏差不应大于 3D/1000,最大不应大于 30mm,每端管口至少测两对直径。

②椭圆形截面的钢管,长轴 a 和短轴 b 的长度与设计尺寸的偏差不应大于 $3a$(或 $3b$)/1000,且极限偏差±6mm。

③矩形截面的钢管,长边 A 和短边 B 的长度与设计尺寸的偏差不应大于 $3A$(或 $3B$)/1000,且极限偏差±6mm,每对边至少测三对,对角线差不大于 6mm。

④正多边形截面的钢管,外接圆直径 D 测量的最大直径和最小直径之差不应大于 $3D/1000$,最大相差值不应大于 8mm,且与图样标准值之差的极限偏差±6mm。

⑤非圆形截面的钢管局部平面度每米范围内不大于 4mm。

8)单节钢管长度与设计长度之差的极限偏差±5mm。

9)加劲环、支承环、止推环和阻水环与钢管外壁的局部间隙不应大于 3mm。

10)钢管的加劲环、止推环和支承环组装的垂直度极限偏差应符合表 4-111 的规定。

表 4-111　　　　钢管的加劲环、止推环和支承环组装的垂直度极限偏差　　　　mm

序号	项目	支承环的极限偏差	加劲环、止推环、阻水环的极限偏差	简图
1	支承环、加劲环、止推环或阻水环与管壁的垂直度	$a \leqslant 0.01H$,且不大于 3	$a \leqslant 0.02H$,且不大于 5	
2	支承环、加劲环、止推环或阻水环所组成的平面与管轴线的垂直度	$b \leqslant 2D/1000$,且不大于 6	$b \leqslant 4D/1000$,且不大于 12	
3	相邻两环的间距偏差	±10	±30	—

(2)岔管和伸缩节的制造。

1)肋梁系岔管宜在制造场内进行整体预组装或组焊,预组装或组焊后岔管的各项尺寸应符合表 4-112 的规定。

表 4-112　　　　　　　　肋梁系岔管组装或组焊后的极限偏差　　　　　　　　mm

序号	项目名称	尺寸和板厚 δ	极限偏差	简　图
1	管径 L_1、L_2	—	±10	—
2	主、支管的管口圆度（D 为内径）	—	$3D/1000$,且不大于 20	
3	主、支管口实测周长与设计周长差	—	±$3D/1000$,且极限偏差±20,相邻管节周长差≤10	
4	支管中心距离 S_1	—	±10	
5	主、支管中心高差（以主管内径 D 为准）	$D\leqslant 2m$	±4	
		$2m<D\leqslant 5m$	±6	
		$D>5m$	±8	
6	主、支管管口垂直度	$D\leqslant 5m$	2	—
		$D>5m$	3	—
7	主、支管管口平面度	$D\leqslant 5m$	2	—
		$D>5m$	3	—
8	纵缝对口错边量	任意厚度	$10\%\delta$ 且不大于 2	—
9	环缝对口错边量	$\delta\leqslant 30$	$15\%\delta$ 且不大于 3	—
		$30<\delta\leqslant 60$	$10\%\delta$	—
		$\delta>60$	≤6	—

2）球形岔管的球壳板尺寸应符合下列要求：

①球壳板曲率的极限偏差应符合表 4-113 的规定。

表 4-113　　　　　　　　球壳板曲率的极限偏差

球壳板弦长 L /m	样板弦长 /m	样板与球壳板的极限间隙 /mm
$L\leqslant 1.5$	1	3
$1.5<L\leqslant 2$	1.5	
$L>2$	2	

②球壳板几何尺寸极限偏差应符合表 4-114 的规定。

表 4-114　　　　　　　　球壳板几何尺寸极限偏差　　　　　　　　mm

项　目	任何部位样板与球壳板的极限间隙
长度方向和宽度方向弦长	±2.5
对角线相对差	4

③球形岔管应在厂内进行整体组装或组焊,组装或组焊后球岔各项尺寸的极限偏差除应符合上述"②"的有关规定外,还应符合表 4-115 的规定。

表 4-115　　　　　球形岔管组装或组焊后的极限偏差

序号	项　目	直径 D /m	极限偏差	简　图
1	主、支管口至球岔中心距离 L	—	+10mm −5mm	
2	分岔角度	—	±30′	
3	球壳圆度	D≤2 2<D≤5 D>5	8D/1000mm 6D/1000mm 5D/1000mm	
4	球岔顶、底至球岔中心距离 H	D≤2 2<D≤5 D>5	±4D/1000mm ±3D/1000mm ±2.5D/1000mm	

④伸缩节的内、外套管和止水压环焊接后的弧度，应用样板检查，其间隙在纵缝处不应大于 2mm；其他部位不应大于 1mm。在套管的全长范围内，检查上、中、下三个断面。

⑤伸缩节内、外套管和止水压环的实测直径与设计直径的极限偏差为 ±D/1000，且极限偏差 ±2.5mm。伸缩节内、外套管的实测周长与设计周长的极限偏差为 ±3D/1000，且极限偏差为 8mm。

⑥伸缩节的内、外套管间的最大和最小间隙与平均间隙之差不应大于平均间隙的 10%。

(3) 埋管安装。

1) 拆除钢管上的工卡具、吊耳、内支撑和其他临时构件时，不得使用锤击法，应用碳弧气刨或热切割在离管壁 3mm 以上切除，切除后钢管上残留的痕迹和焊疤应磨平，并检查确认无裂纹。

2) 灌浆孔螺纹设置空心螺纹护套后，方可进行灌浆施工。

3) 灌浆孔堵头采用熔化焊封堵时，灌浆堵头的坡口深度以 7～8mm 为宜。对于有裂纹倾向的母材，焊接应进行预热和后热。而灌浆孔堵头采用粘结法或缠胶带法封堵时，应进行充分论证和试验。

4) 钢管安装后，应与支墩和锚栓焊牢，防止浇筑混凝土时移位。

(4) 明管安装。

1) 鞍式支座的顶面弧度，用样板检查其间隙不应大于 2mm。

2)滚轮式、摇摆式、滑动式支座安装后,应能灵活动作,不应有任何卡阻现象,各接触面应接触良好,局部间隙不应大于 0.5mm。

3)波纹管伸缩节安装时,应按产品技术要求进行;焊接时,不得将地线接于波纹管的管节上。

2. 施工质量监理验收

(1)压力钢管宜以一个安装单元或一个混凝土浇筑段或一个钢管段的钢管安装划分为一个单元工程。

(2)管节安装前应对钢管、伸缩节和岔管的各项尺寸进行复测。

(3)管节安装质量标准见表 4-116。

表 4-116　　　　　　　　管节安装质量标准　　　　　　　　　　mm

项次		检验项目	质量标准							检验方法	检验数量
			合　　格			优　　良					
			D≤2000	2000<D≤5000	5000<D≤8000	D>8000	D≤2000	2000<D≤5000	5000<D≤8000	D>8000		
主控项目	1	始装节管口里程	±5				±4				钢尺、钢板尺、垂球或激光指向仪、经纬仪、水准仪、全站仪	始装节在上、下游管口测量,其余管节管口中心只测一端管口
	2	始装节管口中心	5				4					
	3	始装节两端管口垂直度	3				3					
	4	钢管圆度	$\frac{5D}{1000}$,且不大于 40				$\frac{4D}{1000}$,且不大于 30				钢尺	最大管直径与最小管口直径的差值,且每端管口至少测 2 对直径
	5	纵缝对口径向错边量	任意板厚 δ,不大于 10%δ,且不大于 2				任意板厚 δ,不大于 5%δ,且不大于 2				钢板尺或焊接检验规	沿焊缝全长测量,每延米布设 1 个测点
	6	环缝对口径向错边量	板厚 δ≤30,不大于 15%δ,且不大于 3				不大于 10%δ,且不大于 3					
			30<δ≤60,不大于 10%δ				不大于 5%δ					
			δ>60,不大于 6				不大于 6					
			不锈钢复合钢板焊缝,任意板厚 δ,不大于 10%δ,且不大于 1.5				不锈钢复合钢板焊缝,任意板厚 δ,不大于 5%δ,且不大于 1.5					
一般项目	1	与蜗壳、伸缩节、蝴蝶阀、球阀,岔管连接的管节及弯管起点的管口中心	6	10	12	12	6	10	12	12	钢尺、钢板尺、垂球或激光指向仪	始装节在上、下游管口测量,其余管节管口中心只测一端管口
	2	其他部位管节的管口中心	15	20	25	30	10	15	20	25		
	3	鞍式支座顶面弧度和样板间隙	不大于 2								用样板检查	测 3～5 个点

续表

项次	检验项目	质量标准						检验方法	检验数量
		合格			优良				
		$D\leqslant 2000$	$2000<D$ $\leqslant 5000$	$5000<D$ $\leqslant 8000$	$D>8000$	$D\leqslant 2000$	$2000<D$ $\leqslant 5000$	$5000<D$ $\leqslant 8000$	$D>8000$		
一般项目	4	滚动支座或摇摆支座的支墩垫板高程和纵、横中心	±5				±4			全站仪、水准仪和经纬仪	每项各测1个点
	5	支墩垫板与钢管设计轴线的倾斜度	不大于 $\dfrac{2}{1000}$								每米测1个点
	6	各接触面的局部间隙(滚动支座和摇摆支座)	不大于0.5							塞尺	各接触面至少测1个点

注：D—钢管内径，mm。

(三)水泵机组安装

1. 水泵机组安装施工监理控制要点

(1)基础预埋件。基础预埋件施工监理控制要点见表4-117。

表4-117　　　　　　　基础预埋件施工监理控制要点

序号	项目	内容
1	地脚螺栓预留孔	(1)预留孔几何尺寸应符合设计要求，预留孔内应清理干净，无横穿的钢筋和遗留杂物。 (2)预留孔的中心线对基准线的偏差应不大于5mm。 (3)孔壁铅垂度误差应不大于10mm，孔壁力求粗糙
2	垫铁及其安装	(1)安放垫铁和调整千斤顶处的混凝土表面应平整。 (2)垫铁的材料应为钢板或铸铁件。 (3)斜垫铁的薄边厚度宜不小于10mm，斜率应为1/25～1/10，垫铁搭接长度应在2/3以上；垫铁面积应符合设计要求。 (4)每只地脚螺栓应不少于2组垫铁，每组垫铁宜不超过5块(层)，其中只应用1对斜垫铁，对环形基础垫铁分布调整应当考虑环形基础变形量。 (5)放置平垫铁时，厚的宜放在下面，薄的宜放在中间且其厚度宜不小于2mm，调整合格后相互点焊固定，其中铸铁垫铁可以不焊。 (6)垫铁应平整，无毛刺和卷边，相互配对的两块之间的接触面应密实。设备调平后每组均应压紧，并应用手锤逐组轻击听音检查
3	基础板及螺栓	(1)基础板的加工面应平整、光洁。 (2)螺栓与螺栓孔四周应有间隙并垂直于被固定件平面，螺母与螺栓应配合良好。 (3)基础板应支垫稳妥，其基础螺栓紧固后，基础板不应松动，平面位置、标高和水平均应符合要求。 (4)基础螺栓、千斤顶、斜垫铁、基础板等埋设部件安装后均应点焊固定，基础板应与预埋钢筋焊接

(2)卧式与斜式机组安装。卧式与斜式机组安装施工监理控制要点见表 4-118。

表 4-118　　　　　　　　卧式与斜式机组安装施工监理控制要点

序号	项目	内容
1	轴瓦研刮	(1)要求研刮的座式轴承轴瓦研刮时,应分两次进行,初刮应在转子穿入前,精刮应在转子中心找正后。 (2)轴瓦应无夹渣、气孔、凹坑、裂纹或脱壳等缺陷;轴瓦油沟形状和尺寸应正确。 (3)筒形轴瓦顶部间隙宜为轴颈直径的 1/1000 左右,两侧间隙各为顶部间隙的一半,两端间隙差应不超过间隙的 10%。 (4)下部轴瓦与轴颈接触角宜为 60°,沿轴瓦长度应全部均匀接触,每平方厘米应有 1～3 个接触点。 (5)推力瓦研刮接触面积应大于 75%,每平方厘米至少应有 1 个接触点。无调节螺栓推力瓦厚度应一致,同一组各推力瓦厚度差应不大于 0.02mm
2	轴承安装	(1)圆柱面配合的轴瓦与轴承外壳,其上轴瓦与轴承盖间应无间隙,且应有 0.03～0.05mm 的紧量,下轴瓦与轴承座接触应紧密,承力面应达 60%以上。 (2)轴瓦合缝放置的垫片,在调整顶间隙增减垫片时,两边垫片的总厚度应相等;垫片不应与轴接触,离轴瓦内径边缘不宜超过 1mm。 (3)球面配合的轴瓦与轴承,球面与球面座的接触面积应为整个球面的 75%左右,并均匀分布,轴承盖拧紧后,球面瓦与球面座之间的间隙应符合设计要求,组合后的球面瓦和球面座的水平结合面均不应错口。 (4)轴瓦进油孔应清洁畅通,并应与轴承座上的进油孔对正。 (5)滚动轴承应清洁无损伤,工作面应光滑无裂纹、蚀坑和锈污,滚子和内圈接触应良好,与外圈配合应转动灵活无卡涩,但不松旷;推力轴承的紧圈与活圈应互相平行,并与轴线垂直。 (6)滚动轴承内圈与轴的配合应松紧适当,轴承外壳应均匀地压住滚动轴承的外圈,不应使轴承产生歪扭。 (7)轴承使用的润滑剂应符合制造厂的规定,轴承室的注油量应符合要求。 (8)采用温差法装配滚动轴承,被加热的轴承其温度应不高于 100℃

2. 立式机组安装质量监理验收

(1)水泵水润滑导轴瓦应符合下列要求:

1)轴瓦表面应光滑,无裂纹、起泡及脱壳等缺陷。

2)轴承与泵轴试装应考虑其材料浸水及温度升高后的膨胀量,轴承间隙应符合设计要求。

(2)水泵油润滑合金导轴瓦应符合下列要求:

1)轴瓦应无脱壳、裂纹、硬点及密集气孔等缺陷,油沟、进油边尺寸应符合设计要求。

2)筒式瓦的总间隙应符合设计要求,圆度及上端、下端总间隙之差均不应大于实测平均总间隙的 10%。

(3)电动机合金轴承应符合下列要求:

1)合金推力轴瓦应无脱壳、裂纹、硬点及密集气孔等缺陷。

2)分块导轴瓦瓦面每平方厘米至少有 1 个接触点,轴颈与瓦面接触应均匀,轴瓦的局部不接触面积,每处应不大于轴瓦面积的 5%,其总和应不超过轴瓦总面积的 15%。

3)镜板工作面应无伤痕和锈蚀,粗糙度应符合设计要求。

4)镜板、推力头与绝缘垫用螺栓紧密组装后,镜板工作面不平度应符合设计要求。

5)抗重螺栓与瓦架之间的配合应符合设计要求。瓦架与机架之间应接触严密,连接牢固。

(4)电动机合金推力瓦如要求研刮,应符合下列要求:

1)推力瓦面每平方厘米内应至少有 1 个接触点。局部不接触面积每处应不大于推力瓦面积的 2%,其总和应不超过推力瓦面积的 5%。

2)进油边应按设计要求刮削,并应在 10mm 范围内刮成深 0.5mm 的斜坡并修成圆角。

3)以抗重螺栓为中心,将占每块总面积约 1/4 的部位刮低 0.01~0.02mm,然后在这 1/4 的部位中的 1/6 的部位,另从 90°方向再刮低 0.01~0.02mm。

(5)电动机弹性金属塑料推力瓦不应修刮表面及侧面。底面承重孔不应重新加工。如发现瓦面及承重孔不符合要求,应退厂处理。

(6)弹性金属塑料推力瓦的瓦面应采用干净的汽油及布或毛刷清洗,不应用坚硬的铲刀、锉刀等硬器。

(7)电动机油润滑弹性金属塑料推力瓦及导轴瓦外观验收应符合以下要求:

1)弹性金属塑料瓦的塑料复合层厚度宜为 8~10mm,其中塑料层厚度(不计入镶入金属丝内部)宜为 1.5~3.0mm(最终尺寸)。

2)弹性金属塑料瓦表面应无金属丝裸露、分层及裂纹,同一套(同一台电动机)瓦的塑料层表面颜色和光泽应均匀一致。瓦的弹性金属丝与金属瓦基之间、弹性金属丝与塑料层之间结合应牢固,周边不应有分层、开裂及脱壳现象。

3)瓦面不应有深度大于 0.05mm 的间断加工刀痕。

4)瓦面不应有深度大于 0.10mm、长度超过瓦表面长度 1/4 的划痕或深度大于 0.20mm、长度大于 25mm 的划痕,每块瓦的瓦面不允许有超过 3 条划痕。

5)瓦面不应有金属夹渣、气孔或斑点,每 100mm×100mm 区域内不应有多于 2 个直径大于 2mm、硬度大于布氏硬度(HBS)30 的非金属异物夹渣。

6)每块瓦的瓦面不应有多于 3 处碰伤或凹坑,每处碰伤或凹坑其深度均应不大于 1mm、宽度不大于 1mm、长度不大于 3mm 或直径不大于 3mm。

(8)立式水泵安装应符合下列基本要求:

1)导叶体预装前,应复测泵座上平面高程、水平、圆度。

2)叶轮室组合缝间隙应符合设计规定,其圆度按叶片进水边和出水边位置所测半径与平均半径之差,应不超过叶片与叶轮室设计间隙值的±10%。

3)机组固定部件垂直同轴度应符合设计要求。无规定时,水泵轴承承插口垂直同轴度允许偏差应不大于 0.08mm。

测量机组固定部件垂直同轴度时,应以水泵轴承承插口止口为基准,中心线的基准误差应不大于 0.05mm,水泵单止口承插口轴承平面水平偏差应不超过 0.07mm/m。

4)泵座、底座等埋入部件安装的允许偏差应符合表 4-119 的规定。

表 4-119　　　　　　　　　　　埋入部件安装允许偏差　　　　　　　　　　　　　　mm

序号	项目	叶轮直径			说明
		<3000	3000～4500	>4500	
1	中心	2	3	4	测量机组十字中心线与埋件上相应标记间距离
2	高程	±3			—
3	水平	0.07mm/m			—
4	圆度（包含同轴度）	1.0	1.5	2.0	测量机组中心线到止口半径

5) 轴承安装应在机组轴线摆度、推力瓦受力、磁场中心、轴线中心及电动机空气间隙等调整合格后进行,并应做好记录。

6) 立式轴流泵和导叶式混流泵的叶轮安装高程、叶片与叶轮室间隙的允许偏差,应符合表 4-120 要求,并应检查相关部件的轴向间距符合顶车要求。

表 4-120　　　　　　　　　　叶轮安装高程及间隙允许偏差　　　　　　　　　　　mm

项　目		叶轮直径			说　明
		<3000	3000～4500	>4500	
高程	轴流泵	1～2	1～3	2～4	叶轮中心实际安装高程与设计值偏差。对新型机组,应通过计算运行时电机上机架下沉值和主轴线伸长值重新确定
	导叶式混流泵	间隙值按设计要求加大 0.5～1.0			按叶轮与叶轮室的设计间隙确定
间隙		实测叶片间隙与平均间隙之差不宜超过平均间隙值的±20%			轴流泵在叶片最大安装角位置测量进水边、出水边和中间三处并分别计算

(9) 水泵油润滑与水润滑导轴承密封装置的安装应符合下列要求:

1) 水润滑轴承密封安装的间隙应均匀,允许偏差应不超过实际平均间隙值的±20%。

2) 空气围带装配前,应按制造厂的规定通入压缩空气,在水中检查有无漏气现象。

3) 轴向端面密封装置动环、静环密封平面应符合要求,动环密封面应与泵轴垂直,静密封件应能上下自由移动,与动环密封面接触良好。排水管路应畅通。

(10) 叶片液压调节装置受油器安装应符合下列要求:

1) 在受油器底座的平面上测量,受油器水平偏差应不大于 0.04mm/m。

2) 受油器底座与上操作油管(外管)同轴度偏差应不大于 0.04mm。

3) 受油器体上各油封轴承的同轴度偏差,不应大于 0.05mm。

4) 操作油管的摆度应不大于 0.04mm,轴承配合间隙应符合设计要求。

5) 受油器对地绝缘,在泵轴不接地情况下测量,宜不小于 0.5MΩ。

(11) 叶片机械调节装置调节器的安装应符合下列要求:

1) 操作拉杆与铜套之间的单边间隙应为拉杆轴颈直径的 0.1%～0.15%。

2) 操作拉杆连接应符合设计图纸要求,并应有防松措施。

3)调节器拉杆联轴器与上拉杆联轴器连接时,其同轴度应符合设计要求。

4)调整水泵叶片角度为0,测量上操作杆顶端至电动机轴端部相对高度,做好记录,供检修时参考。

(12)立式电动机安装应符合下列基本要求:

1)上、下机架安装的中心偏差应不超过1mm;上、下机架轴承座或油槽的水平偏差,宜不超过0.10mm/m。

2)推力头套入前,应检查轴孔与轴颈的配合尺寸;卡环受力后,其局部轴向间隙应不大于0.03mm。间隙过大时,不应加垫。

3)调整机组转动部分时,镜板水平度偏差应在0.02mm/m以内,各推力瓦受力应初调均匀。

①机组各部位相对摆度允许值应不超过表4-121的规定。

表 4-121　　　　　机组轴线的相对摆度允许值(双振幅)　　　　　mm

轴的名称	测量部位	轴的转速/(r/min)				
		$n \leqslant 100$	$100 < n \leqslant 250$	$250 < n \leqslant 375$	$375 < n \leqslant 600$	$600 < n \leqslant 1000$
电动机轴	上下导轴承处轴颈及联轴器	0.03	0.03	0.02	0.02	0.02
水泵轴	轴承处的轴颈	0.05	0.05	0.04	0.03	0.02

注:相对摆度=绝对摆度(mm)/测量部位至镜板距离(m)。

②在任何情况下,水泵导轴承处轴颈绝对摆度允许值应不超过表4-122的规定。

表 4-122　　　　　水泵导轴承处轴颈绝对摆度允许值

水泵轴的转速/(r/min)	$n \leqslant 250$	$250 < n \leqslant 600$	$n > 600$
绝对摆度允许值/mm	0.30	0.25	0.20

4)励磁机安装后应进行检查,转子轴线摆度应不大于0.05mm/m;定子与转子的空气间隙,各间隙与平均间隙之差应不超过平均间隙值的±10%。

(13)定子安装应符合下列要求:

1)定子按水泵垂直中心找正时,各半径与平均半径之差,应不超过设计空气间隙值的±5%。

2)在机组轴线调整后,应按磁场中心核对定子安装高程,并使定子铁芯平均中心线等于或高于转子磁极平均中心线,其高出值应不超过定子铁芯有效长度的0.5%。

3)当转子位于机组中心时,应分别检查定子与转子间上端、下端空气间隙。各间隙与平均间隙之差应不超过平均间隙值的±10%。

(14)轴承和油槽安装应符合下列要求:

1)镜板与推力头之间绝缘电阻值应在40MΩ以上,导轴瓦与瓦背之间绝缘电阻值应在50MΩ以上。

2)电动机导轴瓦安装应根据泵轴中心位置,并考虑摆度值及其方位进行间隙调整,安装总间隙应符合设计要求。

3)沟槽式油槽盖板径向间隙宜为0.5~1mm,毛毡装入槽内应有不小于1mm的压缩量。
4)机组推力轴承在充油前,其绝缘电阻值应不小于5MΩ。
5)油槽油面高度与设计要求的偏差宜不超过±5mm。

3. 卧式与斜式电动机安装质量监理验收

(1)电动机解体检查和安装过程中,应防止杂物等落入定子内部。

(2)不应将钢丝绳直接绑扎在轴颈、集电环和换向器上起吊转子,不得碰伤定转子绕组和铁芯。

(3)卧式和斜式电动机的固定部件同轴度的测量,应以水泵为基准找正。初步调整轴承孔中心位置,其同轴度偏差应不大于0.1mm;轴承座的水平偏差轴向应不超过0.2mm/m,径向应不超过0.1mm/m。

(4)主电动机联轴器应按水泵联轴器找正,其同轴度应不大于0.04mm,倾斜度应不大于0.02mm/m。

(5)联轴器主轴连接后,应用盘车检查各部分摆度,其允许偏差应符合下列要求:
1)各轴颈处的摆度应小于0.03mm。
2)推力盘的端面跳动量应小于0.02mm。
3)联轴器侧面的摆度应小于0.10mm。
4)滑环处的摆度应小于0.20mm。

(6)卧式和斜式电动机滑环与电刷的安装应符合设计要求。

(7)滑环表面应光滑,摆度应不大于0.05mm。滑环上的电刷装置应安装正确,电刷在刷握内应有0.1~0.2mm的间隙,刷握与滑环应有2~4mm间隙。

第七节 水利水电工程施工质量事故处理

一、质量事故分类

水利水电工程质量事故是指在水利水电工程建设过程中,由于建设管理、监理、勘测、设计、咨询、施工、材料、设备等原因造成工程质量不符合规程规范和合同规定的质量标准,影响使用寿命和对工程安全运行造成隐患和危害的事件。

工程质量事故按直接经济损失的大小,检查、处理事故对工期的影响时间长短和对工程正常使用的影响,分为一般质量事故、较大质量事故、重大质量事故、特大质量事故。

一般质量事故指对工程造成一定经济损失,经处理后不影响正常使用和使用寿命的事故;较大质量事故是指对工程造成较大经济损失或延误较短工期,经处理后不影响正常使用但对工程寿命有一定影响的事故;重大质量事故是指对工程造成重大经济损失或较长时间延误工期,经处理后不影响正常使用但对工程寿命有较大影响的事故;特大质量事故是指对工程造成特大经济损失或长时间延误工期,经处理后仍对正常使用和工程寿命造成较大影响的事故。

水利工程质量事故分类标准见表4-123。

表 4-123　　　　　　　　　　水利工程质量事故分类标准

损失情况		事故类别			
		特大质量事故	重大质量事故	较大质量事故	一般质量事故
事故处理所需的物质、器材和设备、人工等直接损失费用/万元	大体积混凝土、金属结构制作和机电安装工程	>3000	>500,≤3000	>100,≤500	>20,≤100
	土石方工程、混凝土工程	>1000	>100,≤1000	>30,≤100	>10,≤30
事故处理所需合理工期/月		>6	>3,≤6	>1,≤3	≤1
事故处理后对工程功能和寿命影响		影响工程正常使用，需限制运行	不影响正常使用，但对工程寿命有较大影响	不影响正常使用，但对工程寿命有一定影响	不影响正常使用和工程寿命

注：1. 直接经济损失费用为必需条件，其余两项主要适用于大中型工程。
    2. 小于一般质量事故的质量问题称为质量缺陷。

二、质量事故处理原则

在水利水电工程施工过程中发生质量事故,必须坚持"事故原因不查清楚不放过、主要事故责任者和职工未受到教育不放过、补救和防范措施不落实不放过"的原则,认真调查事故原因,研究处理措施,查明事故责任,做好事故处理工作。

三、施工质量事故处理程序

《水电水利工程施工监理规范》(DL/T 5111—2012)规定,水利水电工程施工质量事故处理应按以下程序进行：

(1)施工质量事故发生后,监理机构应立即向业主报告,同时,督促承建单位按规定及时提出事故报告。

(2)监理机构应对事故经过做好记录,并督促承建单位在做好相应记录的同时,根据需要对事故现场进行拍照、摄像,为事故调查、处理提供依据。

(3)当施工质量事故危及施工安全,或不立即采取措施会使事态进一步扩大,甚至危及工程安全时,监理机构应指示承建单位立即停止施工,采取临时或紧急措施进行防护。

(4)监理机构应按国家法律法规和工程承建合同规定,参加事故的调查与处理。

(5)监理机构应督促承建单位按照批准的施工质量事故处理方案和措施对事故进行处理,对事故处理过程和处理结果进行跟踪检查,并在施工质量事故处理完成后及时组织专项验收。

四、工程质量缺陷处理

根据《水利工程质量事故处理暂行规定》,对于小于一般质量事故的质量问题称之为质量缺陷。在我国水利工程建设中,多实行工程质量缺陷备案制度。对于某些因特殊原因,使得工程个别部位或局部达不到规范和设计要求,且未能及时进行处理的工程质量缺陷问题,应将该工程质量缺陷备案,并作为工程竣工验收备查资料存档。通常情况下,工程质量缺陷备案表由监理单位组织填写。

第八节 水利水电工程施工质量检验与评定

一、项目划分

1. 项目名称

水利水电工程质量检验与评定应进行项目划分。项目按级划分为单位工程、分部工程、单元(工序)工程三级。工程中永久性房屋(管理设施用房)、专用公路、专用铁路等工程项目,可按相关行业标准划分和确定项目名称。

2. 项目划分原则

水利水电工程项目划分应结合工程结构特点、施工部署及施工合同要求进行,划分结果应有利于保证施工质量以及施工质量管理。

(1)单位工程项目的划分应按下列原则确定:

1)枢纽工程,一般以每座独立的建筑物为一个单位工程。当工程规模大时,可将一个建筑物中具有独立施工条件的一部分划分为一个单位工程。

2)堤防工程,按招标标段或工程结构划分单位工程。规模较大的交叉联结建筑物及管理设施以每座独立的建筑物为一个单位工程。

3)引水(渠道)工程,按招标标段或工程结构划分单位工程。大、中型引水(渠道)建筑物以每座独立的建筑物为一个单位工程。

4)除险加固工程,按招标标段或加固内容,并结合工程量划分单位工程。

(2)分部工程项目的划分应按下列原则确定:

1)枢纽工程,土建部分按设计的主要组成部分划分;金属结构及启闭机安装工程和机电设备安装工程按组合功能划分。

2)堤防工程,按长度或功能划分。

3)引水(渠道)工程中的河(渠)道按施工部署或长度划分。大、中型建筑物按工程结构主要组成部分划分。

4)除险加固工程,按加固内容或部位划分。

5)同一单位工程中,各个分部工程的工程量(或投资)不宜相差太大,每个单位工程中的分部工程数目,不宜少于5个。

(3)单元工程项目的划分应按下列原则确定:

1)按《水利水电单元工程施工质量验收评定标准》(SL 631、SL 632、SL 633、SL 634、SL 635、SL 637)(以下简称《单元工程评定标准》)规定进行划分。

2)河(渠)道开挖、填筑及衬砌单元工程划分界限宜设在变形缝或结构缝处,长度一般不大于100m。同一分部工程中各单元工程的工程量(或投资)不宜相差太大。

3)《单元工程评定标准》中未涉及的单元工程可依据工程结构、施工部署或质量考核要求,按层、块、段进行划分。

3. 项目划分程序

(1)由项目法人组织监理、设计及施工等单位进行工程项目划分,并确定主要单位工程、主要分部工程、重要隐蔽单元工程和关键部位单元工程。项目法人在主体工程开工前应将项目划分表及说明书面报相应工程质量监督机构确认。

（2）工程质量监督机构收到项目划分书面报告后，应在14个工作日内对项目划分进行确认并将确认结果书面通知项目法人。

（3）工程实施过程中，需对单位工程、主要分部工程、重要隐蔽单元工程和关键部位单元工程的项目划分进行调整时，项目法人应重新报送工程质量监督机构确认。

4. 水利水电工程项目具体划分措施

根据《水利水电工程施工质量评定规程》(SL 176—2007)的规定，水利水电枢纽工程项目划分见表4-124；堤防工程项目划分见表4-125；引水（渠道）工程项目划分见表4-126。

表 4-124　　　　　　　　水利水电枢纽工程项目划分表

工程类别	单位工程	分部工程	说明
一、拦河坝工程	（一）土质心（斜）墙土石坝	1. 坝基开挖与处理	
		△2. 坝基及坝肩防渗	视工程量可划分为数个分部工程
		△3. 防渗心（斜）墙	视工程量可划分为数个分部工程
		*4. 坝体填筑	视工程量可划分为数个分部工程
		5. 坝体排水	视工程量可划分为数个分部工程
		6. 坝脚排水棱体（或贴坡排水）	视工程量可划分为数个分部工程
		7. 上游坝面护坡	
		8. 下游坝面护坡	（1）含马道、梯步、排水沟。（2）如为混凝土面板（或预制块）和浆砌石护坡时，应含排水孔及反滤层
		9. 坝顶	含防浪墙、栏杆、路面、灯饰等
		10. 护岸及其他	
		11. 高边坡处理	视工程量可划分为数个分部工程，当工程量很大时，可单列为单位工程
		12. 观测设施	含监测仪器埋设、管理房等。单独招标时，可单列为单位工程
	（二）均质土坝	1. 坝基开挖与处理	
		△2. 坝基及坝肩防渗	视工程量可划分为数个分部工程
		*3. 坝体填筑	视工程量可划分为数个分部工程
		4. 坝体排水	视工程量可划分为数个分部工程
		5. 坝脚排水棱体（或贴坡排水）	视工程量可划分为数个分部工程
		6. 上游坝面护坡	
		7. 下游坝面护坡	（1）含马道、梯步、排水沟。（2）如为混凝土面板（或预制块）和浆砌石护坡时，应含排水孔及反滤层
		8. 坝顶	含防浪墙、栏杆、路面、灯饰等
		9. 护岸及其他	
		10. 高边坡处理	视工程量可划分为数个分部工程
		11. 观测设施	含监测仪器埋设、管理房等。单独招标时，可单列为单位工程

续表

工程类别	单位工程	分部工程	说明
一、拦河坝工程	(三)混凝土面板堆石坝	1. 坝基开挖与处理	
		△2. 趾板及周边缝止水	视工程量可划分为数个分部工程
		△3. 坝基及坝肩防渗	视工程量可划分为数个分部工程
		△4. 混凝土面板及接缝止水	视工程量可划分为数个分部工程
		5. 垫层与过渡层	
		6. 堆石体	视工程量可划分为数个分部工程
		7. 上游铺盖和盖重	
		8. 下游坝面护坡	含马道、梯步、排水沟
		9. 坝顶	含防浪墙、栏杆、路面、灯饰等
		10. 护岸及其他	
		11. 高边坡处理	视工程量可划分为数个分部工程,当工程量很大时,可单列为单位工程
		12. 观测设施	含监测仪器埋设、管理房等。单独招标时,可单列为单位工程
	(四)沥青混凝土面板(心墙)堆石坝	1. 坝基开挖与处理	
		△2. 坝基及坝肩防渗	视工程量可划分为数个分部工程
		△3. 沥青混凝土面板(心墙)	视工程量可划分为数个分部工程
		＊4. 坝体填筑	视工程量可划分为数个分部工程
		5. 坝体排水	
		6. 上游坝面护坡	沥青混凝土心墙土石坝有此分部
		7. 下游坝面护坡	含马道、梯步、排水沟
		8. 坝顶	含防浪墙、栏杆、路面、灯饰等
		9. 护岸及其他	
		10. 高边坡处理	视工程量可划分为数个分部工程,当工程量很大时,可单列为单位工程
		11. 观测设施	含监测仪器埋设、管理房等。单独招标时,可单列为单位工程
	(五)合土工膜斜(心)墙土石坝	1. 坝基开挖与处理	
		△2. 坝基及坝肩防渗	
		△3. 土工膜斜(心)墙	
		＊4. 坝体填筑	视工程量可划分为数个分部工程
		5. 坝体排水	
		6. 上游坝面护坡	
		7. 下游坝面护坡	含马道、梯步、排水沟
		8. 坝顶	含防浪墙、栏杆、路面、灯饰等
		9. 护岸及其他	

续表

工程类别	单位工程	分部工程	说明
一、拦河坝工程	(五)合土工膜斜(心)墙土石坝	10. 高边坡处理	视工程量可划分为数个分部工程
		11. 观测设施	含监测仪器埋设、管理房等。单独招标时,可单列为单位工程
	(六)混凝土(碾压混凝土)重力坝	1. 坝基开挖与处理	
		△2. 坝基及坝肩防渗与排水	
		3. 非溢流坝段	视工程量可划分为数个分部工程
		△4. 溢流坝段	视工程量可划分为数个分部工程
		＊5. 引水坝段	
		6. 厂坝联结段	
		△7. 底孔(中孔)坝段	视工程量可划分为数个分部工程
		8. 坝体接缝灌浆	
		9. 廊道及坝内交通	含灯饰、路面、梯步、排水沟等。如为无灌浆(排水)廊道,本分部应为主要分部工程
		10. 坝顶	含路面、灯饰、栏杆等
		11. 消能防冲工程	视工程量可划分为数个分部工程
		12. 高边坡处理	视工程量可划分为数个分部工程,当工程量很大时,可单列为单位工程
		13. 金属结构及启闭机安装	视工程量可划分为数个分部工程
		14. 观测设施	含监测仪器埋设、管理房等。单独招标时,可单列为单位工程
	(七)混凝土(碾压混凝土)拱坝	1. 坝基开挖与处理	
		△2. 坝基及坝肩防渗排水	视工程量可划分为数个分部工程
		3. 非溢流坝段	视工程量可划分为数个分部工程
		△4. 溢流坝段	
		△5. 底孔(中孔)坝段	
		6. 坝体接缝灌浆	视工程量可划分为数个分部工程
		7. 廊道	含梯步、排水沟、灯饰等。如为无灌浆(排水)廊道,本分部应为主要分部工程
		8. 消能防冲	视工程量可划分为数个分部工程
		9. 坝顶	含路面、栏杆、灯饰等
		△10. 推力墩(重力墩、翼坝)	
		11. 周边缝	仅限于有周边缝拱坝
		12. 铰座	仅限于铰拱坝
		13. 高边坡处理	视工程量可划分为数个分部工程
		14. 金属结构及启闭机安装	视工程量可划分为数个分部工程
		15. 观测设施	含监测仪器埋设、管理房等。单独招标时,可单列为单位工程

续表

工程类别	单位工程	分部工程	说明
一、拦河坝工程	(八)浆砌石重力坝	1. 坝基开挖与处理	
		△2. 坝基及坝肩防渗排水	视工程量可划分为数个分部工程
		3. 非溢流坝段	视工程量可划分为数个分部工程
		△4. 溢流坝段	
		*5. 引水坝段	
		6. 厂坝联结段	
		△7. 底孔(中孔)坝段	
		△8. 坝面(心墙)防渗	
		9. 廊道及坝内交通	含灯饰、路面、梯步、排水沟等。如为无灌浆(排水)廊道,本分部应为主要分部工程
		10. 坝顶	含路面、栏杆、灯饰等
		11. 消能防冲工程	视工程量可划分为数个分部工程
		12. 高边坡处理	视工程量可划分为数个分部工程
		13. 金属结构及启闭机安装	
		14. 观测设施	含监测仪器埋设、管理房等。单独招标时,可单列为单位工程
	(九)浆砌石坝	1. 坝基开挖与处理	
		△2. 坝基及坝肩防渗排水	
		3. 非溢流坝段	视工程量可划分为数个分部工程
		△4. 溢流坝段	
		△5. 底孔(中孔)坝段	
		△6. 坝面防渗	
		7. 廊道	含灯饰、路面、梯步、排水沟等
		8. 消能防冲	
		9. 坝顶	含路面、栏杆、灯饰等
		△10. 推力墩(重力墩、翼坝)	视工程量可射分为数个分部工程
		11. 高边坡处理	视工程量可划分为数个分部工程
		12. 金属结构及启闭机安装	
		13. 观测设施	含监测仪器埋设、管理房等。单独招标时,可单列为单位工程
	(十)橡胶坝	1. 坝基开挖与处理	
		2. 基础底板	
		3. 边墩(岸墙)、中墩	
		4. 铺盖或截渗墙、上游翼墙及护坡	
		5. 消能防冲	

续表

工程类别	单位工程	分部工程	说明
一、拦河坝工程	（十）橡胶坝	△6. 坝袋安装	
		△7. 控制系统	含管路安装、水泵安装、空压机安装
		8. 安全与观测系统	含充水坝安全溢流设备安装、排气阀安装；充气坝安全阀安装、水封管（或U形管）安装；自动塌坝装置安装；坝袋内压力观测设施安装，上下游水位观测设施安装
		9. 管理房	房建按《建筑工程施工质量验收统一标准》（GB/T 50300—2013）划分分项工程
二、泄洪工程	（一）溢洪道工程（含陡槽溢洪道、侧堰溢洪道、竖井溢洪道）	△1. 地基防渗及排水	
		2. 进水渠段	
		△3. 控制段	
		4. 泄槽段	
		5. 消能防冲段	视工程量可划分为数个分部工程
		6. 尾水段	
		7. 护坡及其他	
		8. 高边坡处理	视工程量可划分为数个分部工程
		9. 金属结构及启闭机安装	视工程量可划分为数个分部工程
	（二）泄洪隧洞（防空洞、排砂洞）	△1. 进水口或竖井（土建）	
		2. 有压洞身段	视工程量可划分为数个分部工程
		3. 无压洞身段	
		△4. 工作闸门段（土建）	
		5. 出口消能段	
		6. 尾水段	
		△7. 导流洞堵体段	
		8. 金属结构及启闭机安装	
三、枢纽工程中的引水工程	（一）坝体引水工程（含发电、灌溉、工业及生活取水口工程）	△1. 进水闸室段（土建）	
		2. 引水渠段	
		3. 厂坝联结段	
		4. 金属结构及启闭机安装	
	（二）引水隧洞及压力管道工程	△1. 进水闸室段（土建）	
		2. 洞身段	视工程量可划分为数个分部工程
		3. 调压井	
		△4. 压力管道段	
		5. 灌浆工程	含回填灌浆、固结灌浆、接缝灌浆
		6. 封堵体	长隧洞临时支洞
		7. 封堵闸	长隧洞永久支洞
		8. 金属结构及启闭机安装	

续表

工程类别	单位工程	分部工程	说明
四、发电工程	(一)地面发电厂房工程	1. 进口段(指闸坝式)	
		2. 安装间	
		3. 主机段	土建,每台机组段为一个分部工程
		4. 尾水段	
		5. 尾水渠	
		6. 副厂房、中控室	安装工作量大时,可单列控制盘柜安装分部工程。房建工程按 GB/T 50300—2013 划分分项工程
		△7. 水轮发电机组安装	以每台机组安装工程为一个分部工程
		8. 辅助设备安装	
		9. 电气设备安装	电气一次、电气二次可分列分部工程
		10. 通信系统	通信设备安装,单独招标时,可单列为单位工程
		11. 金属结构及启闭(起重)设备安装	拦污栅、进口及尾水闸门启闭机、桥式起重机可单列分部工程
		△12. 主厂房房建工程	按 GB/T 50300—2013 划分分项工程
		13. 厂区交通、排水及绿化	含道路、建筑小品、亭台、花坛、场坪绿化、排水沟渠等
	(二)地下发电厂房工程	1. 安装间	
		2. 主机段	土建,每台机组段为一个分部工程
		3. 尾水段	
		4. 尾水洞	
		5. 副厂房、中控室	在安装工作量大时,可单列控制盘柜安装分部工程。房建工程按 GB/T 50300—2013 划分分项工程
		6. 交通隧洞	视工程量可划分为数个分部工程
		7. 出线洞	
		8. 通风洞	
		△9. 水轮发电机组安装	每台机组为一个分部工程
		10. 辅助设备安装	
		11. 电气设备安装	电气一次、电气二次可分列分部工程
		12. 金属结构及启闭(起重)设备安装	尾水闸门启闭机、桥式起重机可单列分部工程
		13. 通信系统	通信设备安装,单独招标时,可单列为单位工程
		14. 砌体及装修工程	按 GB/T 50300—2013 划分分项工程

续表

工程类别	单位工程	分部工程	说明
四、发电工程	（三）坝内式发电厂房工程	△1. 进水口闸室段(土建)	
		2. 压力管道	
		3. 安装间	
		4. 主机段	土建,每台机组段为一个分部工程
		5. 尾水段	
		6. 副厂房及中控室	在安装工作量大时,可单列控制盘柜安装分部工程。房建工程按 GB/T 50300—2013 划分分项工程
		△7. 水轮发电机组安装	每台机组为一个分部工程
		8. 辅助设备安装	
		9. 电气设备安装	电气一次、电气二次可分列分部工程
		10. 通信系统	通信设备安装,单独招标时,可单列为单位工程
		11. 交通廊道	含梯步、路面、灯饰工程。电梯按 GB/T 50300—2013 划分分项工程
		12. 金属结构及启闭(起重)设备安装	视工程量可划分为数个分部工程
		13. 砌体及装修工程	按 GB/T 50300—2013 划分分项工程
五、升压变电工程	地面升压变电站、地下升压变电站	1. 变电站(土建)	
		2. 开关站(土建)	
		3. 操作控制室	房建工程按 GB/T 50300—2013 划分分项工程
		△4. 主变压器安装	
		5. 其他电气设备安装	按设备类型划分
		6. 交通洞	仅限于地下升压站
六、水闸工程	泄洪闸、冲砂闸、进水闸	1. 上游联结段	
		2. 地基防渗及排水	
		△3. 闸室段(土建)	
		4. 消能防冲段	
		5. 下游联结段	
		6. 交通桥(工作桥)	含栏杆、灯饰等
		7. 金属结构及启闭机安装	视工程量可划分为数个分部工程
		8. 闸房	按 GB/T 50300—2013 划分分项工程

续表

工程类别	单位工程	分部工程	说明
七、过鱼工程	(一)鱼闸工程	1. 上鱼室	
		2. 井或闸室	
		3. 下鱼室	
		4. 金属结构及启闭机安装	
	(二)鱼道工程	1. 进口段	
		2. 槽身段	
		3. 出口段	
		4. 金属结构及启闭机安装	
八、航运工程	(一)船闸工程	按 JTS 257—2008 划分分部工程和分项工程	
	(二)升船机工程	1. 上引航道及导航建筑物	按 JTS 257—2008 划分分项工程
		2. 上闸首	按 JTS 257—2008 划分分项工程
		3. 升船机主体	含普通混凝土、混凝土预制构件制作、混凝土预制构件安装、钢构件安装、承船厢制作、承船厢安装、升船机制作、升船机安装、机电设备安装等
		4. 下闸首	按 JTS 257—2008 划分分项工程
		5. 下引航道	按 JTS 257—2008 划分分项工程
		6. 金属结构及启闭机安装	按 JTS 257—2008 划分分项工程
		7. 附属设施	按 JTS 257—2008 划分分项工程
九、交通工程	(一)永久性专用公路工程	按交通部《公路工程质量检验评定标准》(JTG F80/1~2—2004)进行项目划分	
	(二)永久性专用铁路工程	按铁道部发布的铁路工程有关规定进行项目划分	
十、管理设施	永久性辅助性生产房屋及生活用房按 GB/T 50300—2013 进行项目划分		

注:分部工程名称前加"△"者为主要分部工程。加"＊"者可定为主要分部工程,也可定为一般分部工程,视实际情况决定。

表 4-125 堤防工程项目划分表

工程类别	单位工程	分部工程	说明
一、防洪堤(1、2、3级堤防及堤身高于6m的4级堤防)	(一)△堤身工程	△1. 堤基处理	
		2. 堤基防渗	
		3. 堤身防渗	
		△4. 堤身填(浇、砌)筑工程	包括碾压式土堤填筑、土料吹填筑堤、混凝土防洪墙、砌石堤等
		5. 填塘固基	
		6. 压浸平台	
		7. 堤身防护	
		8. 堤脚防护	
		9. 小型穿堤建筑物	视工程量,以一个或同类数个小型穿堤建筑物为 1 个分部工程
	(二)堤岸防护	1. 护脚工程	
		△2. 护坡工程	

续表

工程类别	单位工程	分部工程	说明
二、交叉连接建筑物(仅限于较大建筑物)	(一)涵洞	1. 地基与基础工程	
		2. 进口段	
		△3. 洞身	视工程量可划分为1个或数个分部工程
		4. 出口段	
	(二)水闸	1. 上游联结段	
		2. 地基与基础	
		△3. 闸室(土建)	
		4. 交通桥	
		5. 消能防冲段	
		6. 下游联结段	
		7. 金属结构及启闭机安装	
	(三)公路桥	按照JTG F80/1—2004附录A进行项目划分	
	(四)公路		
三、管理设施	(一)管理设施	△1. 观测设施	单独招标时,可单列为单位工程
		2. 生产生活设施	房建工程按GB/T 50300—2013划分分项工程
		3. 交通工程	公路按JTG F80/1～2—2004划分分项工程
		4. 通信工程	通信设备安装,单独招标时,可单列为单位工程

注:1. 单位工程名称前加"△"者为主要单位工程,分部工程名称前加"△"者为主要分部工程。
2. 交叉连接建筑物中的"较大建筑物"指该建筑物的工程量(投资)与防洪堤中所划分的其他单位工程的工程量(投资)接近的建筑物。

表 4-126　　　　　　　　引水(渠道)工程项目划分表

工程类别	单位工程	分部工程	说明
一、引(输)水河(渠)道	(一)明渠、暗渠	1. 渠基开挖工程	以开挖为主。视工程量划分为数个分部工程
		2. 渠基填筑工程	以填筑为主。视工程量划分为数个分部工程
		3. 渠道衬砌工程	视工程量划分为数个分部工程
		4. 渠顶工程	含路面、排水沟、绿化工程、桩号及界桩埋设等
		5. 高边坡处理	指渠顶以上边坡处理,视工程量划分为数个分部工程
		6. 小型渠系建筑物	以同类数座建筑物为一个分部工程

续表

工程类别	单位工程	分部工程	说明
二、建筑物（*指1、2、3级建筑物）	（一）水闸	1. 上游引河段	视工程量划分为数个分部工程
		2. 上游联结段	
		3. 闸基开挖与处理	
		4. 地基防渗及排水	
		△5. 闸室段（土建）	
		6. 消能防冲段	
		7. 下游联结段	
		8. 下游引河段	视工程量划分为数个分部工程
		9. 桥梁工程	
		10. 金属结构及启闭机安装	
		11. 闸房	按 GB/T 50300—2013 划分分项工程
	（二）渡槽	1. 基础工程	
		2. 进出口段	
		△3. 支承结构	视工程量划分为数个分部工程
		△4. 槽身	视工程量划分为数个分部工程
	（三）隧洞	1. 进口段	
		2. 洞身 △(1)洞身段	围岩软弱或裂隙发育时，按长度将洞身划分为数个分部工程，每个分部工程中有开挖单元及衬砌单元。洞身分部工程中对安全、功能或效益起控制作用的分部工程为主要分部工程
		2. 洞身 (2)洞身开挖	围岩质地条件较好时，按施工顺序将洞身划分为数个洞身开挖分部工程和数个洞身衬砌分部工程。洞身衬砌分部工程中对安全、功能或效益起控制作用的分部工程为主要分部工程
		2. 洞身 △(3)洞身衬砌	
		3. 隧洞固结灌浆	
		△4. 隧洞回填灌浆	
		5. 堵头段（或封堵闸）	临时支洞为堵头段，永久支洞为封堵闸
		6. 出口段	
	（四）倒虹吸工程	1. 进口段	含开挖、砌（浇）筑及回填工程
		△2. 管道段	含管床、管道安装、镇墩、支墩、阀井及设备安装等。视工程量可按管道长度划分为数个分部工程
		3. 出口段	含开挖、砌（浇）筑及回填工程
		4. 金属结构及启闭机安装	

续表

工程类别	单位工程	分部工程	说明
二、建筑物（*指1、2、3级建筑物）	（五）涵洞	1. 基础与地基工程	
		2. 进口段	
		△3. 洞身	视工程量可划分为数个分部工程
		4. 出口段	
	（六）泵站	1. 引渠	视工程量划分为数个分部工程
		2. 前池及进水池	
		3. 地基与基础处理	
		4. 主机段（土建，电机层地面以下）	以每台机组为一个分部工程
		5. 检修间	按 GB/T 50300—2013 划分分项工程
		6. 配电间	
		△7. 泵房房建工程（电机层地面至屋顶）	
		△8. 主机泵设备安装	以每台机组安装为一个分部工程
		9. 辅助设备安装	
		10. 金属结构及启闭机安装	视工程量可划分为数个分部工程
		11. 输水管道工程	视工程量可划分为数个分部工程
		12. 变电站	
		13. 出水池	
		14. 观测设施	
		15. 桥梁（检修桥、清污机桥等）	
	（七）公路桥涵（含引道）	按照 JTG F80/1—2004 附录 A 进行项目划分	
	（八）铁路桥涵	按照铁道部发布的规定进行项目划分	
	（九）防冰设施（拦冰索、排冰闸等）	按设计及施工部署进行项目划分	
三、船闸工程	按 JTS 257—2008 划分分部工程和分项工程		
四、管理设施	管理处（站、点）的生产及生活用房	按 GB/T 50300—2013 进行项目划分。观测设施及通信设施单独招标时，单列为单位工程	

注：1. 分部工程名称前加"△"者为主要分部工程。
2. 建筑物级别按《灌溉与排水工程设计规范》(GB 50288—99)第2章规定执行。
3. *工程量较大的4级建筑物，也可划分为单位工程。

二、施工质量检验

1. 基本规定

（1）承担工程检测业务的检测单位应具有水利行政主管部门颁发的资质证书。其设备和人员的配备应与所承担的任务相适应,有健全的管理制度。

(2)工程施工质量检验中使用的计量器具、试验仪器仪表及设备应定期进行检定,并具备有效的检定证书。国家规定需强制检定的计量器具应经县级以上计量行政部门认定的计量检定机构或其授权设置的计量检定机构进行检定。

(3)检测人员应熟悉检测业务,了解被检测对象性质和所用仪器及设备性能,经考核合格后,持证上岗。参与中间产品及混凝土(砂浆)试件质量资料复核的人员应具有工程师以上工程系列技术职称,并从事过相关试验工作。

(4)工程质量检验项目和数量应符合《单元工程评定标准》规定。

(5)工程质量检验方法,应符合《单元工程评定标准》和国家及行业现行技术标准的有关规定。

(6)工程质量检验数据应真实可靠,检验记录及签证应完整齐全。

(7)工程项目中如遇《单元工程评定标准》中尚未涉及的项目质量评定标准时,其质量标准及评定表格,由项目法人组织监理、设计及施工单位按水利部有关规定进行编制和报批。

(8)工程中永久性房屋、专用公路、专用铁路等项目的施工质量检验与评定可按相应行业标准执行。

(9)项目法人、监理、设计、施工和工程质量监督等单位根据工程建设需要,可委托具有相应资质等级的水利工程质量检测单位进行工程质量检测。施工单位自检性质的委托检测项目与数量,应按《单元工程评定标准》及施工合同约定执行。对已建工程质量有重大分歧时,应由项目法人委托第三方具有相应资质等级的质量检测单位进行检测,检测数量视需要确定,检测费用由责任方承担。

(10)堤防工程竣工验收前,项目法人应委托具有相应资质等级的质量检测单位进行抽样检测,工程质量抽检项目和数量由工程质量监督机构确定。

(11)对涉及工程结构安全的试块、试件及有关材料,应实行见证取样。见证取样资料由施工单位制备,记录应真实齐全,参与见证取样人员应在相关文件上签字。

(12)工程中出现检验不合格的项目时,应按以下规定进行处理:

1)原材料、中间产品一次抽样检验不合格时,应及时对同一取样批次另取两倍数量进行检验,如仍不合格,则该批次原材料或中间产品应定为不合格,不得使用。

2)单元(工序)工程质量不合格时,应按合同要求进行处理或返工重做,并经重新检验且合格后方可进行后续工程施工。

3)混凝土(砂浆)试件抽样检验不合格时,应委托具有相应资质等级的质量检测单位对相应工程部位进行检验。如仍不合格,应由项目法人组织有关单位进行研究,并提出处理意见。

4)工程完工后的质量抽检不合格,或其他检验不合格的工程,应按有关规定进行处理,合格后才能进行验收或后续工程施工。

2. 质量检验职责范围

(1)永久性工程(包括主体工程及附属工程)施工质量检验应符合下列规定:

1)施工单位应依据工程设计要求、施工技术标准和合同约定,结合《单元工程评定标准》的规定确定检验项目及数量并进行自检,自检过程应有书面记录,同时,结合自检情况如实填写水利部颁发的《水利水电工程施工质量评定表》(办建管[2002]182号)。

2)监理单位应根据《单元工程评定标准》和抽样检测结果复核工程质量。其平行检测和跟踪检测的数量按《水利工程建设项目施工监理规范》(SL 288—2003)(以下简称《监理规范》)或合同约定执行。

3) 项目法人应对施工单位自检和监理单位抽检过程进行督促检查,对报工程质量监督机构核备、核定的工程质量等级进行认定。

4) 工程质量监督机构应对项目法人、监理、勘测、设计、施工单位以及工程其他参建单位的质量行为和工程实物质量进行监督检查。检查结果应按有关规定及时公布,并书面通知有关单位。

(2) 临时工程质量检验及评定标准,应由项目法人组织监理、设计及施工等单位根据工程特点,参照《单元工程评定标准》和其他相关标准确定,并报相应的工程质量监督机构核备。

3. 质量检验内容

(1) 质量检验包括施工准备检查,原材料与中间产品质量检验,水工金属结构、启闭机及机电产品质量检查,单元(工序)工程质量检验,质量事故检查和质量缺陷备案,工程外观质量检验等。

(2) 主体工程开工前,施工单位应组织人员进行施工准备检查,并经项目法人或监理单位确认合格且履行相关手续后,才能进行主体工程施工。

(3) 施工单位应按《单元工程评定标准》及有关技术标准对水泥、钢材等原材料与中间产品质量进行检验,并报监理单位复核。不合格产品,不得使用。

(4) 水工金属结构、启闭机及机电产品进场后,有关单位应按有关合同进行交货检查和验收。安装前,施工单位应检查产品是否有出厂合格证、设备安装说明书及有关技术文件,对在运输和存放过程中发生的变形、受潮、损坏等问题应做好记录,并进行妥善处理。无出厂合格证或不符合质量标准的产品不得用于工程中。

(5) 施工单位应按《单元工程评定标准》检验工序及单元工程质量,做好书面记录,在自检合格后,填写《水利水电工程施工质量评定表》报监理单位复核。监理单位根据抽检资料核定单元(工序)工程质量等级。发现不合格单元(工序)工程,应要求施工单位及时进行处理,合格后才能进行后续工程施工。对施工中的质量缺陷应书面记录备案,进行必要的统计分析,并在相应单元(工序)工程质量评定表"评定意见"栏内注明。

(6) 施工单位应及时将原材料、中间产品及单元(工序)工程质量检验结果报监理单位复核,并应按月将施工质量情况报送监理单位,再由监理单位汇总分析后报项目法人和工程质量监督机构。

(7) 单位工程完工后,项目法人应组织监理、设计、施工及工程运行管理等单位组成工程外观质量评定组,现场进行工程外观质量检验评定,并将评定结论报工程质量监督机构核定。参加工程外观质量评定的人员应具有工程师以上技术职称或相应执业资格。评定组人数应不少于5人,大型工程不宜少于7人。工程外观质量评定办法见本书附录1。

4. 质量事故检查和质量缺陷备案

(1) 根据《水利工程质量事故处理暂行规定》(水利部令第9号),水利水电工程质量事故分为一般质量事故、较大质量事故、重大质量事故和特大质量事故四类。

(2) 质量事故发生后,有关单位应按"三不放过"原则,调查事故原因,研究处理措施,查明事故责任者,并根据《水利工程质量事故处理暂行规定》做好事故处理工作。

(3) 在施工过程中,因特殊原因使得工程个别部位或局部发生达不到技术标准和设计要求(但不影响使用),且未能及时进行处理的工程质量缺陷问题(质量评定仍定为合格),应以工程质量缺陷备案形式进行记录备案。

(4)质量缺陷备案表由监理单位组织填写,内容应真实、准确、完整。各工程参建单位代表应在质量缺陷备案表上签字,若有不同意见应明确记载。质量缺陷备案表应及时报工程质量监督机构备案,格式见本书附录2。质量缺陷备案资料按竣工验收的标准制备。工程竣工验收时,项目法人应向竣工验收委员会汇报并提交历次质量缺陷备案资料。

(5)工程质量事故处理后,应由项目法人委托具有相应资质等级的工程质量检测单位检测后,按照处理方案确定的质量标准,重新进行工程质量评定。

5. 数据处理

(1)测量误差的判断和处理,应符合《测量不确定度评定与表示》(JJF 1059.1—2012)的规定。

(2)数据保留位数,应符合国家及行业有关试验规程及施工规范的规定。计算合格率时,小数点后保留一位。

(3)数值修约应符合《数值修约规则与极限数值的表示和判定》(GB/T 8170—2008)的规定。

(4)检验和分析数据可靠性时,应符合下列要求:

1)检查取样应具有代表性。

2)检验方法及仪器设备应符合国家及行业规定。

3)操作应准确无误。

(5)实测数据是评定质量的基础资料,严禁伪造或随意舍弃检测数据。对可疑数据,应检查分析原因,并做出书面记录。

(6)单元(工序)工程检测成果按《单元工程评定标准》规定进行计算。

(7)水泥、钢材、外加剂、混合材及其他原材料的检测数量与数据统计方法应按现行国家和行业有关标准执行。

(8)砂石骨料、石料及混凝土预制件等中间产品检测数据统计方法应符合《单元工程评定标准》的规定。

(9)混凝土强度的检验评定应符合以下规定:

1)普通混凝土试块试验数据统计应符合本书附录3的规定。试块组数较少或对结论有怀疑时,也可采取其他措施进行检验。

2)碾压混凝土质量的检验与评定按《水工碾压混凝土施工规范》(SL 53)的规定执行。

3)喷射混凝土抗压强度的检验与评定应符合本书附录4的规定。

(10)砂浆、砌筑用混凝土强度检验评定标准应符合本书附录5的规定。

(11)混凝土、砂浆的抗冻、抗渗等其他检验评定标准应符合设计和相关技术标准的要求。

三、施工质量评定

1. 合格标准

(1)合格标准是工程验收标准。不合格工程必须进行处理且达到合格标准后,才能进行后续工程施工或验收。水利水电工程施工质量等级评定的主要依据有:

1)国家及行业相关技术标准。
2)《单元工程评定标准》。
3)经批准的设计文件、施工图纸、金属结构设计图样与技术条件、设计修改通知书、厂家提供的设备安装说明书及有关技术文件。
4)工程承发包合同中约定的技术标准。
5)工程施工期及试运行期的试验和观测分析成果。

(2)单元(工序)工程施工质量合格标准应按照《单元工程评定标准》或合同约定的合格标准执行。当达不到合格标准时,应及时处理。处理后的质量等级应按下列规定重新确定:
1)全部返工重做的,可重新评定质量等级。
2)经加固补强并经设计和监理单位鉴定能达到设计要求时,其质量评为合格。
3)处理后的工程部分质量指标仍达不到设计要求时,经设计复核,项目法人及监理单位确认能满足安全和使用功能要求,可不再进行处理;或经加固补强后,改变了外形尺寸或造成工程永久性缺陷的,经项目法人、监理及设计单位确认能基本满足设计要求,其质量可以定为合格,但应按规定进行质量缺陷备案。

(3)分部工程施工质量同时满足下列标准时,其质量评为合格:
1)所含单元工程的质量全部合格。质量事故及质量缺陷已按要求处理,并经检验合格。
2)原材料、中间产品及混凝土(砂浆)试件质量全部合格,金属结构及启闭机制造质量合格,机电产品质量合格。

(4)单位工程施工质量同时满足下列标准时,其质量评为合格:
1)所含分部工程质量全部合格。
2)质量事故已按要求进行处理。
3)工程外观质量得分率达到70%以上。
4)单位工程施工质量检验与评定资料基本齐全。
5)工程施工期及试运行期,单位工程观测资料分析结果符合国家和行业技术标准以及合同约定的标准要求。

(5)工程项目施工质量同时满足下列标准时,其质量评为合格:
1)单位工程质量全部合格。
2)工程施工期及试运行期,各单位工程观测资料分析结果均符合国家和行业技术标准以及合同约定的标准要求。

2. 优良标准

(1)优良等级是为工程项目质量创优而设置。
(2)单元工程施工质量优良标准应按照《单元工程评定标准》以及合同约定的优良标准执行。全部返工重做的单元工程,经检验达到优良标准时,可评为优良等级。
(3)分部工程施工质量同时满足下列标准时,其质量评为优良:
1)所含单元工程质量全部合格,其中70%以上达到优良等级,重要隐蔽单元工程和关键部位单元工程质量优良率达90%以上,且未发生过质量事故。
2)中间产品质量全部合格,混凝土(砂浆)试件质量达到优良等级(当试件组数小于30时,试件质量合格),原材料质量、金属结构及启闭机制造质量合格,机电产品质量合格。
(4)单位工程施工质量同时满足下列标准时,其质量评为优良:

1)所含分部工程质量全部合格,其中70%以上达到优良等级,主要分部工程质量全部优良,且施工中未发生过较大质量事故。

2)质量事故已按要求进行处理。

3)外观质量得分率达到85%以上。

4)单位工程施工质量检验与评定资料齐全。

5)工程施工期及试运行期,单位工程观测资料分析结果符合国家和行业技术标准以及合同约定的标准要求。

(5)工程项目施工质量同时满足下列标准时,其质量评为优良:

1)单位工程质量全部合格,其中70%以上单位工程质量达到优良等级,且主要单位工程质量全部优良。

2)工程施工期及试运行期,各单位工程观测资料分析结果均符合国家和行业技术标准以及合同约定的标准要求。

3. 质量评定工作的组织与管理

(1)单元(工序)工程质量在施工单位自评合格后,应报监理单位复核,由监理工程师核定质量等级并签证认可。

(2)重要隐蔽单元工程及关键部位单元工程质量经施工单位自评合格、监理单位抽检后,由项目法人(或委托监理)、监理、设计、施工、工程运行管理(施工阶段已经有时)等单位组成联合小组,共同检查核定其质量等级并填写签证表,报工程质量监督机构核备。重要隐蔽单元工程(关键部位单元工程)质量等级签证表见本书附录7。

(3)分部工程质量在施工单位自评合格后,由监理单位复核,项目法人认定。分部工程验收的质量结论由项目法人报工程质量监督机构核备。大型枢纽工程主要建筑物的分部工程验收的质量结论由项目法人报工程质量监督机构核定。分部工程施工质量评定表见附录7附表7-1。

(4)单位工程质量在施工单位自评合格后,由监理单位复核,项目法人认定。单位工程验收的质量结论由项目法人报工程质量监督机构核定。单位工程施工质量评定表见附录7附表7-2;单位工程施工质量检验与评定资料核查表见附录7附表7-3。

(5)工程项目质量在单位工程质量评定合格后,由监理单位进行统计并评定工程项目质量等级,经项目法人认定后,报工程质量监督机构核定。工程项目施工质量评定表见附录7附表7-4。

(6)阶段验收前,工程质量监督机构应提交工程质量评价意见。

(7)工程质量监督机构应按有关规定在工程竣工验收前提交工程质量监督报告,工程质量监督报告应有工程质量是否合格的明确结论。

第五章 水利水电工程监理进度控制

第一节 水利水电工程进度控制概述

一、工程进度控制的概念

工程建设的进度控制是指在工程项目各建设阶段编制进度计划,并将该计划付诸实施。在实施过程中应经常检查实际进度是否按计划要求进行,如有偏差,则分析产生偏差的原因,采取补救措施或调整、修改原计划,直至工程竣工,交付使用。进度控制的最终目的是确保项目进度目标的实现,建设项目进度控制的总目标是建设工期。

进度、质量、投资并列为工程项目建设的三大目标,它们之间有着相互依赖和相互制约的关系。监理工程师在工作中要对这三个目标全面系统地加以考虑,正确处理好进度、质量和投资的关系,提高工程建设的综合效益。特别是对一些投资较大的工程,对进度目标进行有效控制,确保进度目标的实现,往往会产生很大的经济效益。

工程项目的进度受诸多因素的影响,包括人的因素、技术的因素、物质供应的因素、机具设备的因素、资金的因素、工程地质的因素、社会政治的因素、气候的因素以及其他潜在的、难以预料的因素等。建设者需事先对影响进度的各种因素进行调查,预测它们对进度可能产生的影响,并在编制进度计划时予以充分反映,使建设项目按计划进行。然而计划毕竟是主观的东西,在执行过程中,必然会遇到各种客观情况,使计划难以执行。这就要求人们在执行计划的过程中,掌握动态控制原理,不断进行检查,将工作的实际执行情况与计划安排进行对比,判断是否偏离,并找出偏离计划的原因,特别是找出主要原因,然后采取相应的措施。

二、工程进度控制的内容

水利水电工程建设进度控制的内容随着参与建设的各主体单位不同而不同,这是因为设计、承包、监理等单位都有各自的进度控制目标。

1. 设计单位的进度控制内容

设计单位的进度控制内容根据设计合同的设计工期目标而确定,其主要内容如下所述:

(1)编制设计准备工作计划、设计总进度计划和各专业设计的出图计划,确定设计工作进度目标及其实施步骤。

(2)执行各类计划,在执行中进行检查,采取相应措施保证计划落实,必要时应对计划进行调整或修改,以保证计划的实现。

(3)为承包单位的进度控制提供设计保证,并协助承包单位实现进度控制目标。

(4)接受监理单位的设计进度监理。

2. 承包单位的进度控制内容

承包单位的进度控制内容根据施工合同的施工工期目标而确定，其主要内容如下所述：

(1) 根据合同的工期目标，编制施工准备工作计划、施工组织设计、施工方案、施工总进度计划和单位工程施工进度计划，以确定工作内容、工作顺序、起止时间和衔接关系，为实施进度控制提供依据。

(2) 编制月(旬)作业计划和施工任务书，落实施工需要的资源，做好施工进度的跟踪控制以掌握施工实际情况，加强调度工作，达到进度的动态平衡，从而使进度计划的实施取得成效。

(3) 对比实际进度与计划进度的偏差，采取措施纠正偏差，如调整资源投入方向等，保证实现总的工期目标。

(4) 监督并协助分包单位实施其承包范围内的进度控制。

(5) 总结分析项目及阶段进度控制目标的完成情况、进度控制中的经验和问题，积累进度控制信息，不断提高进度控制水平。

(6) 接受监理单位的施工进度控制监理。

3. 监理单位的进度控制内容

监理单位的进度控制内容根据监理合同的工期控制目标而确定，其主要内容如下所述：

(1) 在准备阶段，向建设单位提供有关工期的信息和咨询，协助其进行工期目标和进度控制决策。

(2) 进行环境和施工现场的调查和分析，编制项目进度规划和总进度计划，编制准备工作详细计划，并控制其执行。

(3) 签发开工通知书。

(4) 审核总承包单位、设计单位、分承包单位及供应单位的进度控制计划，并在其实施过程中，通过履行监理职责，监督、检查、控制、协调各项进度计划的实施。

(5) 通过审批设计单位和承包单位的进度付款，对其进度实行动态控制。妥善处理承包单位的进度索赔。

三、工程监理进度控制措施

为了实施进度控制，监理工程师必须根据建设工程的具体情况，认真制定进度控制措施，以确保建设工程进度控制目标的实现。进度控制的措施应包括组织措施、技术措施、经济措施及合同措施。

1. 组织措施

进度控制的组织措施主要包括：

(1) 建立进度控制目标体系，明确建设工程现场监理组织机构中进度控制人员及其职责分工。

(2) 建立工程进度报告制度及进度信息沟通网络。

(3) 建立进度计划审核制度。

(4) 建立进度控制检查制度和分析制度。

(5) 建立进度协调会议制度。

(6) 建立图纸审查、工程变更和设计变更管理制度。

2. 技术措施

进度控制的技术措施主要包括：

(1)审查承包商提交的进度计划,使承包商能在合理的状态下施工。
(2)编制进度控制工作细则,指导监理人员实施进度控制。
(3)采用网络计划技术及其他科学、适用的计划方法,并结合电子计算机,对建设工程进度实施动态控制。

3. 经济措施

进度控制的经济措施主要包括:
(1)及时办理工程预付款及工程进度款支付手续。
(2)对应急赶工给予优厚的赶工费用。
(3)对工期提前给予奖励。
(4)对工程延误收取误期损失赔偿金。
(5)加强索赔管理,公正地处理索赔。

4. 合同措施

进度控制的合同措施主要包括:
(1)推行CM承发包模式。
(2)加强合同管理,保证合同中进度目标的实现。
(3)严格控制合同变更。
(4)加强风险管理。

四、工程监理进度控制的方法

(1)审核、批准。监理工程师应及时审核有关的技术文件、报表、报告。根据监理的权限,其审核的具体内容有以下几个方面:
1)下达开工令,审批"工程动工报审表"。
2)审批施工总进度计划、年、季、月进度计划,进度修改调整计划。
3)批准工程延期。审批复工报审表、工程延期申请表、工程延期审批表。
4)审批承包单位报送的有关工程进度的报告。审批"(　　)月完成工程量报审表",审阅"(　　)月工、料、机动态表"等。
(2)检查、分析和报告。监理工程师应及时检查承包单位报送的进度报表和分析资料;跟踪检查实际形象进度;应经常分析进度偏差的程度、影响面及产生原因,并提出纠偏措施。应定期或不定期地向建设单位报告进度情况并提出防止因建设单位因素而导致工程延误和费用索赔的建议。
(3)组织协调。项目监理应定期或不定期地组织不同层次的协调会。在建设单位、承包单位及其他相关参建单位之间的不同层面解决相应的进度协调问题。
(4)积累资料。监理工程师应及时收集、整理有关工程进度方面的资料,为公正、合理地处理进度拖延、费用索赔及工期奖、罚问题提供证据。

五、工程进度控制计划体系

(一)设计单位的计划系统

设计单位的计划系统主要包括设计总进度计划、设计准备工作进度计划、初步设计(技术设计)工作进度计划、施工图设计工作进度计划、设计作业进度计划等。

1. 设计总进度计划

设计总进度计划主要用来安排自设计准备开始至施工图设计完成的总设计时间内所包含的各阶段工作的开始时间和完成时间,从而确保设计进度控制总目标的实现。其计划的表式见表5-1。

表5-1　　　　　　　　　　　设计总进度计划

阶段名称	进度/月																	
	1	2	3	4	5	6	7	8	9	10	11	12	13	14	15	16	17	18
设计准备																		
方案设计																		
初步设计																		
技术设计																		
施工图设计																		

2. 设计准备工作进度计划

设计准备工作进度计划中一般要考虑规划设计条件的确定、设计基础资料的提供及委托设计等工作的时间安排。其计划的表式见表5-2。

表5-2　　　　　　　　　　　设计准备工作进度计划

工作内容	进度/周														
	2	4	6	8	10	12	14	16	18	20	22	24	26	28	30
确定规划设计条件															
提供设计基础资料															
委托设计															

3. 初步设计(技术设计)工作进度计划

初步设计(技术设计)工作进度计划要考虑方案设计、初步设计、技术设计、设计的分析评审、概算的编制、修正概算的编制以及设计文件审批等工作的时间安排,一般按单位工程编制。其计划表式见表5-3。

表5-3　　　　　　　××单位工程初步设计(技术设计)工作进度计划

工作内容	进度/周																	
	1	2	3	4	5	6	7	8	9	10	11	12	13	14	15	16	17	18
方案设计																		
初步设计																		
编制概算																		
技术设计																		
编制修正概算																		
分析评审																		
审批设计																		

4. 施工图设计工作进度计划

施工图设计工作进度计划主要考虑各单位工程的设计进度及其搭接关系。其计划表式见表 5-4。

表 5-4　　　　　　　　××工程施工图设计工作进度计划

工程名称	建筑规模	设计工日定额/工日	设计人数	进度/天									
				1	2	3	4	5	6	7	8	9	10
××工程													
××工程													
××工程													
××工程													
××工程													

5. 设计作业进度计划

为了控制各专业的设计进度,并作为设计人员承包设计任务的依据,应编制设计作业进度计划。其计划表式见表 5-5。

表 5-5　　　　　　　　××工程设计作业进度计划

工作内容	工日定额	设计人数	进度/天												
			2	4	6	8	10	12	14	16	18	20	22	24	26	28
工艺设计																
建筑设计																
结构设计																
给排水设计																
通风设计																
电气设计																
审查设计																

(二)施工单位的计划系统

施工单位的进度计划包括施工准备工作计划、施工总进度计划、单位工程施工进度计划及分部分项工程进度计划。

1. 施工准备工作计划

施工准备工作的内容通常包括建立工程管理组织、施工技术准备、劳动组织准备、施工物资准备、施工现场准备等。为落实各项施工准备工作,加强对施工准备工作的监督和检查,应编制施工准备工作计划。

2. 施工总进度计划

施工总进度计划是根据施工部署中施工方案和工程项目的开展程序,对全工地所有单位工程做出时间上的安排。其目的在于确定各单位工程及全工地性工程的施工期限及开竣工日期,进而确定施工现场劳动力、材料、成品、半成品、施工机械的需要数量和调配情况,以及现场临时设施的数量、水电供应量和能源、交通需求量。因此,科学、合理地编制施工总进度计划,是保证整个建设工程按期交付使用,充分发挥投资效益,降低建设工程成本的重要条件。

3. 单位工程施工进度计划

单位工程施工进度计划是在既定施工方案的基础上,根据规定的工期和各种资源供应条件,遵循各施工过程的合理施工顺序,对单位工程中的各施工过程做出时间和空间上的安排,并以此为依据,确定施工作业所必需的劳动力、施工机具和材料供应计划。因此,合理安排单位工程施工进度,是保证在规定工期内完成符合质量要求的工程任务的重要前提。同时,为编制各种资源需要量计划和施工准备工作计划提供依据。

4. 分部分项工程进度计划

分部分项工程进度计划是针对工程量较大或施工技术比较复杂的分部分项工程,在依据工程具体情况所制定的施工方案基础上,对其各施工过程所做出的时间安排。如:大型基础土方工程、复杂的基础加固工程、大体积混凝土工程、大型桩基工程、大面积预制构件吊装工程等,均应编制详细的进度计划,以保证单位工程施工进度计划的顺利实施。

(三)水利水电监理单位的计划系统

监理单位除对被监理单位的进度计划进行监控外,自己也应编制有关进度计划,以便更有效地控制建设工程实施进度。

1. 监理总进度计划

建设监理编制的总进度计划阐明工程项目前期准备、设计、施工、动用前准备及项目动用等几个阶段的控制进度。详见表5-6。

表5-6　　　　　　　　　　　总进度计划

阶段名称	阶段进度															
	××年				××年				××年				××年			
	1	2	3	4	1	2	3	4	1	2	3	4	1	2	3	4
前期准备																
设　　计																
施　　工																
动用前准备																
项目动用																

2. 总进度分解计划

总进度分解计划包括:
(1)年度进度计划。
(2)季度进度计划。
(3)月度进度计划。
(4)设计准备阶段进度计划。
(5)设计阶段进度计划。
(6)施工阶段进度计划。
(7)动用前准备阶段进度计划。

第二节 水利水电工程设计进度控制

一、设计进度控制的任务

水利水电工程建设项目设计阶段进度控制的主要任务是出图控制,也就是要采取有效措施促使设计人员如期完成初步设计、技术设计、施工图设计。为此,设计监理要审定设计单位的工作计划和各工种的出图计划,并经常检查计划执行情况,对照实际进度与计划进度,及时调整进度计划。如发现出图进度拖后,设计监理要敦促设计方加班加点,增加设计力量,加强相互协调与配合来加快设计进度。

二、设计进度控制的措施

对设计进度的控制必须从设计单位自身的控制及监理单位的监控两方面着手。

1. 设计单位的进度控制

为了履行设计合同,按期交付施工图设计文件,设计单位应采取有效措施,控制工程设计进度。

(1)建立计划部门,负责设计年度计划的编制和工程建设项目设计进度计划的编制。

(2)建立健全设计技术经济定额,并按定额要求进行计划的编制与考核。

(3)实行设计工作技术经济责任制。

(4)编制切实可行的设计总进度控制计划、阶段性设计进度计划和专业设计进度作业计划。在编制计划时,加强与建设单位、监理单位、科研单位及承包单位的协作与配合,使设计进度计划积极可靠。

(5)认真实施设计进度计划,力争设计工作有节奏、有秩序、合理地搭接进行;在执行计划时,要定期检查计划的执行情况,并及时对设计进度进行调整,使设计工作始终处于可控制状态。

(6)坚持按基本建设程序办事,尽量避免进行"边设计、边准备、边施工"的"三边"工程。

(7)不断分析总结设计进度控制工作经验,逐步提高设计进度控制工作水平。

2. 监理单位的进度控制

监理单位在进度控制中的具体措施如下:

(1)落实项目监理班子中专门负责设计进度控制的人员,按合同要求对设计工作进度进行严格的监控。

(2)对设计进度的监控实施动态控制,内容包括:在设计工作开始之前,审查设计单位编制的进度计划的合理性和可行性;在进度计划实施过程中,定期检查设计工作的实际完成情况,并与计划进度进行比较分析,一旦发现偏差,在分析原因的基础上提出措施。

(3)要求设计单位,无论是在初步设计、技术设计或是施工图设计阶段,各专业设计的进度安排要具体到每张图纸。

(4)对设计单位填写的设计图纸进度表进行核查分析,提出自己的见解,将各设计阶段的每一张图纸的进度纳入监控之中。

三、设计进度控制的程序

设计进度控制绝非单一的工作,务必与设计质量、各个方案的技术经济评价、优化设计等相结合。图 5-1 所示为设计阶段进度控制工作流程。对一般工程只含方案设计、初步设计与施工图设计三部分。具体实施进度,根据实际情况可更详尽、细致地进行安排。

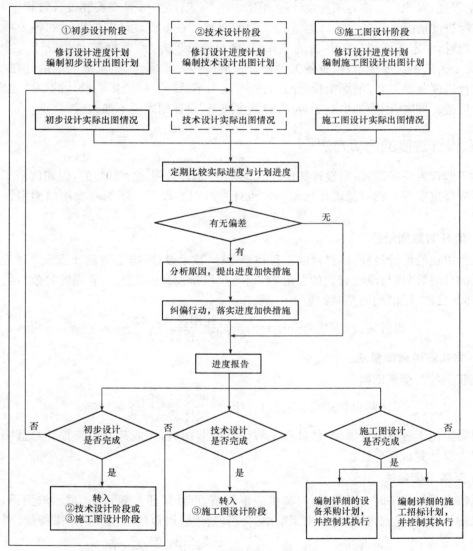

图 5-1 设计阶段进度控制工作流程

四、设计进度计划的制定

设计监理要会同有关设计负责人,依据总的设计时间来安排初步设计、技术设计、施工图设计完成的时间,在确定这三个主要关键点的完成时间后,监理工程师就要检查督促或会同设计单位安排详细的初步设计出图计划,分析各专业、两种设计的图纸工作量和非图纸工作量及各专业设计的工作顺序,审查设计单位安排的初步设计各工种设计,包括建筑、结构、水、暖、电、工艺设计的出图计划的可行性、合理性,如果发现设计单位各出图计划存在问题应及时提出,并要求增加设计力量或加强相互协作。

进入技术设计、施工图设计后,同样要考虑各自阶段设计的特点和各工种设计的难易程度、复杂程度,以此来安排各工种设计的出图时间、完成计划,并且在实际设计过程中,根据目前的实际进度情况来对各出图计划进行及时的调整。在审核设计单位提供的各工种设计的出图计划时,一定要详细分析各自的工作量、各自设计的难度,观察各专业设计人员是否合理、人员是否满足进度要求,检查各工种设计进度搭接的紧凑性,尽量把困难估计在前面,不要使设计进度前松后紧,前面拖拉,导致后面时间来不及。这样既影响设计的如期完成,也影响设计质量。同时,因为匆忙赶工,没有时间多思考,设计则难免不如人意。

五、设计进度的测算方法

对于监理人员来说,盼望设计如期完成,实现计划设计进度是自然的,但如何来了解设计的实际进展进度呢?也就是说如何来测定设计进度呢?以下介绍四种常用的测定设计进度的方法。

1. 消耗时数衡量法

凭借以往的设计经验,估算目前工程初步设计、技术设计、施工图设计或三个过程设计预计消耗的总时数(指与设计有关的总时数,而不仅仅指设计图纸人员消耗的时数),再估算到某一时间已经实际消耗的总时数是多少,则有:

$$设计进度(完成百分比)=\frac{已耗用设计时数}{预计本工程设计总时数}\times 100\%$$

2. 完成蓝图数衡量法

以蓝图数为衡量依据:

$$实际设计进度(完成百分比)=\frac{已完成蓝图数}{预计总蓝图数}\times 100\%$$

根据类似工程的设计经验,估计各工种设计的蓝图数,完成蓝图数与预计总蓝图数的百分比即为设计完成百分比。

3. 采购单衡量法

通常为确保施工时主要设备、材料供应不脱节,设计阶段主要设备、材料选型后,要向有关厂家询价,货比三家,并及时发出采购单。设计进度也可以用已发采购单来衡量,则:

$$设计进度(完成百分比)=\frac{已发采购单数}{预计采购单总数}\times 100\%$$

4. 权数法

以上三种测定设计进度的方法直观易懂,能从一定程度上反映设计进度情况,但都不够全面。权数法是比以上三种更为确切的测定设计进度的方法。

权数法是以绘制蓝图为中心来计算设计完成百分数的。具体步骤如下:

(1)制订出各工种专业蓝图标准完成程度。蓝图的性质、大小是不同的,因而绘制的难易程度有别,显然所耗用的时数也就各异。监理工程师要与各专业设计负责人,根据经验和对历史数据的分析研究,制定出各种蓝图标准完成程度。

(2)测定各专业设计实际完成程度。

(3)估计出各专业设计计划耗时数。凭经验和历史数据,估计出各专业设计(包括设计及其有关工作)的设计完成计划总耗时数及已耗时数。

(4)按下式计算实际设计进度：

$$实际设计进度 = \sum(\frac{各专业设计计划耗时数}{总耗时数}) \times 各专业设计完成百分数$$

第三节　水利水电工程施工进度控制

一、工程施工进度控制任务

施工阶段进度控制的主要任务是编制施工总进度计划并控制其执行,按期完成整个施工项目任务;编制单位工程施工进度计划并控制其执行,按期完成单位工程的施工任务;编制分部分项工程施工进度计划并控制其执行,按期完成分部分项工程的施工任务;编制季度、月(旬)作业计划并控制其执行,完成规定的目标等。

二、施工进度控制基本工作

1. 监理单位一般工作

监理单位一般工作内容包括：

(1)工程招标阶段,协助业主审查招标文件中涉及工程进度的条款,协助业主审议工程投标文件中涉及工程进度的文件并提出审议意见。

(2)合同工程项目开工前,协助业主完成或完善监理项目工程总进度计划的编制。

(3)在工程施工过程中：

1)协助业主做好工程总进度计划管理。结合施工进展和实际施工条件,以实现合同工期的有效控制为目标,协助业主对工程总进度计划不断予以优化、调整和完善。

2)审查承建单位报送的施工总进度计划、工程施工进度计划。

3)对工程进展及施工总进度计划进行过程控制。

4)按合同规定受理承建单位申报的工程延期申请。

5)向业主提供关于工程总进度计划的建议及分析报告。

6)依据工程监理合同约定,向业主编报施工进度表与工程进展报告。

2. 施工总进度计划管理

(1)施工总进度计划应依据工程项目的施工特性、施工方案、工程承建合同所要求的施工水平和合同工期目标制订。

(2)在工程施工过程中,监理机构应做好以下工作：

1)提请业主根据承建合同约定,按报经批准的施工总进度计划为工程施工提供应由业主提供的条件。

2)督促承建单位按报经批准的施工总进度计划组织施工资源的投入,保证工程项目按预定计划进展和完成。

3）由于施工条件变化、设计变更、业主或承建单位的原因等，导致施工总进度计划发生严重偏离时，监理机构应在业主的授权范围内或进一步与业主协商后督促承建单位采取措施追回工期，或者为适应工程进展及时指示承建单位对施工总进度计划进行调整。

3. 施工进度管理

《水电水利工程施工监理规范》(DL/T 5111—2012)规定，施工进度管理工作内容包括：

(1)监理机构应督促承建单位建立施工进度计划管理机构，设立施工进度计划管理工程师，做好生产调度、施工进度计划安排与调整等工作。

(2)监理机构应密切注意关键线路项目各重要事件进展，及时发现、协调和解决影响工程进展的干扰因素，促进施工有序进行。

(3)监理机构应通过对工期计划保证的分析和评价，及时发现问题，督促承建单位针对施工进展的实际条件及时采取控制措施。

(4)当施工进度计划在执行中必须进行实质性修改时，监理机构应督促承建单位提出修改的详细说明，并将修改的施工进度计划报送监理机构审批。

三、施工进度计划编制及审批

水利水电工程建设监理所进行的进度控制是指在实现建设项目总目标的过程中，为使工程建设的实际进度符合项目进度计划的要求，使项目按计划要求的时间动用而开展的有关监督管理活动。单位、分部(分项)工程项目开工前或工程项目施工过程中，监理机构应督促承建单位依据报经批准的施工总进度计划、工程阶段目标、现场施工条件，优化施工布置与施工方案，按承建单位应具备的施工水平与能力等完成工程项目施工进度计划的编制。

1. 施工进度计划的编制依据

(1)经过规划设计等有关部门和有关市政配套审批、协调的文件。

(2)有关的设计文件和图纸。

(3)建设工程施工合同中规定的开竣工日期。

(4)有关的概算文件、劳动定额等。

(5)施工组织设计和主要分项分部工程的施工方案。

(6)工程施工现场的条件。

(7)材料、半成品的加工和供应能力。

(8)机械设备的性能、数量和运输能力。

(9)施工管理人员和施工工人的数量与能力水平等。

2. 施工进度计划的编制方法

施工进度计划编制前，应对编制的依据和应考虑的因素进行综合研究。其编制方法如下：

(1)划分施工过程。编制进度计划时，应按照设计图纸、文件和施工顺序把拟建工程的各个施工过程列出，并结合具体的施工方法、施工条件、劳动组织等因素，加以适当整理。

(2)确定施工顺序。在确定施工顺序时，要考虑：

1)各种施工工艺的要求。

2)各种施工方法和施工机械的要求。
3)施工组织合理的要求。
4)确保工程质量的要求。
5)工程所在地区的气候特点和条件。
6)确保安全生产的要求。

(3)计算工程量。工程量计算应根据施工图纸和工程量计算规则进行。

(4)确定劳动力用量和机械台班数量。应根据各分项工程、分部工程的工程量、施工方法和相应的定额,并参考施工单位的实际情况和水平,计算各分项工程、分部工程所需的劳动力用量和机械台班数量。

(5)确定各分项工程、分部工程的施工天数,并安排进度。当有特殊要求时,可根据工期要求,倒排进度;同时在施工技术和施工组织上采取相应的措施,如在可能的情况下,组织立体交叉施工、水平流水施工,增加工作班次,提高混凝土早期强度等。

(6)施工进度图表。施工进度图表是施工项目在时间和空间上的组织形式。目前表达施工进度计划的常用方法有网络图和流水施工水平图(又称横道图)。

(7)进度计划的优化。进度计划初稿编制以后,需再次检查各分部(子分部)工程、分项工程的施工时间和施工顺序安排是否合理,总工期是否满足合同规定的要求,劳动力、材料、施工机械设备需用量是否出现不均衡的现象,主要施工机械设备是否充分利用。经过检查,对不符合要求的部分予以改正和优化。

3. 施工进度计划的审批

(1)监理机构应在工程承建合同规定的期限内,完成对承建单位报送的单位、分部(分项)工程施工进度计划的审批。

(2)单位、分部(分项)工程施工进度计划审批程序宜包括:
1)通过对施工进度计划的审阅,提出预审意见。
2)必要时召开施工进度计划审查会议,约请业主、设计各方听取承建单位的报告,并针对存在的问题进行讨论、研究和澄清。
3)针对存在的问题与承建单位进行讨论和协商,并提出调整与修改意见。
4)批准承建单位调整与修改后的施工进度计划。

(3)监理机构应以报经批准的施工总进度计划为依据,对承建单位报送的单位、分部(分项)工程施工进度计划报告进行查阅和审议。审查的主要内容应包括:
1)施工进度计划对实现合同工期和阶段性工期目标的响应性与符合性。
2)重要工程项目的进展、各施工环节的逻辑关系,以及施工进度计划与其他相关施工标施工进度计划衔接关系的合理性。
3)计划安排的均衡性、关键线路的合理性。
4)施工布置与施工方案对工程质量、施工安全和合同工期的影响。
5)施工资源保障及其合理性。
6)对业主提供条件(包括设计供图、工程用地、主材供应、工程设备交货、资金支付等)的保障及其合理性。
7)在恶劣的气候和自然条件下,以及出现严重干扰事件时,施工进度计划抗风险能力和对其应急预案、方案措施的评估。

(4)当单位、分部(分项)工程施工进度计划涉及对合同工期控制目标的调整或合同商务条件的变化，或可能导致业主供应条件与支付能力不足等情况时，监理机构在做出批准前应事先得到业主的批准。

四、施工过程检查

《水电水利工程施工监理规范》(DL/T 5111—2012)规定，监理机构应督促承建单位依据合同工期目标、阶段性控制目标和报经批准的施工进度计划，按章作业、均衡施工，避免出现突击抢工、赶工的局面，避免以牺牲工程质量和施工安全为代价推进施工进展。

(一)施工进度的检查

1. 施工进度检查方式

在水利水电工程项目的施工过程中，监理工程师可以通过以下方式获得工程项目的实际进展情况：

(1)定期地、经常地收集由承包商提交的有关进度报表资料。工程施工进度报表资料不仅是监理工程师实施进度控制的依据，同时，也是其核发工程进度款的依据。在一般情况下，进度报表格式由监理单位提供给承包商，承包商按时填写完后提交给监理工程师核查。报表的内容根据施工对象及承包方式的不同而有所区别，但一般应包括工作的开始时间、完成时间、持续时间、逻辑关系、实物工程量和工作量，以及工作时差的利用情况等。承包商若能准确地填报进度报表，监理工程师就能从中了解到工程项目的实际进展情况。

(2)由驻地监理人员现场跟踪检查工程项目的实际进展情况。为了避免承包商超报已完工程量，驻地监理人员有必要进行现场实地检查和监督。至于每隔多长时间检查一次，应视工程项目的类型、规模、监理范围及施工现场的条件等多方面的因素而定。可以每月或每半月检查一次，也可以每旬或每周检查一次。如果在某一施工阶段出现不利情况时，甚至需要每天检查。

(3)由监理工程师定期组织现场施工负责人召开现场会议。通过这种面对面的交谈，监理工程师可以从中了解到施工过程中的潜在问题，以便及时采取相应的措施加以预防。

2. 施工进度检查内容

监理机构应以实现合同工期的有效控制为目标，结合工程施工进展和施工条件对施工进度计划进行检查和监督。工作内容应包括：

(1)当工程施工进展与施工进度计划发生一般偏差时，督促承建单位采取相应措施及时纠偏。

(2)当工程施工进展与施工进度计划发生严重偏差时，书面通知承建单位修改、调整施工进度计划，并报监理机构审批。

(3)由于承建单位的责任或原因造成施工进度严重拖延，致使工程进展可能影响合同工期目标的实现时，监理机构应按工程承建合同规定发出要求承建单位加快施工的指令，督促承建单位调整施工安排、编制赶工措施计划报送监理机构审批。

(二)施工进度计划的调整

监理机构应密切注意关键线路项目的实施，定期对关键线路工期、施工形象、重要工程项目施工逻辑关系及时差保证，以及对必须进行的工期计划调整的合理性等进行分析和评价。

(1)监理机构在检查中发现实际进度与施工进度计划发生偏差时,应要求承包人及时调整施工进度计划。

(2)发包人要求提前完工,监理机构应指示承包人调整施工进度计划,编制赶工措施报告,在审批后发布赶工指示,并督促承包人执行。

(3)当工程设计变更影响施工进度时,监理机构应指示承包人编制变更后的施工进度计划。

(4)监理机构依据施工合同和施工进度计划及实际进度记录,审查承包人提交的工期索赔申请,提出索赔处理意见报发包人。

(5)施工进度计划的调整引起总工期目标、阶段目标、资金使用等发生较大的变化时,监理机构应提出处理意见报发包人批准。

(三)施工资源检查

(1)监理机构应督促承建单位按施工进度计划落实施工资源投入,随施工进展逐周、逐月对承建单位人力、材料资源配置到位,施工设备到位,以及主要施工作业设备完好率、台时利用率、台时生产率进行检查。

(2)发现承建单位施工资源配置不能满足施工进展要求时,监理机构应及时指示、督促承建单位进行补充和调整。

监理机构应编制用于工程进度控制和施工进展记录的图表,记录施工进展、施工资源投入与配置、施工设备台时与工效、施工进展与施工计划偏离情况、阻碍和影响施工进展的因素,以及承建单位为促进施工进展所采取的措施等各种涉及施工进度控制的事项,并定期对工程进度进行分析和评价。

五、暂停施工

根据《土木工程施工合同条件》的规定,在任何必要的时间,监理工程师有权批示承包商暂停工程或其任何部分的进展。

(一)暂停施工的原因

1. 发包人原因暂停施工

发包人原因引起的暂停施工主要有:

(1)发包人要求暂停施工时。

(2)整个工程或部分工程的设计有重大改变,近期内提不出施工图。

(3)发包人在工程款支付方面遇到严重困难,或者按合同规定由发包人承担的工程设备供应、材料供应及场地提供等遇到严重困难。

2. 承包商要求暂停施工

承包商能够主动提出暂停施工的权力极为有限,如 FIDIC《土木工程施工合同条件》规定:当项目法人不按合同规定的期限支付工程进度款,承包商有权提出暂停施工或放慢施工速度。

3. 紧急状况被迫暂停施工

施工过程中有时出现的一些紧急状态,势必会导致工程项目暂停施工。这种突发性的危险事态,有时可能危害到项目法人和承包商人员的生命财产安全,给合同双方造成巨大的损失。导致工程项目暂停施工的紧急状态,一般有以下几种:

(1)出现特殊风险,如战争、内战、放射性污染、动乱等。

(2)特大自然灾害,如强烈地震、毁灭性水灾等。

(3)严重的流行性传染病蔓延,威胁现场工人的生命安全。

(4)出现恶性现场施工条件,被迫暂停施工,如隧洞塌方、地基沉陷等。

在上述几种情况下形成的暂停施工,均导致工期延误。这种延误如果不是承包商的责任时,则他应得到相应的工期延长。是承包商的责任,则承包商应自己承担经济损失,并努力赶上工期。

(二)暂停施工的处理

1. 暂停施工指示

(1)监理工程师认为有必要时,可以向承包商发布暂停工程或部分工程施工的指示,承包商应按指示的要求立即暂停施工。不论由于何种原因引起的暂停施工,承包商都应在暂停施工期间负责妥善保护工程和提供安全保障。

(2)由于项目法人的责任发生暂停施工的情况时,若监理工程师未及时下达暂停施工指示,承包商可以向其提出暂停施工的书面请求,监理工程师应在接到请求后的 48 小时内予以答复,若不按期答复,可以视为承包商请求已获同意。

2. 暂停施工后的复工

工程暂停施工后,监理工程师应与项目法人和承包商协商采取有效积极的措施消除停工因素的影响。当工程具备复工条件时,监理工程师应立即向承包商发出复工通知,承包商应在收到复工通知后按监理工程师指定的时间复工。若承包商无故拖延和拒绝复工,由此增加的费用和工期延误责任由承包商承担。

六、工期延误

(1)因承建单位的原因,导致对施工进度计划进行修改的情况发生,监理机构应拒绝承建单位为此提出的工期顺延和额外支付要求。

(2)属于下列情况所造成的工期延误,监理机构应要求承建单位修订施工进度计划,增加施工资源投入,编制赶工措施报监理机构审批:

1)由于承建单位失误或违规、违约引起的,或因此而被监理机构指令的施工暂停。

2)由于现场非异常恶劣气候条件引起的施工暂停。

3)为工程的合理施工和施工安全保障所必需的,或因此而被监理机构指令的施工暂停。

4)承建单位未得到监理机构批准的擅自停工。

(3)下列情况下承建单位有权要求顺延工期:

1)业主或业主委托设计的原因增加了关键线路上的工作。

2)业主的原因导致关键线路上的施工造成了阻碍或使非关键线路成为关键线路,并导致工期延长。

3)工程承建合同约定应予以工期延长的其他事项。

(4)监理机构对工期延误申报的审查与处理工作包括:

1)对工期延误事项和对工期的影响程度进行分析评估,并提出预审意见。
2)通过协调界定业主、承建单位的责任与风险。
3)确定延长工期的合理天数。

(5)业主要求提前合同工期目标,或由于业主的责任或原因造成施工进度严重拖延,致使工程进展可能影响到合同工期目标的实现时,如果业主要求按原合同工期完工,并承诺支付加速施工费用及提供需要的条件,监理机构应按工程承建合同规定,指示承建单位修订施工进度计划,增加施工资源投入,编制赶工措施计划提交监理机构审查、报业主批准后,按修订调整后的施工进度计划执行。

第六章 水利水电工程监理安全控制

第一节 水利水电工程监理安全控制概述

一、工程建设安全监理的概念

工程建设安全监理又称安全监理,是指具有相应资质的工程监理单位接受建设单位(或业主)的委托,依据国家有关工程建设的法律、法规,经政府主管部门批准的工程建设文件、工程建设委托监理合同及其他工程合同,对工程建设安全生产实施的专业化监督管理。

水利水电工程建设安全监理是监理工程师对工程建设中的人、材料、机械设备、方法、环境及施工全过程的安全生产进行监督管理,采取组织、技术、经济和合同措施,保证工程建设活动符合国家安全生产、劳动保护、环境保护、消防等法律法规、标准规范和有关方针、政策,有效地将工程建设安全风险控制在允许的范围内,以确保工程建设项目施工安全。

监理工程师就是要认真研究它所包括的范围,并依据相关的建筑施工安全生产的法规和标准进行监督和管理。

二、工程建设安全监理的任务

工程安全监理的主要任务是贯彻落实国家安全生产的方针和政策,督促施工单位按照建筑施工安全生产法规和标准组织施工,消除施工中的冒险性、盲目性和随意性,落实各项安全技术措施,有效地杜绝各类安全隐患,杜绝、控制和减少各类伤亡事故,实现安全生产。

三、工程建设安全监理的工作内容

(1)贯彻执行"安全第一,预防为主"的方针,国家现行的安全生产的法律、法规,建设行政主管部门的安全生产规章和标准。

(2)督促施工单位落实安全生产的组织保证体系,建立健全安全生产责任制。

(3)督促施工单位对工人进行安全生产教育及分部分项工程的安全技术交底。

(4)审查施工方案及安全技术措施。

(5)检查并督促施工单位按照建筑施工安全技术标准和规范要求,落实分部、分项工程或各工序、关键部位的安全防护措施。

(6)监督检查施工现场的消防、冬季防寒、夏季防暑、文明施工、卫生防疫等各项工作。

(7)不定期地组织安全综合检查,提出处理意见并限期整改。

(8)发现违章冒险作业的要责令其停止作业,发现隐患的要责令其停工整改。

四、监理机构各级人员的岗位安全职责

1. 总监理工程师安全监督管理职责

(1)审查分包单位的安全生产许可证,并提出审查意见。
(2)审查施工组织设计中的安全技术措施。
(3)审查专项施工方案。
(4)参与工程安全事故的调查。
(5)组织编写并签发安全监理工作阶段报告、专题报告和项目安全监理工作总结。
(6)组织监理人员定期对工程项目进行安全检查。
(7)核查承包人的施工机械、安全设施的验收手续。
(8)发现存在安全事故隐患的,应当要求承包人限期整改。
(9)发现存在情况严重的安全事故隐患的,应当要求承包人暂停施工;并及时报告发包人。
(10)承包人拒不整改或拒不停工的,应及时向政府有关部门报告。

2. 专业监理工程师安全监督管理职责

(1)审查施工组织设计中专业安全技术措施,并向总监提出报告。
(2)审查本专业专项施工方案,并向总监提出报告。
(3)核查本专业的施工机械、安全设施的验收手续,并向总监提出报告。
(4)检查现场安全物资(材料、设备、施工机械、安全防护用具等)的质量证明文件及其情况。
(5)检查并督促承办单位建立健全并落实施工现场安全管理体系和安全生产管理制度。
(6)监督承包人按照法律法规、工程建设强制性标准和审查的施工组织设计、专项施工方案组织施工。
(7)发现存在安全事故隐患,应当要求承包人整改,情况严重的安全隐患,应当要求承包人暂停施工,并向总监报告。
(8)督促承包人做好逐级安全技术交底工作。

3. 监理员安全监督管理职责

(1)检查承包人施工机械、安全设施的使用、运行状况并做好检查记录。
(2)按设计图纸和有关法律法规、工程建设强制性标准对承包人的施工生产进行检查和记录。
(3)担任旁站工作。

第二节　水利水电工程施工安全管理

一、施工安全保障与监督体系

(1)施工安全监督工作依据国家安全生产与劳动保护法律、法规,政府部门颁发的安全生产与劳动保护规章,工程承建合同及施工规程规范等规定进行。

(2)监理机构应要求承建单位按规定建立安全生产保障体系,并随工程进展、现场安全生产环境条件变化,对安全生产保障体系进行补充、调整和完善。

1)监理机构应督促承建单位结合工程施工特点、施工环境条件、施工手段,完成施工安全防护设施总体规划(包括安全防护设施布置与资源配置)的编制。

2)监理机构应督促承建单位做好安全生产组织管理、施工人员的劳动保护与劳动卫生管理,建立安全生产教育培训制度,加强对职工安全生产的教育培训、班组作业前的安全生产教育。未经安全生产教育培训的人员,不得上岗作业。

3)施工现场宜实施封闭管理。施工对毗邻的建筑物、构筑物和特殊作业环境可能造成损害的,监理机构应要求承建单位按规定采取安全防护措施。

4)监理机构应督促承建单位结合工程施工条件、施工手段和施工环境,做好安全生产危险源辨识、风险评价,建立并不断完善安全生产应急处置预案,对安全生产应急处置预案组织演练。

5)在工程施工过程中,监理机构应督促承建单位推行安全生产标准化建设,并保持安全文明施工常态化管理。

6)监理机构应督促承建单位建立安全生产管理机构和施工项目部、施工队、施工班组三级安全生产保障体系。安全生产管理机构应配备专职安全生产管理人员,其主要人员应具备安全管理从业人员上岗资格。专职安全生产监督人员应将全部工作时间用于施工过程中的安全检查、指导和管理,并及时向监理机构反馈施工作业中的安全事项。

(3)监理机构对承建单位安全生产保障体系的审查内容应包括:

1)安全生产管理机构的设置(包括各级安全生产管理机构的设置,各级安全生产管理机构责任人及其资历、任职资格情况)。各级安全生产管理机构的职责、工作制度与岗位责任制。

2)施工安全防护设施总体规划、施工安全防护设施布置,安全生产应急处置预案的编制与资源配置。

3)安全生产培训制度,以及安全生产监督人员配置、岗位安全生产教育、特种作业人员的培训与管理。

4)承建单位管理区域警示、指示等标示设立。

5)工程施工过程中的安全生产保障措施、劳动保护与防护措施。

6)重要施工设备、设施安全运行管理与操作规程,施工作业人员安全生产与劳动防护手册。

7)施工人群职业病控制和传染病的防治等。

(4)监理机构应根据工程监理合同约定:

1)配备安全副总监,落实"一岗双责",建立施工计划与施工安全"同规划、同安排、同检查、同评价"制度。

2)针对工程特点与施工作业环境条件制定施工安全监督措施,落实监理项目施工安全监督、监理机构自身人员安全监督责任制度。

3)督促承建单位根据工程项目的不同施工阶段、施工特点,在工程项目开工前和施工过程中,对施工安全风险因素和危险源进行辨识与评估,加强对重大危险源的监控管理,制订应急预案,提高应急救援管理水平。

4)随施工进展做好风险因素、重大危险源登记和监控记录,不断修订和完善预控、治理和监控措施,提高监理人员责任意识及施工安全应急响应与处置能力。

5)设置施工安全监理工程师,加强现场施工安全作业行为的检查,督促承建单位施工作业队伍按章作业、文明施工,促进各项安全生产制度及安全保护措施的落实。

二、施工过程安全管理

《水电水利工程施工监理规范》(DL/T 5111—2012)规定,工程开工前及施工营地使用期间,监理机构应督促承建单位按业主规划的用地做好施工营地的布置与安全管理,针对可能存在的安全隐患部位采取安全防护、监控、预警措施。施工营地、仓库应当采取维护治安、防范危险、预防火灾与消防等安全防范措施。

1. 安全生产规划与安全生产措施审查

(1)工程开工前,监理机构应完成对承建单位安全生产规划与施工安全应急预案的审查。安全生产规划、施工安全应急预案应符合工程环境特性以及满足风险预防要求,便于实施与保持,并随施工进展与外部环境条件变化进行调整、优化、完善。

(2)分部(分项)工程开工前,监理机构应督促承建单位随同施工措施计划,编制详细的安全生产和劳动保护措施报送监理机构批准。

(3)对于汛期施工项目,承建单位应在开工前或每年进入汛期前,随施工进展与环境条件变化编制安全度汛预案、汛期安全施工措施计划报送监理机构批准。

(4)对属于高窄、高压、高边坡、高排架搭设与作业、深井提升、架空运输、地下洞室、施工用电作业,以及涉及森林防火、高危险区或爆破等特种作业环境的施工项目或工作,承建单位应在施工作业前,编制专项的安全生产技术措施报送监理机构批准。

(5)对于单元工程项目开工,承建单位应在申报开工前进行安全生产与劳动保护措施检查,并在安全生产设施、措施和劳动保护工作落实且自检合格的基础上,向监理机构申报开工(仓)许可签证。

(6)承建单位安全生产作业措施、劳动保护措施、安全生产技术措施、专项施工方案等应符合合同技术条款和工程建设强制性标准。

2. 施工过程安全作业检查

施工过程安全作业检查的主要内容应包括:

(1)对承建单位的安全生产机构与资源配置、安全生产措施的执行情况进行经常性的检查,督促承建单位做好安全生产管理机构的资源配置,促使承建单位安全生产管理机构的职能得以有效履行。

(2)督促承建单位建立班前安全作业教育制度,加强班前和施工中的安全作业检查。

(3)督促承建单位做好安全作业措施和安全作业规程、安全作业防护手册的学习与培训。承担高压、水下、爆破、吊装、有毒物品等高危作业,以及安全隐患突出的施工环境、施工环节的指挥与作业人员,应通过安全作业培训,经考试合格并取得岗位资格证书,或按工程承建合同规定通过岗位资格认证后挂牌上岗。

(4)督促承建单位定期对施工安全防护设备、设施,以及警示、指示等信号和标志进行检查、及时补充、修复或更换不符合要求的设备、设施、信号、标志,以保持安全生产保护措施始终处于良好、可靠的运行和使用状况。

(5)高空、高排架、架空运输等施工作业期间,监理机构应督促承建单位定期对施工作业及劳动保护设备、设施、用品进行检查,及时补充、修复、更换不符合安全作业要求,或不符合安全、劳动防护质量检查标准的设备、设施与用品。

(6)对需要在施工现场安装的大型施工机械设备,使用前,监理机构应督促承建单位按照国家有关规定进行安全检查和测试。对使用中的各类施工机械设备,监理机构应督促承建单位按照国家有关规定进行年检。

(7)监理机构应加强重要安全监控点的巡查。对于危险作业,督促承建单位加强安全检查,并建立专门的监督岗,在危险作业区附近设置标志,以引起施工人员、工作人员的注意。

(8)承建单位的易燃、易爆、有毒物品必须按规定进行采购、运输、储存、使用和处理,防止流失。承建单位炸药库的布置和设计,火工材料、炸药的贮存与运输方法必须符合工程承建合同、《爆破安全规程》(GB 6722)以及当地公安部门的有关规定,并事先得到监理机构的认可。

(9)督促承建单位建立火工材料领用和退库制度,未使用完的火工材料应及时退库,不得在施工现场临时存放。

3. 违章作业处理

监理机构应对承建单位的违章作业行为做出如下处理:

(1)对违章作业行为人或其责任人发出违规警告。

(2)对经检查发现存在安全隐患,并可能因此导致施工安全事态进一步扩展或导致施工安全事故的作业行为,应对相应施工项目、作业部位发出暂时停止施工作业的指令。

(3)对经检查发现的安全隐患拖延整改,或拒不执行监理机构指令的施工人员、施工班组责任人或施工作业班组,监理机构可依据工程承建合同规定指令其撤离施工现场。

4. 防洪度汛措施检查

(1)每年汛前,监理机构应在其监理项目范围内协助业主审查防洪度汛方案和承建单位编写的防洪度汛措施与抢险预案。

(2)每年汛期,监理机构应及时掌握汛期水文、气象预报,在其监理项目范围内协助业主组织和开展防汛度汛工作。

(3)监理机构应参加业主组织的安全度汛检查,检查防洪度汛方案、防洪度汛安全技术措施和抢险预案,以及有关防汛物资的落实情况。

5. 施工期工程安全监测

(1)监理机构应督促承建单位按照工程承建合同约定和设计要求,及时建立施工期工程安全监测设施及运行管理制度,并保持其完整、有效。

(2)监理机构应督促安全监测承建单位按照安全监测合同约定和设计要求,及时报告监测成果,定期会同工程设计、安全监测、承建单位对监测成果进行分析和评估,及时协调参建各方解决监测成果所揭示的问题。

(3)监理机构应做好施工期工程安全监测成果分析并及时向业主报告,对存在的施工安全隐患及时提出处理意见或建议。

6. 安全生产事故处理

(1)发生安全生产事故时,监理机构应督促承建单位按规定及时上报安全生产事故情况。

(2)发生安全生产事故时,监理机构应督促承建单位按照国家有关规定展开事故救援,并对事故现场进行保护,做好相应记录、拍照、摄像工作,为事故调查、处理提供证据。

(3)可能产生次生灾害或事故有可能进一步扩大时,监理机构应指示承建单位采取临时或紧急避险、防护措施。

(4)监理机构应按有关规定参加并配合安全生产事故的调查、取证和处理。

三、安全生产费用管理

合同工程项目开工前,监理机构应督促承建单位依据所申报并经批准的施工安全防护设施总体规划,按工程项目划分和施工分期完成安全生产费用细分报告的编制,并报监理机构审查。

1. 安全生产费用申报与审查

(1)施工过程中,监理机构应督促承建单位随施工进展做好年、季、月安全生产费用使用计划的编制,并报监理机构审查。

(2)安全生产费用使用计划中申报内容应符合相关法规和工程承建合同的规定。

(3)安全生产费用应专用于安全生产与文明施工项目。

(4)实际用于安全生产与文明施工的费用未超出合同报价中计提标准或使用不足的,监理机构应拒绝接受承建单位的补偿申报。

2. 安全生产费用使用计划申报

安全生产费用使用计划申报内容宜包括:

(1)当期(年、季、月)工程项目施工计划。

(2)当期安全生产危险源和隐患辨析,以及计划安排的安全文明施工项目。

(3)安全文明施工项目、作业内容、预估工程量。

(4)按合同报价水平编制的预估费用等。

3. 安全生产费用支付审查

(1)监理机构应督促承建单位按规定申报年度安全生产费用或专项安全生产费用使用计划。

(2)安全生产费用应实行专款专用、计划申报管理。安全生产费用使用中需要调整的,应按季、月编制项目和费用调整计划报监理机构审查。

(3)安全生产费用可在合同工程项目内跨年度调剂、项目间调剂使用,优先用于安全生产隐患整改或安全生产标准化建设所需费用的支出。

(4)安全生产费用支付宜按计划申报、立项批准、计量审查、计价审核,按月申报支付的程序进行。

第三节　水利水电工程施工环境保护与水土保持监督

一、施工环境保护工作要求

合同工程开工前，监理机构应依照工程监理合同约定建立施工环境保护监督体系，制定施工环境保护监督管理制度，配备专门或兼职的施工环境保护监理人员。

《水电水利工程施工监理规范》（DL/T 5111—2012）规定，施工环境保护工作应符合以下要求：

(1)合同工程的废水、废气、噪声、弃渣处理、人群健康保护、生态恢复与水土保持应满足工程承建合同的规定和设计技术要求。

(2)项目区环境保护与水土保持措施的实施及运行应执行"同时设计、同时建设、同时投运"的"三同时"原则，实施与运行情况应符合工程承建合同规定和设计技术要求。

(3)施工过程中，监理机构应督促承建单位按有关环境保护法律、法规规定和工程承建合同约定做好施工环境保护。

(4)监理机构应依据有关环境保护法律、法规和工程承建合同规定，对承建单位环境保护与水土保持措施的落实情况进行经常性的检查，及时制止承建单位及其施工作业队伍的违章作业行为。

二、施工环境保护工作内容

1. 施工环境保护设计文件检查

监理机构对施工环境保护设计文件检查的主要内容应包括：

(1)协助业主检查工程施工设计是否符合环境保护与水土保持要求，检查设计文件（包括设计说明、施工图纸、施工措施、技术要求、操作规程、设计修改通知等）是否符合现场的实际情况，提出意见和环境保护与水土保持优化建议。

(2)协助业主检查环境保护与水土保持工程设计文件和各项设计变更，提出意见与优化建议。

(3)组织设计单位进行环境保护与水土保持工程现场设计技术交底。

(4)协助业主会同设计单位对环境保护与水土保持工程中的重大技术问题和优化设计进行专题讨论，并参加设计联络会。

(5)审查承建单位对设计文件的意见和建议，协助业主与设计单位进行研究。

2. 施工环境保护管理体系检查

承建单位施工环境保护管理体系检查的主要内容包括：

(1)合同工程开工前，监理机构应督促承建单位按法律、法规及工程承建合同约定建立施工环境保护管理体系。

(2)承建单位施工环境保护管理体系检查的主要内容应包括：

1)施工环境保护管理机构及其资源配置。

2)施工环境保护工作制度。
3)施工环境保护规划、措施计划及其应急预案,施工环境保护作业规程等内容。

3. 施工环境保护措施审查

(1)工程项目开工前,监理机构应督促承建单位加强施工人员的环境保护与水土保持法规教育,加强环保意识,按规定编制施工环境管理和保护措施报送监理机构审查。

(2)施工过程中,监理机构应督促承建单位依据申报并经批准的施工环境保护措施计划,按章作业、文明施工,及时纠正违反环境保护规定的行为。

4. 施工区自然环境和景观保护检查

(1)监理机构应按工程承建合同规定,督促承建单位最大限度地保护施工区以外的自然环境和景观,避免对周围环境造成破坏,避免破坏施工范围以外的植被而造成地表侵蚀,避免由于施工原因导致自然环境恶化或产生新的滑坡体,避免土石料的不当堆积崩塌和在雨季形成泥石流。

(2)对施工区范围所能保存的林木,监理机构应督促承建单位在施工时加以保护。

(3)监理机构应按工程承建合同规定,督促承建单位采取措施控制施工粉尘、废气、废水、固体废物,以及噪声、振动对环境的污染和危害,防止在施工活动中产生环境污染和危害。

(4)监理机构应按工程承建合同规定,督促承建单位采取措施避免发生水污染、视觉污染、水土流失、河道淤塞、水生物和动植物的生态破坏。

(5)临建施工场地、临时施工营地的布置使用宜与环境景观相协调。

5. 施工环境卫生管理检查

施工过程中,监理机构对施工环境卫生管理的检查内容应包括:

(1)施工人员饮水卫生。

(2)生产、生活污水必须经处理才能排放,生产、生活垃圾和施工中所产生的废物应及时收集并运至指定地点处理,不能随便乱弃。

(3)做好洞室施工期通风,降低洞室施工中的废气、毒气危害。

6. 施工弃渣、弃水管理

(1)土石方施工项目开工前,监理机构应督促承建单位按工程承建合同约定做好土石方平衡规划,充分利用开挖料,做好渣料堆存和回采规划,避免弃渣对环境造成破坏。

(2)施工过程中,监理机构应督促承建单位按工程承建合同约定做好以下工作:

1)加强施工用料的开采、储存及弃渣、废料的堆放管理,严禁超界开采、储存、堆放。种植土应尽可能返还造地。

2)施工用水宜循环利用,防止地表水土流失而引起下游河床淤积。必须排放的施工弃水、生产废水、生活污水、施工粉尘、废气、废油等,应按规定进行处理,达到排放标准后方可排放。

7. 场地使用与清理

(1)监理机构应督促承建单位按工程承建合同约定和批准的总平面布置图规划、使用场地,做好场地管理,并进行定期检查。

(2)施工过程中,承建单位应保证施工区道路畅通,进入现场的材料、设备应放置有序,防止任意堆放的器材杂物阻塞工作场地、周围通道和影响环境。

（3）在渣场、临建设施用地使用过程中，监理机构应督促承建单位按工程承建合同约定实施水土保持和环境保护措施。对施工活动界限之内的场地，监理机构应督促承建单位采取措施防止发生土壤冲蚀、河床和河岸的冲刷与淤积。

（4）工程完工后，监理机构应督促承建单位按工程承建合同约定，拆除业主不再需要保留的施工临时设施，清理场地，恢复植被和绿化。

第七章 水利水电工程监理合同管理

第一节 水利水电工程建设合同概述

一、工程建设合同的概念

1. 合同

合同又称契约,是当事人双方或双方确立、变更和终止相互之间权利和义务的协议。

合同作为协议,其本质是一种合意,必须是两个意思表示一致的民事法律行为。合同当事人做出的意思表示必须合法,这样才具有法律约束力。合同中所确立的权利和义务,必须是当事人依法可以享有的权利和能够承担的义务,这是合同具有法律效力的前提。如果在订立合同过程中有违法行为,当事人不仅达不到预期的目的,还应根据违法情况承担相应的法律责任。

经济合同是平等的民事主体的法人、其他经济组织、个体工商户、农村承包经营户相互之间为实现一定的经济目的,明确相互之间权利和义务关系而订立的合同。

2. 工程建设合同

《中华人民共和国合同法》规定,工程建设合同是承包人进行工程建设,发包人支付价款的合同。进行工程建设的行为包括勘察、设计、施工单位,工程建设实行监理的,发包人也应当与监理人签订委托监理合同。

工程建设合同是一种诺成合同,合同订立生效后双方应当严格履行。同时,工程建设合同也是一种双务、有偿合同,当事人双方在合同中都有各自的权利和义务,在享有权利的同时必须履行义务。

从合同理论上讲,工程建设合同是一种广义的承揽合同,也是承包人按照发包人的要求完成工程建设,交付竣工工程,发包人给付报酬的合同。但由于工程建设合同在经济活动、社会活动中的重要作用以及在国家管理、合同标的等各方面均有别于一般的承揽合同,我国一直将工程建设合同列为单独的一类重要合同。同时,考虑到工程建设合同毕竟是从承揽合同中分离开来的,《中华人民共和国合同法》规定,工程建设合同中没有规定的,适用承揽合同的有关规定。

二、工程建设合同的特征

(1)合同主体的严格性。工程建设合同主体一般只能是法人。发包人一般只能是经过批准进行工程项目建设的法人,必须有国家批准的建设项目,落实投资计划,并且应当具备相应的协调能力;承包人必须具备法人资格,而且应当具备相应的从事勘察设计、施工、监理等资质。无营业执照或无承包资质的单位不能作为工程建设合同的主体,资质等级低的承包单位不能越级承包工程建设。

(2)投资和程序上的严格性。由于工程建设对国家的经济发展、国民生产和生活都有重大的影响。因此,国家对工程建设在投资和程序上有严格的管理制度。订立工程建设合同也必须以国家批准的投资计划为前提。即使是国家投资以外的、以其他方式筹集的投资也要受到当年的贷款规模和批准限额的限制,纳入当年投资规模的平衡,并经过严格的审批程序。工程建设合同的订立和履行还必须遵守国家有关基本建设程序的规定。

(3)合同标的的特殊性。工程建设合同的标的是各类建筑产品,建筑产品通常与大地相连,往往形态各异,即使采用同一施工图纸也往往不尽相同(如价格、位置等)。建筑产品的单件性及固定性等自身的特性,决定了工程建设合同标的的特殊性,相互之间具有不可代替性。

(4)合同履行期限的长期性。工程建设由于结构复杂、体积大、建筑材料类型多、工作量大、投资巨大,生产周期与一般工业产品的生产相比较长。而且,由于投资巨大,工程建设合同的订立和履行一般都需要较长的准备时间。同时,在合同履行过程中,还可能因为不可抗力、工程变更、材料供应不及时等原因导致合同期限的延长。所有这些情况,决定了工程建设合同的履行期限具有长期性。

三、工程建设合同的种类

工程建设合同可从不同的角度进行分类。

(1)按承发包的范围和数量分类,工程建设合同可以分为总承包合同、承包合同、分包合同。发包人将工程建设的全过程发包给一个承包人的合同即为工程建设总承包合同;发包人将工程建设的勘察、设计、施工等的每一项分别发包给一个承包人的合同即为工程建设承包合同;经合同约定和发包人认可,从工程承包人的工程中承包部分工程而订立的合同即为工程建设分包合同。

(2)按完成承包的内容分类,工程建设合同可以分为工程建设勘察合同、工程建设设计合同和工程建设施工合同三类。

(3)按计价方式分类,工程建设合同可以划分为总价合同、单价合同和成本加酬金合同三大类。工程建设勘察、设计合同和设备加工采购合同一般为总价合同;工程建设委托监理合同多数为成本加酬金合同;工程建设施工合同则根据招标准备情况和工程项目特点不同,可选择其适用的一种合同。

四、水利水电工程项目的合同体系

水利水电工程建设经历可行性研究、勘察设计、工程施工和运行等阶段,有土建、机电设备等专业设计和施工活动,需要各种材料、设备、资金和劳动力的供应。它们之间形成各种各样的协调合作和经济关系,就有了各种各样的合同。水利水电工程项目的建设过程实质上就是一系列合同的签订和合同的履行过程。

工程项目合同体系的所有合同都是为了完成业主的工程项目目标,都应当围绕这个目标签订合同和履行合同。水利水电工程项目合同体系如图7-1所示。由图可见,虽然有各种各样的合同,甚至形成3个层次,而且业主并不是每一个合同中的一方,但业主是工程项目的出资者,是建成工程项目后的拥有者,控制合同整体体系,在主(总)合同中以严密的合同措施制约各合同及各个合同方是十分必要的。如主体工程不允许分包,对分包商进行资格审查,分包工程需经业主同意,分包商违约就是承包商违约。又如,在各层次合同中,质量、进度、成本的标准和要求都是一样,而不能随层次传递而有所降低和变化。

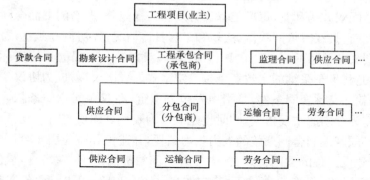

图 7-1 水利水电工程项目合同体系

第二节 水利水电工程施工合同的签订

水利水电工程施工合同,是指水利水电工程项目的建设单位(项目法人或发包方)和工程承包单位(施工单位或承包方)为完成商定的水利水电工程而明确相互权利、义务关系的协议,即承包方进行工程建设施工,发包方支付工程价款的合同。

一、签订施工合同的基本条件

为保证合同双方都能顺利履行合同,签订施工合同时应具备以下基本条件:
(1)项目的初步设计和总概算已获批准。
(2)项目已列入国家或地方水利基本建设计划,限额资金已经落实。
(3)有满足施工承包要求的设计文件及技术资料。
(4)建设场地、水源、电源、气源及运输道路能在开工前完成。
(5)招投标工程中标通知书已经下达。
(6)材料和设备的供应能保证工程施工的需要。

二、施工合同的主要内容

水利水电工程建设施工合同的主要内容,通常包括工程范围(或设备规格)、数量和质量、价款及支付方式、履行期限(开工与竣工时间)、违约责任、解决争议的方法、双方协作关系等。根据《中华人民共和国合同法》与《中华人民共和国建筑法》等法律法规的要求,工程施工合同应当采取书面形式,以要约、承诺的方式订立。

为了规范和指导合同当事人的行为,完善合同管理制度,解决施工合同中存在的合同文本不规范、条款不完备、合同纠纷多等问题,国家水利部、国家电力公司和国家工商行政管理局于 2000 年联合颁布了《水利水电工程施工合同和招标文件示范文本》。它包括《水利水电工程施工合同技术条款》、《水利水电工程施工合同招标文件》和《水利水电土建工程施工合同条件》(GF—2000—0208)三部分。

三、签订施工合同的书面文件

为了保障合同双方的利益,每项工程都必须有一套充分、严密的书面合同文件。

(1)协议书。它是双方依照法律、法规和工程具体情况,经协商一致达成的就建造某一工程明确相互权利义务关系的文件。在具体应用时,双方针对工程的具体实际情况,把对合同条件的修改、补充和不予采纳的一致意见按一定格式形成协议,就成为协议条款。

(2)合同条款。又称合同条件,是指由发包方拟定,经双方同意的条款,它规定了双方的权利和义务。作为合同的主要依据,同时也是双方为履行合同所进行一切活动的准则。为减少每个工程都必须因编制合同条款的人力物力消耗,并避免和减免由于合同条款的缺陷而引起的纠纷,针对建设工程的共同特点,国内外有关部门都制定了一些工程承包合同标准合同条款,如我国的《建设工程施工合同(示范文本)》(GF—2013—0201)示范文本、《水利水电土建工程施工合同条件》(GF—2000—0208),国际工程通用的由国际咨询工程师联合会(FIDIC)编制的《土木工程施工合同条件》等。

标准合同条款分为"通用合同条款"和"专用合同条款"两部分。"通用合同条款"应全文引用,不得删改。"专用合同条款"则应按其条款编号和内容,根据工程实际情况进行修改和补充。如果"通用合同条款"和"专用合同条款"有矛盾,则"专用合同条款"优先于"通用合同条款"。

(3)中标通知书、投标书。中标通知书是指发包方正式向承包方授标的通知书,其中明确了承发包双方当事人、中标工程、中标价格、工期等合同的主要内容。投标书则是对招标书的书面承诺。因此,中标通知书、投标书既是拟订协议条款的基本依据,又是组成合同文件的不可缺少部分。

(4)技术条款。技术条款是指本工程施工所采用的标准、规范和其他技术资料、技术要求。一般包括工程所用材料要求、施工工艺及质量要求、工程计量方法、验收标准和规定等,它是工程施工的依据,也是工程验收的依据。

(5)图纸。图纸是指招标图纸和发包方按合同规定向承包方提供的所有图纸(包括配套说明和有关技术资料),以及投标图纸和由承包方提交并经建设单位和监理单位批准的所有图纸。按图施工,保质保量,如期完工,是承包单位的基本任务。

(6)已标价的工程清单。承包方在投标书工程量表中填报的单价或价格是支付工程月进度款项的依据,也是计算新增项目单价或价格的主要参考数据。

(7)组成合同的其他文件。组成合同的其他文件是指在工程施工过程中形成的涉及工程本身与合同有关的书面材料,如会谈纪要、备忘录、来往函件等,以及其他按合同规定属于合同文件组成部分的文件,均可归入这类。

四、签订施工合同的基本原则

(1)平等自愿原则。合同当事人的法律地位平等,当事人有自愿订立合同的权利,任何单位和个人不得非法干预。

(2)合法性原则。当事人双方订立合同,应当遵守国家的法律、法规,按有关程序与要求进行,其内容不得损害社会公共利益。

(3)实行建设监理制原则。为适应我国在工程项目建设中实行项目法人责任制、招标投标制和建设监理制的要求,在合同中应明确监理机构的职责与权利。

(4)资质认证原则。水利水电工程内容多、技术复杂,签订施工合同的承包单位除应有法人资格外,施工单位还必须具有相应的资质等级,施工的主要负责人及监理单位和总监理工程师也应具备相应的资格等级。

第三节　水利水电工程合同商务管理

一、工程变更管理

(一)工程变更管理一般原则

(1)对设计文件的变更必须由设计单位进行。业主、承建单位、监理单位可以根据现场地形、地质及施工条件变化情况对设计文件提出合理化建议。

(2)监理机构对工程变更的管理受业主授权约束,并依据工程承建合同规定进行。监理单位及其监理机构无权通过变更改变双方的合同义务、风险和权利。

(3)工程变更申报、审查、批准等依据的文件应是有效的书面文件。工程变更只有在变更指示或变更批准发布后才能实施。

(4)监理机构应按照业主授权和工程承建合同规定的程序处理变更。

(5)变更费用应按照合同规定进行估价,同时,监理机构宜与业主和承建单位协商一致,以避免事后引发纠纷。

(6)变更如果将导致合同工期延误,应执行业主关于延长工期、加速施工追回工期的意见。

(7)工程变更指令、通知与建议,均应在可能实施变更的时间之前提出,并考虑留有为监理机构与业主能对变更要求进行有效审查、批准,以及承建单位能进行施工准备的合理时间。

(8)在出现危及生命或工程安全的紧急事态等特殊情况下,工程变更可不受程序与时间的限制,但监理机构仍应督促承建单位及时补办申报手续。

(二)工程变更审查

1. 工程变更审查基本原则

监理机构对工程变更通知、要求或建议审查应遵循的基本原则包括:

(1)变更后不降低工程的安全运行标准。

(2)工程变更设计技术可靠,有利于施工实施。

(3)工程变更的费用经济合理。

(4)工程变更尽可能不对后续施工产生不良影响,不因此导致合同工期目标的大幅度推迟。

(5)工程变更对合同工期、工程费用有较大影响,但有利于提高工程效益时,监理机构应做出分析和评价供业主决策。

2. 工程变更审查内容

《水电水利工程施工监理规范》(DL/T 5111—2012)规定,监理机构应根据工程承建合同规定判断申报事项是否属于变更,对承建单位提交的施工变更建议书进行审查。审查内容应包括:

(1)变更的原因及依据。

(2)变更的内容及范围。

(3)变更工程量清单(包括工程量或工作量、引用单价、单价分析)。

(4)变更项目施工措施计划。

(5)为监理机构与业主能对变更建议进行有效审查与批准所必须提交的图纸与资料。

(三)工程变更处理

1. 工程变更处理要求

(1)项目监理机构在工程变更的质量、费用和工期方面取得建设单位授权后,总监理工程师应按施工合同规定与承包单位进行协商,经协商达成一致后,总监理工程师应将协商结果向建设单位通报,并由建设单位与承包单位在变更文件上签字。

(2)在项目监理机构未能就工程变更的质量、费用和工期方面取得建设单位授权时,总监理工程师应协助建设单位和承包单位进行协商,并达成一致。

(3)在建设单位和承包单位未能就工程变更的费用等方面达成协议时,项目监理机构应提出一个暂定的价格,作为临时支付工程进度款的依据。该项工程款最终结算时,应以建设单位和承包单位达成的协议为依据。

此外,在总监理工程师签发工程变更单之前,承包单位不得实施工程变更;未经总监理工程师审查同意而实施的工程变更,项目监理机构不得予以计量。

2. 工程变更处理程序

(1)设计单位对原设计存在的缺陷提出的工程变更,应编制设计变更文件;建设单位或承包单位提出的工程变更,应提交总监理工程师,由总监理工程师组织专业监理工程师审查。审查同意后,应由建设单位转交原设计单位编制设计变更文件。当工程变更涉及安全、环保等内容时,应按规定经有关部门审定。

(2)项目监理机构应了解实际情况和收集与工程变更有关的资料。

(3)总监理工程师必须根据实际情况、设计变更文件和其他有关资料,按照施工合同的有关条款,在指定专业监理工程师完成下列工作后,对工程变更的费用和工期做出评估:

1)确定工程变更项目与原工程项目之间的类似程度和难易程度。

2)确定工程变更项目的工程量。

3)确定工程变更的单价或总价。

(4)总监理工程师应就工程变更费用及工期的评估情况与承包单位和建设单位进行协调。

(5)总监理工程师签发工程变更单。

(6)项目监理机构应根据工程变更单监督承包单位实施。

(四)工程变更价款的确定

(1)《水利水电土建工程施工合同条件》约定的工程变更价款的确定方法:

1)合同中已有适用于变更工程的价格,按合同已有的价格变更合同价款。
2)合同中只有类似于变更工程的价格,可以参照类似价格变更合同价款。
3)合同中没有适用或类似于变更工程的价格,由承包人提出适当的变更价格,经工程师确认后执行。

(2)工程变更价款确定的方法:
1)采用合同中工程量清单的单价和价格,具体有几种情况:
①直接套用,即从工程量清单上直接拿来使用。
②间接套用,即依据工程清单,通过换算后采用。
③部分套用,即依据工程量清单,取其价格中的某一部分使用。
2)协商单价和价格。协商单价和价格是基于合同中没有,或者有些不合适的情况下采取的一种方法。

(五)工程变更的资料和文件

由于工程变更处理除涉及合同管理和执行外,还影响到工程的投资、进度计划和工程质量,因此对其处理过程应有书面签证,主要包括:

(1)提出工程变更要求的文件。提出工程变更要求的文件应包括工程变更的原因和依据,变更的内容和范围,对工程量变化和由此引起的价格变化、合同价款变化的估算,对有关单位或有关工作的要求和影响,以及对工程价格、进度计划、工程质量的要求或影响等。

(2)审核工程变更的文件。监理单位、建设单位、设计单位和施工单位对"提出工程变更要求"的文件的各项内容提出复核、计算、审查意见;对于设计变更还需要送原设计单位审查,取得相应的设计图纸和说明。

(3)同意工程变更的文件。一般由有关的施工单位、设计单位会签,建设单位批准,监理工程师签发。

二、合同索赔

1. 合同索赔一般规定

(1)监理机构合同商务管理人员应熟悉工程承建合同条件、工程特性、质量标准、合同工期目标。

(2)监理机构应提请合同双方切实履行合同义务,尽可能减少或避免因疏忽、失当等管理原因导致的索赔。

(3)对于因承建单位的原因不得不终止合同,或因承建单位的其他违约行为导致业主损失的,业主可向承建单位提起索赔。

(4)监理机构可不接受承建单位未按合同规定的索赔程序与时限提起的索赔要求,也可以通过对合同索赔要求进行查证或依据对工程承建合同的解释,拒绝或同意合同索赔的全部或部分要求。

(5)在合同索赔处理,或索赔争议的调解、仲裁过程中,合同双方仍应履行合同义务,不得因此而影响工程施工的照常进行。

2. 合同索赔要求

《水电水利工程施工监理规范》(DL/T 5111—2012)规定,合同索赔应符合以下要求:

(1)监理机构应接受承建单位以下列原因为条件提起的索赔要求：

1)因实际施工现场条件与合同条件相比较发生了不利于施工的变化，而这种变化是一个有经验的承建单位所无法事前预料与防范，并且因施工现场条件变化导致施工费用的增加或施工工期的延长，未得到合理补偿或合同支付的。

2)因工程变更超出合同约定范围，或业主为提前合同完工工期要求加速施工，或业主提前启用未经移交的工程项目等原因，导致承建单位发生额外施工费用，未得到合理补偿或合同支付的。

3)因执行业主或监理机构的指示承担了额外工作，导致承建单位施工费用额外增加，未得到合理补偿或合同支付的。

4)因属于业主风险或责任的自然气象、水文条件、地质条件或施工暂停，或施工现场发现古迹、文物、化石等原因，导致施工工期的延误或施工损失，未得到合理补偿或合同支付的。

5)因业主未按合同约定提供应由业主提供的条件，导致施工延误或施工费用增加，未得到合理补偿或合同支付的。

6)因业主或业主指定分包、供应单位的违约行为，导致施工工期延误或施工损失，未得到合理补偿或合同支付的。

7)由于国家法律、法规或合同约定适用的法规文件发生变更，导致施工工期延误、施工损失或必须发生的施工费用增加，未得到合理补偿或合同支付的。

8)其他因合同约定的业主责任与风险，导致施工工期延误、施工损失或发生施工费用额外增加，未得到合理补偿或已得到的补偿不足以弥补此类损失的。

(2)监理机构应拒绝承建单位以下列原因提起条件或因此导致的索赔要求：

1)因承建单位在竞标时低价报价所导致的亏损或价格不合适。

2)因承建单位设计或其委托设计失误，或管理不力导致的施工工期延误与费用增加。

3)因承建单位或其分包单位的责任，或因承建单位与其分包单位之间的纠纷与合同争议所导致的施工工期延误或费用增加。

4)因承建单位采用不合格的材料、设备，或施工质量不合格，或发生其他违约或违规作业行为，被业主或监理机构指令修复、返工、停工、重建、重置所导致的施工延误或费用增加。

5)因承建单位的责任发生工程事故或质量缺陷而导致的施工延误与费用增加。

6)索赔事实发生后，承建单位未努力、及时采取有效的补救和减轻损失的措施，导致索赔事态扩大的。

7)因承建单位违反国家法律、法规行为导致的施工延误与费用支出。

8)合同约定的因承建单位的责任与风险所导致的施工工期延误或费用增加。

(3)监理机构应拒绝承建单位以下列原因为条件提起的工程延期要求：

1)由于承建单位未按开工指令要求及时开工，或施工资源投入不足、施工准备不充分、施工材料供应不及时、施工组织管理不善、施工效率降低，以及因分包单位实施不力等属于承建单位责任而导致的施工工期延误。

2)工程承建合同约定属于承建单位风险而导致的施工工期延误。

3)承建单位未按合同约定的程序与时限申报工期延期索赔要求的。

4)合同工程非关键线路项目的施工延误。

5)业主已要求承建单位采取加速赶工措施追回被延误的工期，并决定予以经济补偿的。

6)合同文件明示或隐含规定不予工期顺延的。

3. 承建单位索赔的受理

(1)接受承建单位的索赔要求后,监理机构应立即进行施工索赔的准备工作,并在接受和仔细审阅承建单位的索赔报告书后,及时进行下列工作:

1)依据工程承建合同规定对施工索赔的有效性进行审查、评价和认证,并提出初步意见。

2)对申报的索赔支持文件进行核实、取证、认证,并提出初步意见。

3)在对索赔的费用计算依据、计算方法、取费标准、计算过程及其合理性逐项进行审查的基础上,提出应赔偿费用的初步意见。

4)在对承建单位工期延期索赔计算书中的工时工效、工期计划、关键线路分析和工期计算成果审查与合理性分析的基础上,提出工期顺延的初步意见。

5)对由于业主和承建单位的共同责任造成的损失费用,通过协调,公平合理地就双方分担的比例提出初步意见。

6)与合同双方协商、协调后,提出本项索赔审查意见,连同索赔报告文件提交业主按工程承建合同规定的程序办理支付,或在形成争议、索赔长久未决的情况下发布总监理工程师的临时决定意见。

(2)监理机构对承建单位索赔报告书的审查内容应包括:

1)索赔事项的整体描述(包括发生索赔事项的工程项目,索赔事项的起因、发生时间、发展经过,以及承建单位为努力减轻损失所采取的措施)。

2)索赔的合同引证(包括合同依据条款以及对责任和风险归属的分析)。

3)索赔要求及索赔计算书(包括计算依据、计算方法、取费标准,要求工期延期索赔的,还应提供工时工效、关键线路分析和工期计算成果)。

4)支持文件(包括发生索赔事项的当时记录、签证等相关文件,支持索赔计量的有效票据、凭证等证据的复制件及其说明)。

5)按合同约定或业主、监理机构要求必须提交的,或承建单位认为应予报送的其他文件与资料。

(3)在索赔受理过程中,承建单位提出进一步解释、说明和支持文件后,监理机构可以:

1)对索赔事项的责任与风险归属重新做出分析与评价。

2)经与合同双方协商后,提出接受、部分接受或拒绝索赔要求的意见。

监理机构应按工程承建合同规定,促使合同争议得到及时解决,尽力避免陷入旷日持久的诉讼。

三、违约处理

(一)违约处理基本要求

《水电水利工程施工监理规范》(DL/T 5111—2012)规定,违约处理应符合以下要求:

(1)如果因业主违约的原因,承建单位采取下列行动,监理机构应:

1)在承建单位发出部分或全部解除合同的通知后,尽快进行调查、认证和澄清事实,并在此基础上,按合同规定办理部分或全部中止合同的支付。

2)在承建单位按合同约定减慢工程速度或暂停工程后,及时与业主协商,尽力促成业主违约原因的消除,尽力促使承建单位恢复正常施工。

3)在承建单位提出合同索赔后,及时与业主和承建单位协商,给予合理的工期延期和施工费用赔偿,并为此颁发签证文件。

(2)对于承建单位违约,监理机构应依据工程承建合同规定采取下列措施:

1)在及时查证和认定事实的基础上,对违约事件的后果做出判断。

2)发出书面指示,指令承建单位尽快予以弥补和纠正。

3)发出违规警告,指令承建单位限期整改,避免引发更严重的违约后果。

4)对违约造成业主损失的,办理业主对承建单位的合同索赔支付。

5)对承建单位无能力进行或不愿进行而应由承建单位完成的紧急或补救工作,协助业主雇佣他人去进行,并向承建单位索回这项费用。

6)经与业主协商后,对承建单位违约采取重大行动,协助业主终止对承建单位的雇用,指示承建单位向业主转让合同利益,办理并签发部分或全部中止合同的支付。

(二)违约处理方式

在水利水电工程施工过程中,常出现各种不同的违约情况。违约的情况不同,程度也不一样,因而,违约一方所应承担的责任和处置方式也不相同,常见的违约处理方式有以下三种:

1. 违约罚款

违约罚款是由当事人双方预先约定,当一方违反合同时,应向对方支付金额。规定违约罚款的目的是保证合同履行,合同当事人一方违约或支付了违约罚款,并不能因此就免除其履行合同的义务。就违约罚款的性质来说,罚款是对不履行合同一方的一种具有惩罚性质的制裁。

在合同中,双方通常预先将罚款金额予以约定,作为违约时应支付的违约金;一旦发生违约的事实,债权人就可要求得到约定的违约金。承包合同中违约罚款的条款是专门针对承包商拖延工期而规定的违约罚款。通常规定当承包商未能按期完工时,业主既可以要求支付约定的违约金,还可要求其继续履行合同,也就是说,违约金的支付并不免除承包商完成和维修这项工程的义务。

2. 损害赔偿

损害赔偿是对违约的一种处置办法。损害赔偿责任的成立要具备三个条件:一是必须要有损害的事实,如果损害根本就没有发生,就不存在赔偿的问题;二是必须有归责于债务人的原因,因其过失而致行为发生;三是损害发生的原因与损害之间必须有因果关系。

损害赔偿的方法有恢复原状和金钱赔偿两种。损害包括对建筑物、财产、设备所造成的损坏或丢失和对人身的伤害,通常都是采用修复建筑物的方式和支付金钱的方式弥补对方所受到的损害。

确定损害赔偿的范围一般要遵守两项原则,即这种损失必须是按照违约事件的一般过程自然地发生的损失,同时,这种损失必须是当事人在订立合同时,对违约可能产生的后果能合理预见到的。

3. 取消合同

在执行合同过程中,当一方不履行合同时,或违反合同条件或构成重大违约时,根据合同规定的一定条件,另一方有权要求取消合同,并要求违约方赔偿损失。解除合同是一方当事人由于对方的违约行为所产生的一项权利,基于此项权利,他可以不再受合同的约束,可以认为合同已经终止,并可对全部违约要求损害赔偿。

四、分包

(1)分包申请受理:

1)监理机构应依据业主授权和工程承建合同规定,在允许分包的工程(或工作)项目和范围内,受理承建单位分包申请,提出意见或按业主授权做出决定。

2)监理机构应拒绝承建单位不具备分包项目承担资格与能力的分包申请。

(2)监理机构宜从以下主要方面审查承建单位分包工程(或工作)项目的申请报告:

1)分包人的资格(包括企业概况、财务状况、项目管理人员资质、用于本项目的资源等)及其证明。

2)分包人承担同类项目的经历与证明。

3)申请分包项目、分包工程(或工作)量及分包合同总价。

4)分包人安全资质证书、分包人的组织机构、主要技术人员及其经历、分包项目施工组织设计等。

5)分包项目工期及施工(或工作)进度安排计划。

6)分包项目工程(或工作)质量与安全生产保障措施。

7)拟定的分包协议与条件。

(3)监理机构应从以下方面协助业主做好指定分包管理:

1)业主指定的合同工程承建项目分包,应征得承建单位的同意。指定分包人应接受承建单位的统一安排和监督。

2)业主应负责协调承建单位与指定分包人之间签订指定分包合同,指定分包人应提交能证明其分包资格与履约能力的资料。

3)指定分包人应保证和保障承建单位免于承担由于指定分包人疏忽、风险、违约而对承建单位造成的损失和合同责任。

(4)分包管理:

1)分包项目通过审批、分包协议生效后,监理机构应将分包人视为承建单位的一部分,要求承建单位加强对分包人和分包项目的管理,并由承建单位对分包人的行为承担合同责任。

2)分包项目的施工措施计划、开工申报、工程(或工作)质量检查、工程变更以及合同支付等,应通过承建单位向监理机构申报。

3)监理机构应要求承建单位督促分包人切实履行工程承建合同约定的义务,并尊重分包人的合同权利。

五、保险

《水电水利工程施工监理规范》(DL/T 5111—2012)规定,监理机构应督促承建单位在工程承建合同约定的期限内,按规定的保险种类、保险价值、保险有效期和要求投保,并在投保完成后将保险协议或保险单和保险费收据复印件送监理机构检查和备存。

(1)施工保险的检查与补救：

1)监理机构应按工程承建合同规定对承建单位的投保情况进行检查。

2)当承建单位未能在工程承建合同约定的期限内按合同约定向业主提交合格的保险协议或保险单时，监理机构应采取如下措施：①指示承建单位尽快办理或补充办理保险；②当承建单位拒绝按工程承建合同约定办理保险时，协助业主以承建单位的名义，或以业主与承建单位联合名义代为办理此类保险，并从到期应支付承建单位的款项中扣抵此投保费用和手续费用。

(2)监理机构应督促承建单位按保险协议或保险单要求，随工程实施进展，以规定的时间间隔向承保人通报工程施工进展与动态，并保证在工程承建合同约定的工程施工期间有完备的保险。

(3)随工程施工进展，当承建单位按工程承建合同约定，在确保保险有效和完备的条件下，提出调整保险范围和价值的申请时，监理机构应在通过审查后予以批准。

(4)如果承建单位已按工程承建合同约定办理了保险，其为履行合同义务所遭受的损失，不能从承保人那里获得足额赔偿，监理机构应在接受承建单位申报后，依据工程承建合同约定的界定风险与责任，确认由责任者承担或合理分担保险赔偿后不足部分的费用。

(5)在监理合同履行期间，监理单位应为监理机构的交通、检测等大型设备设施办理保险，同时，还应为其现场人员办理人身意外伤害险。

第八章 水利水电工程监理信息管理

第一节 水利水电工程监理信息管理概述

一、监理信息的概念及特点

监理信息是在整个工程建设监理过程中发生的、反映着工程建设的状态和规律的信息。监理具有一般信息的特征，同时也有其本身的特点。

1. 信息量大

因为监理的工程项目管理涉及多部门、多专业、多环节、多渠道，而且工程建设中的情况多变化，处理的方式又多样化，因此信息量也特别大。

2. 信息系统性强

由于工程项目往往是一次性（或单件性）的，即使是同类型的项目，也往往因为地点、施工单位或其他情况的变化而变化，因此虽然信息量大，但却都集中于所管理的项目对象上，这就为信息系统的建立和应用创造了条件。

3. 信息传递中的障碍多

信息传递中的障碍来自于地区的间隔、部门的分散、专业的隔阂，或传递的手段落后，或对信息的重视与理解能力、经验、知识的限制。

4. 信息的滞后现象

监理信息往往是在项目建设和管理过程中产生的，信息反馈一般要经过加工、整理、传递以后才能到达决策者手中，因此是滞后的。倘若信息反馈不及时，容易影响信息作用的发挥而造成失误。

二、监理信息的作用

监理行业属于信息产业，监理工程师是信息工作者，生产的是信息，使用和处理的都是信息，主要体现监理成果的也是各种信息。工程建设监理信息对监理工程师开展监理工作，对监理工程师进行决策具有重要的作用。

监理信息对监理工作的作用表现在以下几个方面：

（1）信息是监理决策的依据。决策是建设监理的首要职能，它的正确与否，直接影响到工程项目建设总目标的实现及监理单位的信誉。建设监理决策正确与否，又取决于各种因素，其中最重要的因素之一就是信息。没有可靠的、充分的、系统的信息作为依据，就不可能做出正确的决策。

(2)信息是监理工程师实施控制的基础。控制的主要任务是指计划执行情况与计划目标进行比较,找出差异,对比较的结果进行分析,排除和预防产生差异的原因,使总体目标得以实现。

为了进行有效的控制,监理工程师必须得到充分的、可靠的信息。为了进行比较分析及采取措施来控制工程项目投资目标、质量目标及进度目标,监理工程师首先应掌握有关项目三大目标的计划值,它们是控制的依据;再者,监理工程师还应了解三大目标的执行情况。只有这两个方面的信息都充分掌握了,监理工程师才能正确实施控制工作。

(3)信息是监理工程师进行工程项目协调的重要媒介。工程项目的建设过程涉及有关的政府部门和建设、设计、施工、材料设备供应、监理单位等,这些政府部门和企业单位对工程项目目标的实现都会有一定的影响,处理好、协调好它们之间的关系,并对工程项目的目标实现起促进作用,就是依靠信息,把这些单位有机地联系起来。

三、监理信息的分类

为了有效地管理和应用工程建设监理信息,需将信息进行分类。按照不同的分类标准,可将工程建设监理信息分为不同的类型,具体分类见表 8-1。

表 8-1 监理信息分类

序号	分类标准	类型	内容
1	按照工程建设监理职能划分	投资控制信息	如各种投资估算指标,类似工程造价,物价指数,概(预)算定额,建设项目投资估算,设计概预算,合同价,工程进度款支付单,竣工结算与决算,原材料价格,机械台班费,人工费,运杂费,投资控制的风险分析等
		质量控制信息	如国家有关的质量政策及质量标准,项目建设标准,质量目标的分解结果,质量控制工作流程,质量控制工作制度,质量控制的风险分析,质量抽样检查结果等
		进度控制信息	如工期定额,项目总进度计划,进度目标分解结果,进度控制工作流程,进度控制工作制度,进度控制的风险分析,某段时间的施工进度记录等
		合同管理信息	如国家有关法律规定,建设工程招标投标管理办法,建设工程施工合同管理办法,工程建设监理合同,建设工程勘察设计合同,建设工程施工承包合同,土木工程施工合同条件,合同变更协议,建设工程中标通知书、投标书和招标文件等
		行政事务管理信息	如上级主管部门、设计单位、承包商、发包人的来函文件,有关技术资料等
2	按照工程建设监理信息来源划分	工程建设内部信息	内部信息取自建设项目本身。如工程概况,可行性研究报告,设计文件,施工组织设计,施工方案,合同文件,信息资料的编码系统,会议制度,监理组织机构,监理工作制度,监理委托合同,监理规划,项目的投资目标,项目的质量目标,项目的进度目标等
		工程建设外部信息	来自建设项目外部环境的信息称为外部信息。如国家有关的政策及法规,国内及国际市场上原材料及设备价格,物价指数,类似工程的造价,类似工程进度,投标单位的实力,投标单位的信誉,毗邻单位的有关情况等

续表

序号	分类标准	类型	内　　容
3	按照工程建设监理信息稳定程度划分	固定信息	固定信息是指那些具有相对稳定性的信息，或者在一段时间内可以在各项监理工作中重复使用而不发生质的变化的信息，是工程建设监理工作的重要依据。 (1)定额标准信息。这类信息内容很广，主要是指各类定额和标准。如概预算定额，施工定额，原材料消耗定额，投资估算指标，生产作业计划标准，监理工作制度等。 (2)计划合同信息。指计划指标体系，合同文件等。 (3)查询信息。指国家标准，行业标准，部颁标准，设计规范，施工规范，监理工程师的人事卡片等
		流动信息	流动信息即作业统计信息，是反映工程项目建设实际进程和实际状态的信息，随着工程项目的进展而不断更新。这类信息时间性较强，一般只有一次使用价值。如项目实施阶段的质量、投资及进度统计信息，就是反映在某一时刻项目建设的实际进程及计划完成情况。再如，项目实施阶段的原材料消耗量、机械台班数、人工工日数等。及时收集这类信息，并与计划信息进行对比分析是实施项目目标控制的重要依据，是不失时机地发现、克服薄弱环节的重要手段。在工程建设监理过程中，这类信息的主要表现形式是统计报表
4	按照工程建设监理活动层次划分	总监理工程师所需信息	如有关工程建设监理的程序和制度，监理目标和范围，监理组织机构的设置状况，承包商提交的施工组织设计和施工技术方案，建设监理委托合同，施工承包合同等
		各专业监理工程师所需信息	如工程建设的计划信息，实际进展信息，实际进展与计划的对比分析结果等。监理工程师通过掌握这些信息可以及时了解工程建设是否达到预期目标并指导其采取必要措施，以实现预定目标
		监理检查员所需信息	主要是工程建设实际进展信息，如工程项目的日进展情况。这类信息较具体、详细，精度较高，使用频率也高
5	按照工程建设监理阶段划分	设计阶段	如"可行性研究报告"及"设计任务书"，工程地质和水文地质勘察报告，地形测量图，气象和地震烈度等自然条件资料，矿藏资源报告，规定的设计标准，国家或地方有关的技术经济指标和定额，国家和地方的监理法规等
		施工招标阶段	如国家批准的概算，有关施工图纸及技术资料，国家规定的技术经济标准、定额及规范，投标单位的实力，投标单位的信誉，国家和地方颁布的招投标管理办法等
		施工阶段	如施工承包合同，施工组织设计、施工技术方案和施工进度计划，工程技术标准，工程建设实际进展情况报告，工程进度款支付申请，施工图纸及技术资料，工程质量检查验收报告，工程建设监理合同，国家和地方的监理法规等

四、监理管理信息流程

水利水电工程是一个由多个单位、多个部门组成的复杂系统,这是建设工程的复杂性决定的。参加建设的各方要能够实现随时沟通,必须规范相互之间的信息流程,组织合理的信息流。

1. 工程信息流程的组成

水利水电工程的信息流由建设各方各自的信息流组成,监理单位的信息系统作为建设工程系统的一个子系统,监理的信息流仅仅是其中的一部分信息流,对于水利水电工程的信息流程如图 8-1 所示。

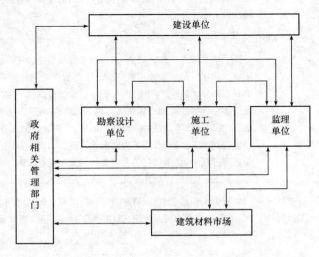

图 8-1 水利水电工程参建各方信息关系流程图

2. 监理单位及项目监理部信息流程的组成

监理单位内部也有一个信息流程,监理单位的信息系统更偏重于公司内部管理和对所监理的建设工程项目监理部的宏观管理,对具体的某个工程项目监理部,也要组织必要的信息流程,加强项目数据和信息的微观管理,相应的流程图如图 8-2 和图 8-3 所示。

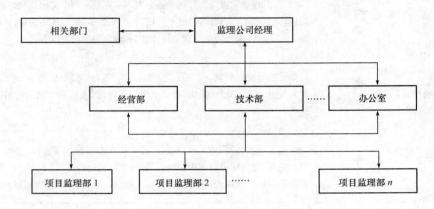

图 8-2 监理单位信息流程图

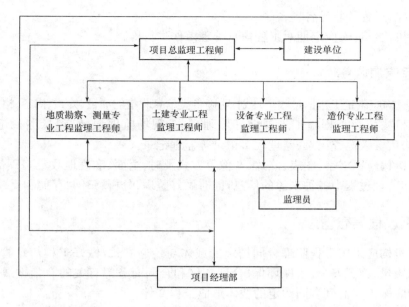

图 8-3 项目监理部信息流程图

五、监理管理信息系统

监理工程师的主要工作是控制工程建设的投资、进度和质量,进行工程建设合同管理,协调有关单位间的工作关系。监理管理信息系统的构成应当与这些主要的工作相对应。另外,每个工程项目都有大量的公文信函,作为一个信息系统,也应对这些内容进行辅助管理。因此,监理管理信息系统一般由文档管理子系统、合同管理子系统、组织协调子系统、投资控制子系统、质量控制子系统和进度控制子系统构成。

第二节 水利水电工程工程信息管理基本工作

一、建立健全工程信息管理体系

(1)监理机构应在合同工程项目开工前,按工程监理合同约定建立工程信息采集、分析、整理、保管、归档、查询系统及计算机辅助信息管理系统,制定工程信息目录,建立工程信息收集、处理、传递、保存、检索、使用、归档、保密等环节的工程信息管理制度,设置工程信息管理岗位,明确工程信息管理人员与其他监理人员在工程信息管理方面的职责。

(2)监理机构应根据工程承建合同和业主规定,建立工程文件传递与工程信息管理流程,制定包括工程文件资料签收、送阅与归档及文件起草、打印、校核、签发、传递等在内的文档资料的管理程序。

(3)监理机构应在合同工程项目开工前,建立合同工程项目划分和工程项目编码系统,配备用于信息传递、存储、处理、检索、统计分析的计算机、通信、网络信息系统和设备。

(4)监理机构应建立进场材料、质量检查、施工测量、工程计量合同支付、工程变更、施工安全、水保环保、工程验收等各项台账。

(5)监理机构负责人应定期对工程信息管理工作进行检查。

二、工程信息收集

(1)监理机构应制定工程信息收集计划,明确各类信息收集的项目、方式、内容、格式、时间等。

(2)监理机构应随工程施工进展做好监理日志、现场监理记录(包括巡视记录、旁站记录)、监理机构负责人巡查记录、监理大事记录等监理记录。

(3)监理机构应以文字、图表、照片、音像等方式及时、全面、准确地收集工程信息,妥善保存工程施工和监理过程中各种来源的信息,同时做好整理、分析、归纳、存储和反馈。

三、施工过程信息管理

(1)监理机构应采用工程监理合同约定的载体与传递方式,做好工程信息管理。凡与工程进度、施工质量、施工安全、水保环保、合同支付和合同商务等有关的有依据或凭据价值的工程信息,均应按工程监理合同约定的载体形成工程文件。

(2)施工过程信息采集和记录宜采用标准化格式文件进行,施工过程管理宜采用标准化工程监理工作用表进行。施工过程信息采集和记录表格,以及工程监理工作用表宜随工程施工进展补充、完善。

(3)监理机构应督促承建单位按工程承建合同约定,做好各类工程信息的收集和编报。需要按指定格式填报的,应事先针对标准格式与承建单位沟通。

(4)施工过程信息采集和记录标准化格式文件、工程监理工作用表格式,应满足工程建设管理法规、工程承建合同、工程监理合同及业主对工程项目的管理要求。

监理机构应随工程施工进展定期进行工程信息整编,并按工程监理合同约定以及业主要求,按规定格式编制和向业主报送工程报表与监理工作报告。

第三节 水利水电工程监理与设计文件管理

一、监理文件管理

1. 监理文件的分类

《水电水利工程施工监理规范》(DL/T 5111—2012)规定,监理文件的分类可包括:

(1)对承建单位的批复文件。

(2)施工过程指示(指令)文件。

(3)施工过程作业许可(审签、签证)文件。

(4)施工质量或合同支付认证文件。

(5)工程施工过程中的协调文件。

(6)工程完工及工程验收签证文件。

(7)提交给业主的建议、请示、报告、回复函。

(8)提交给设计单位的商议函。

(9)工程报表、记录文件。
(10)监理工作报告。
(11)监理工作体系文件。
(12)其他文件。

2. 监理文件的编制

(1)监理文件的编制应以合同文件及有关法律法规、规程规范和标准为依据,并遵守国家及有关部门发布的公文管理规定。

(2)监理文件的编码应遵守国家及有关部门发布的公文管理规章和技术标准,并执行业主有关工程文件管理的规定。

(3)监理文件的编码应满足:唯一性,分类管理(检索、归档)标识,引用和追溯要求。

3. 监理文件的发布

(1)监理机构应正确行使业主通过工程监理合同和工程承建合同授予监理单位的权力,按合同文件授权发布监理文件。监理机构应将重要的监理文件抄送监理单位。

(2)监理机构发出的书面文件,应加盖监理机构章,并有总监理工程师或其授权的监理工程师签名。

(3)监理机构应确定监理文件的发布权限,以及监理文件的拟稿、核稿、会签、审查、签发、印制、用印、发送、归档程序和职责分工。

(4)对于规模较大的监理项目,监理机构可根据工程监理合同约定及内部职责划分,对不同类别和层次的监理文件和报表等实行分级管理。分级管理的授权和具体规定,应事先以文件告知相关参建方。

(5)监理机构发布监理文件的发送对象应为业主、设计、承建等参建单位驻工地项目管理机构。必须向业主、设计、承建等参建单位发送监理文件时,应通过监理单位发布。

监理机构应根据工程进展情况,按工程监理合同约定的格式与内容要求,向业主编报工程监理周、月、年报。

二、设计文件管理

1. 设计文件的接收与发放

(1)监理机构应设置设计文件管理岗位,负责设计文件的接收与发放。

(2)监理机构应建立设计文件接收、发放管理台账,明确记载设计文件接收与发放的时间、地点、数量,并有交接责任人签名。

2. 有效版本

(1)监理机构签发的设计文件是工程施工的唯一有效版本。

(2)当已发放的设计文件发生变更时,监理机构应及时将修改文件发送承建单位,并立卷归档。

三、工程文件传递与处理

1. 工程文件的传递

(1)监理机构与各方之间具有合同效力的一切联系应以书面文件为准。工程监理合同约定需附电子版或照片、音像资料的文件,应及时提供文件的电子版和相关的照片、音像资料。

(2)在可能导致人身伤害、设备损毁或施工事故的紧急情况和其他特殊情况下,可先口头或电话通知文件内容,但应在合同规定的时间内及时补发书面文件确认。

(3)工程文件的传递应按照规定的要求和流程,通过各参建单位授权部门和人员进行,并做好文件的登记、签收。其他部门和个人未按规定流程传递的文件,不能视为代表单位或机构的正式文件。

(4)工程文件的送达时间以送达单位授权部门负责人,或指定签收人的签收时间为准。

(5)监理机构应发送(包括主送、抄送)业主的文件,按工程监理合同约定和业主要求进行。

(6)监理机构主持的设计技术交底会、施工图纸会审会和其他应有驻工地设计代表参加的工地协调会纪要等与工程设计相关的监理文件,应发送工程设计单位驻工地设计代表机构。

2. 工程文件的受理

(1)除工程承建合同另有规定外,承建单位涉及工程合同目标控制、合同履行和施工管理等监理范围事项的文件,应报送监理机构处理。

(2)除非业主另有指示或工程承建合同另有规定,业主关于工程施工的主要意见和决策,应通过监理机构向承建单位下达实施。

(3)对按工程承建合同规定需要业主审批或决策的事项,监理机构应在报经业主审批后再批复承建单位。

(4)各方对收到的文件应根据文件的重要或紧急程度及时予以处理,需要反馈意见的,应在合同文件规定的期限内予以回复。逾期未予回复,应视为对来文没有异议;若由此造成工程延误和损失,应由相关责任方承担合同责任。

(5)属紧急工程文件的,应在其左上角明显位置加盖"急件"章,受理方应在合理的短时间内做出处理。

(6)业主应在工程监理合同约定的期限内,就监理机构书面提交并要求业主做出决定的事项做出书面决定,并送达监理机构。

3. 对监理文件的异议

(1)承建单位对监理文件有异议时,应首先向监理机构说明理由,要求复议。在监理机构坚持原议的情况下,承建单位可提请业主复议。

(2)除非业主确认监理文件有误,并书面指示对监理文件做出变更或修改,否则在复议期间原已送达的监理文件继续有效。

4. 对设计文件的异议

(1)承建单位对设计文件有异议时,应及时向监理机构提出。

(2)监理机构确认异议后应及时向驻工地设计代表提出,并要求设计单位驻工地设计代表予以澄清或做出相应修改。

(3)对需要做出设计修改的,设计单位驻工地设计代表应提交相应的设计修改通知或图纸。

第四节　水利水电工程监理档案资料管理

一、监理档案资料管理制度

1. 基本规定

监理档案资料管理制度应符合《水电水利工程施工监理规范》(DL/T 5111—2012)的规定,具体要求如下:

(1)合同工程项目开工前,监理机构应按国家或政府部门、业主颁布的关于工程档案管理的规定和工程监理合同约定,建立监理档案资料管理制度。监理档案资料管理制度应包括归档范围、要求,以及档案资料的收集、整编、查阅、复制、利用、移交、保密等内容。

(2)监理机构责任人应定期对监理档案资料管理工作进行检查。

(3)监理档案资料必须真实完整、分类有序并及时整理。

2. 收文程序

(1)收文程序为:来文→签收→登记→传阅→承办→收集→归档。

(2)参建单位所发文件由资料员统一签收、登记。

(3)项目监理部资料员务必将文件分五种情况及时处理,具体情况如下:

第一种文件:各参建单位发给监理方须签核返回的;专业监理工程师批阅签字→总监审核签字→返回发文单位。

第二种文件:发包人或参建单位发给监理方需由监理方转发的;总监批准→转发有关单位。

第三种文件:各参建单位发给监理方需签核、盖章返回的;专业监理工程师批阅签字→总监审核签字→监理部盖章→返回发文单位。

第四种文件:各参建单位发给监理方只需签核和归档的;专业监理工程师批阅签字→归档。

第五种文件:各参建单位发给监理的参考资料;专业监理工程师签阅→归档。

(4)凡需承办或批示的文件必须立即办理,能够立即办理的必须及时办理,若不能及时办理需研究处理的文件,应以书面形式给予对方回复。

(5)若项目监理部资料员休假或公差外出时,总监应及时安排人员接任资料员的工作,并办理书面交接手续。

3. 发文程序及资料收集

(1)发文程序:拟稿→审稿→签发。

(2)由提出发文的监理工程师拟稿。

(3)发文内容必须通过总监审核后才能定稿。

(4)发文格式采用监理规范和公司规定的格式。

(5)所发文件必须经过监理工程师或总监签字盖章后方可发出。

(6)项目监理部资料员直接负责收集资料,各专业监理工程师必须积极配合。

(7)资料收集范围包括政府部门、发包人、各参建单位、设备供应商、项目周边情况资料、本公司以及项目监理部资料等。

(8)按规定必须收集却不能及时收集的资料,项目监理部资料员应进行登记,要求以书面形式对各参建单位进行催办,并汇报总监备案。

4. 资料查阅规定

(1)现场监理人员经查阅手续后,可直接向资料管理人员查阅。

(2)发包人、承包商查阅时,需经总监或有关负责人同意后方可查阅。

(3)其他单位人员,原则上不予查阅。如确需查阅时,须经总监批准方可。

(4)所有资料档案,不得外借,除监理工作需要不得复印。

(5)借阅人不得拆卸、调换、污损所借资料,未经许可不得复印。

(6)不许在资料上圈点、画线、涂改等作任何标记。

二、承建单位档案资料检查

(1)监理机构应按照工程承建合同和有关工程档案管理规定,随工程施工进展对承建单位工程档案管理制度的建立、执行情况和档案的收集、整编质量进行检查。

(2)监理机构应按照工程承建合同和有关工程档案管理规定,对承建单位在工程验收和完工移交各阶段应向业主提交的工程档案资料的真实性、完整性、准确性进行审核。

(3)监理机构应审核承建单位编制的竣工文件及竣工图的完整性和准确性,审核编制竣工图的依据性文件,签署竣工图章,并向业主提交承建单位移交的竣工文件的审查意见。

三、工程监理档案的验收、归档与移交

《水电水利工程施工监理规范》(DL/T 5111—2012)规定,监理机构应按业主要求和工程监理合同约定,在相应工程项目完成或监理服务期满后,对应交业主归档的工程监理档案逐项清点、整编、登记造册,并在通过工程档案验收后向业主移交。

(一)档案的验收

水利水电工程建设项目档案的验收应符合《水利工程建设项目档案验收管理办法》的规定,具体要求如下:

1. 验收申请

(1)申请档案验收应具备的条件:

1)项目主体工程、辅助工程和公用设施,已按批准的设计文件要求建成,各项指标已达到设计能力并满足一定运行条件。

2)项目法人与各参建单位已基本完成应归档文件材料的收集、整理、归档与移交工作。

3)监理单位对本单位和主要施工单位提交的工程档案的整理情况与内在质量进行了审核,认为已达到验收标准,并提交了专项审核报告。

4)项目法人基本实现了对项目档案的集中统一管理,且按要求完成了自检工作,并达到《评分标准》规定的合格以上分数。

(2)项目法人在确认已达到第(1)条规定的条件后,应早于工程计划竣工验收的3个月,按以下原则,向项目竣工验收主持单位提出档案验收申请:

主持单位是水利部的,应按归口管理关系通过流域机构或省级水利行政主管部门申请;

主持单位是流域机构的,直属项目可直接申请,地方项目应经省级水利行政主管部门申请;主持单位是省级水利行政主管部门的,可直接申请。

(3)档案验收申请应包括项目法人开展档案自检工作的情况说明、自检得分数、自检结论等内容,并将项目法人的档案自检工作报告和监理单位专项审核报告附后。

1)档案自检工作报告的主要内容:工程概况,工程档案管理情况,文件材料收集、整理、归档与保管情况,竣工图编制与整理情况,档案自检工作的组织情况,对自检或以往阶段验收发现问题的整改情况,按《评分标准》自检得分与扣分情况,目前仍存在的问题,对工程档案完整、准确、系统性的自我评价等内容。

2)专项审核报告的主要内容:监理单位履行审核责任的组织情况,对监理和施工单位提交的项目档案审核、把关情况,审核档案的范围、数量,审核中发现的主要问题与整改情况,对档案内容与整理质量的综合评价,目前仍存在的问题,审核结果等内容。

2. 验收组织

(1)档案验收由项目竣工验收主持单位的档案业务主管部门负责组织。

(2)档案验收的组织单位,应对申请验收单位报送的材料进行认真审核,并根据项目建设规模及档案收集、整理的实际情况,决定先进行预验收或直接进行验收。对预验收合格或直接进行验收的项目,应在收到验收申请后的 40 个工作日内组织验收。

(3)对需进行预验收的项目,可由档案验收组织单位组织,也可由其委托流域机构或地方水利行政主管部门组织(应有正式委托函)。被委托单位应在受委托的 20 个工作日内,按要求组织预验收,并将预验收意见上报验收委托单位,同时抄送申请验收单位。

(4)档案验收的组织单位应会同国家或地方档案行政管理部门成立档案验收组进行验收。验收组成员,一般应包括档案验收组织单位的档案部门,国家或地方档案行政管理部门、有关流域机构和地方水利行政主管部门的代表及有关专家。

(5)档案验收应形成验收意见。验收意见须经验收组 2/3 以上成员同意,并履行签字手续,注明单位、职务、专业技术职称。验收成员对验收意见有异议的,可在验收意见中注明个人意见并签字确认。验收意见应由档案验收组织单位印发给申请验收单位,并报国家或省级档案行政管理部门备案。

3. 验收程序

(1)档案验收通过召开验收会议的方式进行。验收会议由验收组组长主持,验收组成员及项目法人、各参建单位和运行管理等单位的代表参加。

(2)档案验收会议主要议程:

1)验收组组长宣布验收会议文件及验收组组成人员名单。

2)项目法人汇报工程概况和档案管理与自检情况。

3)监理单位汇报工程档案审核情况。

4)已进行预验收的,由预验收组织单位汇报预验收意见及有关情况。

5)验收组对汇报有关情况提出质询,并察看工程建设现场。

6)验收组检查工程档案管理情况,并按比例抽查已归档文件材料。

7)验收组结合检查情况按验收标准逐项赋分,并进行综合评议,讨论、形成档案验收意见。

8)验收组与项目法人交换意见,通报验收情况。

9)验收组组长宣读验收意见。

(3)对档案验收意见中提出的问题和整改要求,验收组织单位应加强对落实情况的检查、督促;项目法人应在工程竣工验收前,完成相关整改工作,并在提出竣工验收申请时,将整改情况一并报送竣工验收主持单位。

(4)对未通过档案验收(含预验收)的,项目法人应在完成相关整改工作后,按《水利工程建设项目档案验收管理办法》第二章要求,重新申请验收。

(二)档案的归档与移交

1. 档案归档与移交要求

水利水电工程建设项目档案的归档与移交应符合《水利工程建设项目档案管理规定》的规定,具体要求如下:

(1)水利工程档案的保管期限分为永久、长期、短期三种。长期档案的实际保存期限,不得短于工程的实际寿命。

(2)《水利工程建设项目文件材料归档范围和保管期限表》是对项目法人等相关单位应保存档案的原则规定。项目法人可结合实际,补充制定更加具体的工程档案归档范围及符合工程建设实际的工程档案分类方案。

(3)水利工程档案的归档工作,一般是由产生文件材料的单位或部门负责。总包单位对各分包单位提交的归档材料负有汇总责任。各参建单位技术负责人应对其提供档案的内容及质量负责;监理工程师对施工单位提交的归档材料应履行审核签字手续,监理单位应向项目法人提交对工程档案内容与整编质量情况的专题审核报告。

(4)水利工程文件材料的收集、整理应符合《科学技术档案案卷构成的一般要求》(GB/T 11822)。归档文件材料的内容与形式均应满足档案整理规范要求,即内容应完整、准确、系统;形式应字迹清楚、图样清晰、图表整洁、竣工图及声像材料须标注的内容清楚、签字(章)手续完备,归档图纸应按《技术制图 复制图的折叠方法》(GB/T 10609.3)要求统一折叠。

(5)竣工图是水利工程档案的重要组成部分,必须做到完整、准确、清晰、系统、修改规范、签字手续完备。项目法人应负责编制项目总平面图和综合管线竣工图。施工单位应以单位工程或专业为单位编制竣工图。竣工图须由编制单位在图标上方空白处逐张加盖"竣工图章",有关单位和责任人应严格履行签字手续。每套竣工图应附编制说明、鉴定意见及目录。

(6)水利工程建设声像档案是纸制载体档案的必要补充。参建单位应指定专人,负责各自产生的照片、胶片、录音、录像等声像材料的收集、整理、归档工作,归档的声像材料均应标注事由、时间、地点、人物、作者等内容。工程建设重要阶段、重大事件、事故,必须要有完整的声像材料归档。

(7)电子文件的整理、归档,参照《电子文件归档与管理规范》(GB/T 18894)执行。

(8)项目法人可根据实际需要,确定不同文件材料的归档份数,但应满足以下要求:

1)项目法人与运行管理单位应各保存1套较完整的工程档案材料(当二者为一个单位时,应异地保存1套)。

2)工程涉及多家运行管理单位时,各运行管理单位则只保存与其管理范围有关的工程档案材料。

3)当有关文件材料需由若干单位保存时,原件应由项目产权单位保存,其他单位保存复制件。

4）流域控制性水利枢纽工程或大江、大河、大湖的重要堤防工程，项目法人应负责向流域机构档案馆移交 1 套完整的工程竣工图及工程竣工验收等相关文件材料。

（9）工程档案的归档与移交必须编制档案目录。档案目录应为案卷级，并须填写工程档案交接单。交接双方应认真核对目录与实物，并由经手人签字、加盖单位公章确认。

（10）工程档案的归档时间，可由项目法人根据实际情况确定。可分阶段在单位工程或单项工程完工后向项目法人归档，也可在主体工程全部完工后向项目法人归档。整个项目的归档工作和项目法人向有关单位的档案移交工作，应在工程竣工验收后三个月内完成。

2. 工程监理档案基本格式

水利水电工程施工阶段监理档案基本格式见表 8-2～表 8-8。

表 8-2　　　　　　　　　　向公司移交施工阶段监理文件一览表

序号	归档文件	保存期限	密级
1	监理规划		
①	委托监理合同、监理规划	短期	秘密
②	监理实施细则	短期	秘密
③	监理部总控制计划等	短期	秘密
2	监理月报	长期	秘密
3	监理会议纪要	长期	秘密
4	进度控制		
①	工程开工/复工审批表	长期	秘密
②	工程开工/复工暂停令	长期	秘密
5	质量控制		
①	不合格项目通知	长期	秘密
②	质量事故报告及处理意见	长期	秘密
6	工程质量验收记录		
①	工序质量验收记录	长期	秘密
②	单元工程质量验收记录	长期	秘密
③	基础、主体工程验收记录	长期	秘密
④	分部工程质量验收记录	长期	秘密
7	监理通知		
①	有关进度控制的监理通知	长期	秘密
②	有关质量控制的监理通知	长期	秘密
③	有关造价控制的监理通知	长期	秘密
8	监理日志、旁站记录		
9	合同与其他事项管理		
①	工程延期报告及审批	长期	秘密
②	费用索赔报告及审批	长期	秘密
③	合同争议、违约报告及处理意见	长期	秘密

序号	归档文件	保存期限	密级
④	合同变更材料	长期	秘密
10	监理工作总结(含阶段监理工作总结)		
①	专题总结	短期	秘密
②	工程竣工总结(含阶段竣工总结)	长期	秘密
③	质量评价意见报告(含阶段性质量评估报告)	长期	秘密
④	工程竣工结算审核意见书	长期	秘密
11	工程项目监理机构(项目监理部)及负责人名单	长期	秘密

表 8-3　　　　向发包人、档案馆移交文件一览表

序号	归档文件	发包人	政府档案管理部门(室)
1	监理规划		
①	监理规划	√	√
②	监理实施细则	√	√
③	监理部总控制计划等	√	
2	监理月报	√	
3	监理会议纪要	√	√
4	进度控制		
①	工程开工/复工审核表	√	√
②	工程暂停令	√	√
5	质量控制		
①	不合格项目通知	√	√
②	质量事故报告及处理意见	√	√
6	造价控制		
①	预付款报审与支付	√	
②	月付款报审与支付	√	
③	设计变更、洽商费用报审与签认	√	
④	工程竣工决算审核意见书	√	√
7	分包资质		
①	分包单位资质材料	√	
②	供货单位资质材料	√	
③	试验等单位资质材料	√	
8	监理通知		
①	有关进度控制的监理通知	√	
②	有关质量控制的监理通知	√	
③	有关造价控制的监理通知	√	
9	合同与其他事项管理		

续表

序号	归档文件	发包人	政府档案管理部门(室)
①	工程延期报告及审批	√	√
②	费用索赔报告及审批	√	
③	合同争议、违约报告及处理意见	√	√
④	合同变更材料	√	√
10	监理工作总结		
①	专题总结	√	
②	月报总结	√	
③	工程竣工总结	√	√
④	质量评价意见报告	√	√
11	工程项目监理机构(项目监理部)及负责人名单	√	√

注："√"表示应分别向发包人或档案馆移交的有关文件。

表 8-4　　　　　　　　　　　卷内目录

序号	文件编号	责任者	文件题名	日期	页次	备注

表 8-5　　　　　　　　　　　　卷内备考表

本案卷共有文件、材料共_____页。其中：文字材料_____页，图样材料_____页，照片_____张。

说明：

　　　　　　　　　　　　　　　　　　　　　　　　　　　　立卷人：
　　　　　　　　　　　　　　　　　　　　　　　　　　　　　年　月　日

　　　　　　　　　　　　　　　　　　　　　　　　　　　　立卷人：
　　　　　　　　　　　　　　　　　　　　　　　　　　　　　年　月　日

表 8-6　　　　　　　　　　　　　　案卷封面

档　　　号_____

工程编号_____

案卷题名_____
　　　　　_____
　　　　　_____
　　　　　_____

编制项目监理部_____

编　制　日　期_____

密　　　级_____

　　　　　共_____卷　第_____卷

表 8-7　　　　　　　　　　　　　　卷盒封面

档　案　盒

卷内标题				
起止时间	自　　年　　月　　日起至		年　　月　　日止	
卷内册数		保管期限		
全宗号		目录号		案卷号

项目监理部_____

表 8-8　　　　　　　　　　　　　案卷脊背

档案盒	工程项目名称
年　　　　度	档案盒
金　号　号	归档文件名称
目　录　号	
案　卷　号	第＿＿＿＿盒
保　管　期　限	共＿＿＿＿盒

注：1. 归档文件名称应为向公司移交施工阶段监理文件一览表 11 大类文件中的第一类或某几类；如监理规划、监理通知等。
　　2. 本表适用于向公司移交的监理文件。

第九章 水利水电工程监理协调

第一节 水利水电工程监理协调概述

一、监理协调的概念

协调就是联结、联合、调和所有的活动及力量,使各方配合得当,其目的是促使各方协同一致,以实现预定目标。协调工作应贯穿于整个工程建设实施及其管理过程中。

工程建设系统就是一个由人员、物质、信息等构成的人为组织系统。用系统方法分析,工程建设的协调一般有三大类:一是"人员/人员界面";二是"系统/系统界面";三是"系统/环境界面"。

监理机构的协调管理就是在"人员/人员界面"、"系统/系统界面"、"系统/环境界面"之间,对所有的活动及力量进行联结、联合、调和的工作。系统方法强调要把系统作为一个整体来研究和处理,因为总体的作用规模要比各子系统的作用规模之和大。为了顺利实现工程建设系统目标,必须重视协调管理,发挥系统整体功能。在工程建设监理中,要保证项目的参与各方围绕工程建设开展工作,使项目目标顺利实现。组织协调工作最重要,也最困难,是监理工作能否成功的关键,只有通过积极的组织协调才能实现整个系统全面协调控制的目的。

二、监理协调的制度

(1)工程项目开工前,监理机构应依据业主授予的权力和工程承建合同规定,建立监理协调制度,明确监理协调的范围、原则、内容、方式、程序和各级监理人员在协调方面的职权。

(2)施工过程中,监理机构应及时发现问题,主动进行协调,并及时解决或努力减少施工过程和合同履行中的矛盾与纠纷,促使参建各方协调一致地实现合同规定的各项目标。

(3)监理机构应以有关法律、法规、合同文件和事实为依据,公正合理地调解合同执行中的问题和争议,维护合同双方的合同权益。

三、监理协调的工作内容

1. 项目监理机构内部的协调

(1)项目监理机构内部人际关系的协调。项目监理机构是由人组成的工作体系,工作效率在很大程度上取决于人际关系的协调程度。总监理工程师应首先抓好人际关系的协调,激励项目监理机构成员。

(2)项目监理机构内部组织关系的协调。项目监理机构是由若干部门(专业组)组成的工作体系。每个专业组都有自己的目标和任务。如果每个子系统都从工程建设的整体利益出发,理解和履行自己的职责,则整个系统就会处于有序的良性状态。否则,整个系统便处于无序的紊乱状态,导致功能失调,效率下降。

(3)项目监理机构内部需求关系的协调。工程建设监理实施中有人员需求、试验设备需求、材料需求等,而资源是有限的,因此,内部需求平衡至关重要。

2. 与业主的协调

监理目标的实现与业主关系协调的好坏有很大关系。监理工程师与业主的协调内容包括:

(1)监理工程师应加强与业主的沟通,明确项目总目标,理解业主的意图。

(2)监理工程师应做好监理宣传工作,增进业主对监理工作的理解,促进双方工作的协调一致。

(3)监理工程师应尊重业主,同业主一起投入到工程建设的全过程中去。

3. 与承包商的协调

监理工程师对质量、进度和投资的控制都是通过承包商的工作来实现的,所以做好与承包商的协调工作是监理工程师组织协调工作的重要内容。与承包商协调的内容包括:与承包商项目经理关系的协调;进度问题的协调;质量问题的协调;对承包商违约行为的处理;合同争议的协调;对分包单位的管理;处理好人际关系。

4. 与设计单位的协调

监理单位必须协调与设计单位的工作,以加快工程进度,确保质量,降低消耗。

(1)真诚尊重设计单位的意见。在设计单位向承包商介绍工程概况、设计意图、技术要求、施工难点等时,注意标准过高、设计遗漏、图纸差错等问题,并将其解决在施工之前;施工阶段,严格按图施工;做好结构工程验收、专业工程验收、竣工验收等工作,邀请设计代表参加;若发生质量事故,认真听取设计单位的处理意见,等等。

(2)遇到问题及时提出。施工中发现设计问题,应及时向设计单位提出,以免造成大的直接损失;若监理单位掌握比原设计更先进的新技术、新工艺、新材料、新结构、新设备,可主动向设计单位推荐。为使设计单位有修改设计的余地而不影响施工进度,应协调各方达成协议,约定一个期限,争取设计单位、承包商的理解和配合。

(3)注意信息传递的及时性和程序性。监理工作联系单、工程变更单传递,要按规定的程序进行传递。

这里要注意的是,在施工监理的条件下,监理单位与设计单位都是受业主委托进行工作的,两者之间并没有合同关系,所以监理单位主要是和设计单位做好交流工作,协调要靠业主的支持。设计单位应就其设计质量对建设单位负责,因此《中华人民共和国建筑法》指出:工程监理人员发现工程设计不符合建筑工程质量标准或者合同约定的质量要求的,应当报告建设单位要求设计单位改正。

5. 与政府部门及其他单位的协调

(1)与政府部门的协调内容包括:

1)监理单位在进行工程质量控制和质量问题处理时,要做好与工程质量监督站的交流和协调。

2)遇重大质量、安全事故,在配合承包商采取急救、补救措施的同时,应督促承包商立即向政府有关部门报告情况,接受检查和处理。

3)工程合同直接送公证机关公证,并报政府建设主管部门备案。

4)征地、拆迁、移民要争取政府有关部门支持和协作。
5)现场消防设施的配置应请消防部门检查认可。
6)施工中还要注意防止环境污染,特别是防止噪声的污染,坚持文明施工。

(2)与社会团体的协调。一些大中型工程建设建成后,不仅会给业主带来效益,还会给该地区的经济发展带来好处,同时给当地人民生活带来方便,因此必然会引起社会各界的关注。业主和监理单位应把握机会,争取社会各界对工程建设的关心和支持。对本部分的协调工作,监理单位主要是针对一些技术性工作进行协调。

四、监理协调的方式

(1)针对施工中的问题,及时组织有关方人员直接协商解决。
(2)定期主持召开有各参建单位代表参加的工地协调例会。
(3)主持召开或参加业主主持召开的专题会议。
(4)与承建单位现场机构或相关部门负责人进行小范围沟通与协商。
(5)对于难以达成一致意见的事项,监理机构可从合同工程总体目标出发,依据工程承建合同规定在业主授予的权力范围内提出处理意见,并指示承建单位执行。

第二节　协调会议

一、第一次工地会议

《水电水利工程施工监理规范》(DL/T 5111—2012)规定,第一次工地会议宜由总监理工程师主持或与业主现场机构负责人联合主持,通知参建单位项目经理或工地项目管理机构负责人参加。第一次工地会议的内容宜包括:

(1)参建单位介绍各自驻工地的组织机构、项目管理机构负责人及联系方式。
(2)总监理工程师介绍监理工作准备情况(包括监理人员进场、监理机构建立),并向各方通报监理工作的主要内容、方法、程序。
(3)承建单位项目经理介绍合同工程开工准备情况(包括承建单位工地项目管理机构建立、施工设备与施工队伍进场等),并提出合同工程开工准备中要求解决的问题。
(4)业主代表介绍合同工程施工环境、合同工程开工条件准备情况(包括业主工地项目管理机构,图纸供应、施工场地移交、测量基准移交,以及应为承建单位和监理机构提供的条件等情况)。
(5)设计单位代表介绍供图计划落实、首批施工图纸提供、工地设计代表机构建立和设计服务安排等情况。
(6)对施工准备相关工作进行讨论,对存在的问题提出并确定解决方案。
(7)确定工地协调例会的时间、地点、各方主要参加人员和会议准备事项。

二、工地协调例会

(1)施工过程中,监理机构应定期主持召开有参建单位项目经理或工地项目管理机构负责人参加的工地协调例会。工地协调例会的主要内容宜包括：

1) 检查上次例会议定事项的落实情况,对未落实事项分析原因,提出进一步要求。

2) 对承建单位报告施工进度、施工质量、施工安全与施工环境保护、合同支付等情况和存在的问题,提出下阶段的目标和控制措施,以及需要其他参建方解决的问题。

3) 研究需要通过会议协调解决的施工图纸供应与现场技术服务、工程设备与主材供应、相邻标段施工关系等方面存在的问题。

4) 对监理、业主和设计等各相关方就工程施工中存在的问题和改进措施提出意见和建议,并就需要本单位解决的问题提出意见。

(2) 根据议题范围和性质的不同,工地协调例会可由总监理工程师或授权监理分管负责人主持。为保证会议成效,应要求与会各方在会前准备好有关材料。

(3) 监理机构应要求业主通知设计单位安排相关人员,或其驻工地代表参加在工地由监理机构主持召开的设计技术交底会及相关协调会议。

(4) 工地协调例会应议而有决,并在会后对会议决定事项的落实情况进行检查。

三、专题会议

(1) 对于比较重大、比较复杂或专门的工程技术、工程质量、工程安全、工程进度、合同商务等事项,可采用专题会议的方式进行研究和解决。专题会宜由总监理工程师或业主代表主持,组织相关参建单位代表参加。

(2) 召开专题会议前,主持方应发出通知明确议题,并在充分做好会议准备的同时,要求议题提出方做好有关资料的准备。

(3) 专题会议宜做到准备充分、沟通及时、一事一议、议而有决。监理机构应在会后对会议决定事项的落实情况进行检查。

四、监理机构协调权力

(1) 对于超越业主对监理单位授权范围的商议或决定事项,包括涉及业主与承建单位之间合同变更或合同履行过程中状态调整等事项的会议,应由业主代表主持,会议纪要文件应以业主或其授权部门的名义发出。

(2) 业主与承建单位双方就合同变更事项进行协商的纪要文件应由合同双方授权代表签署。

(3) 在争议双方长久不能达成一致并将因此影响工程进展时,总监理工程师可以按工程承建合同规定,公正、独立地做出临时决定。

第三节　合同约见

一、约见方式

(1) 当承建单位工地项目管理机构拒不执行监理机构的指令或违反工程承建合同时,为避免承建单位工地项目管理机构违约事态扩大,在对承建单位违约事件进行处理之前,总监理工程师可先采取合同约见的方式,向承建单位项目经理提出警告。

(2)如有必要,总监理工程师还可进一步建议业主向承建单位法定代表人发出约见通知,督促承建单位采取有效措施停止违约行为,并挽回违约造成的损失。

二、约见程序

《水电水利工程施工监理规范》(DL/T 5111—2012)规定,合同约见应按以下程序进行:

(1)向承建单位工地项目管理机构发出约见通知,写明被约见人、约见的地点和时间,并简要说明约见的有关问题,约见通知应署约见人的姓名。

(2)约见时,约见人应指出承建单位存在问题的严重性及可能造成的后果,并提出挽救的途径及建议。被约见人可对情况做出说明和解释。

(3)监理机构应对双方的谈话做出详细的记录,以纪要或备忘录的形式将约见谈话内容发送业主和承建单位。

第四节 会议纪要与会议记录

一、监理协调会议纪要

(1)协调会结束后,监理机构应及时编发会议纪要文件,发送业主、设计单位、承建单位及有关方。对重要决定事项,监理机构还应发文确认。

(2)监理协调会议纪要文件内容应包括会议名称、地点、时间、会议主持人、参加会议的各方代表、会议议题及会议议定事项。

(3)监理协调会议纪要应在充分反映各方意见的基础上,基于监理机构的判断,并以监理机构的名义发送各方。执行方对监理协调会议纪要文件持异议的,可在下次会议提出;对于比较紧要或重大的问题,也可要求总监理工程师做出调整或发文提出保留意见。

(4)监理协调会议纪要宜分合同标段编制文号,会议名称应准确简要地概括文件属性和主要内容。

二、会议记录

(1)召开协调会议时,监理机构应安排专人记录,要求参加会议的各方人员在会议签到表上签名。

(2)协调会议记录内容应包括会议名称、时间、地点、主持人、会议议题、各方出席人员及其职务、各方出席人员的发言、议定事项等。记录应如实反映会议内容,并尽量完整和详尽。对于重要事项的发言、议定事项等记录,应在事后认真、仔细地进行核对。

(3)监理会议记录应采用专门的记录本,编号、编页并妥善保存。

第十章 水利水电工程验收

第一节 水利水电工程验收概述

水利水电工程验收应依据《水利水电建设工程验收规程》(SL 223—2008)进行,水利水电建设工程验收按验收主持单位可分为法人验收和政府验收。法人验收应包括分部工程验收、单位工程验收、水电站(泵站)中间机组启动验收、合同工程完工验收等;政府验收应包括阶段验收、专项验收、竣工验收等。验收主持单位可根据工程建设需要增设验收的类别和具体要求。

一、工程验收依据

(1)国家现行有关法律、法规、规章和技术标准。
(2)有关主管部门的规定。
(3)经批准的工程立项文件、初步设计文件、调整概算文件。
(4)经批准的设计文件及相应的工程变更文件。
(5)施工图纸及主要设备技术说明书等。
(6)法人验收还应以施工合同为依据。

二、工程验收内容

(1)检查工程是否按照批准的设计进行建设。
(2)检查已完工程在设计、施工、设备制造安装等方面的质量及相关资料的收集、整理和归档情况。
(3)检查工程是否具备运行或进行下一阶段建设的条件。
(4)检查工程投资控制和资金使用情况。
(5)对验收遗留问题提出处理意见。
(6)对工程建设做出评价和结论。

三、工程验收监督管理

(1)水利部负责全国水利工程建设项目验收的监督管理工作。
水利部所属流域管理机构(以下简称流域管理机构)按照水利部授权,负责流域内水利工程建设项目验收的监督管理工作。
县级以上地方人民政府水利行政主管部门按照规定权限负责本行政区域内水利工程建设项目验收的监督管理工作。

(2)法人验收监督管理机关应对工程的法人验收工作实施监督管理。

由水利行政主管部门或者流域管理机构组建项目法人的,该水利行政主管部门或者流域管理机构是本工程的法人验收监督管理机关;由地方人民政府组建项目法人的,该地方人民政府水利行政主管部门是本工程的法人验收监督管理机关。

(3)工程验收监督管理的方式应包括现场检查、参加验收活动、对验收工作计划与验收成果性文件进行备案等。

(4)水利行政主管部门、流域管理机构以及法人验收监督管理机关可根据工作需要到工程现场检查工程建设情况、验收工作开展情况以及对接到的举报进行调查处理等。

(5)工程验收监督管理应包括以下主要内容:
1)验收工作是否及时。
2)验收条件是否具备。
3)验收人员组成是否符合规定。
4)验收程序是否规范。
5)验收资料是否齐全。
6)验收结论是否明确。

(6)当发现工程验收不符合有关规定时,验收监督管理机关应及时要求验收主持单位予以纠正,必要时可要求暂停验收或重新验收并同时报告竣工验收主持单位。

(7)法人验收监督管理机关应对收到的验收备案文件进行检查,不符合有关规定的备案文件应要求有关单位进行修改、补充和完善。

(8)项目法人应在开工报告批准后60个工作日内,制定法人验收工作计划,报法人验收监督管理机关备案。当工程建设计划进行调整时,法人验收工作计划也应相应地进行调整并重新备案。

(9)法人验收过程中发现的技术性问题原则上应按合同约定进行处理。合同约定不明确的,按国家或行业技术标准规定处理。当国家或行业技术标准暂无规定时,由法人验收监督管理机关负责协调解决。

第二节 水利水电工程项目法人验收

一、分部工程验收

1. 分部工程验收组织管理

(1)分部工程验收应由项目法人(或委托监理单位)主持。验收工作组由项目法人、勘测、设计、监理、施工、主要设备制造(供应)商等单位的代表组成。运行管理单位可根据具体情况决定是否参加。

质量监督机构宜派代表列席大型枢纽工程主要建筑物的分部工程验收会议。

(2)大型工程分部工程验收工作组成员应具有中级及其以上技术职称或相应执业资格,其他工程的验收工作组成员应具有相应的专业知识或执业资格。参加分部工程验收的每个单位代表人数不宜超过2名。

(3)分部工程具备验收条件时,施工单位应向项目法人提交验收申请报告,项目法人应在收到验收申请报告之日起 10 个工作日内决定是否同意进行验收。

(4)项目法人应在分部工程验收通过之日后 10 个工作日内,将验收质量结论和相关资料报质量监督机构核备。大型枢纽工程主要建筑物分部工程的验收质量结论应报质量监督机构核定。

(5)质量监督机构应在收到验收质量结论之日后 20 个工作日内,将核备(定)意见书面反馈项目法人。

(6)当质量监督机构对验收质量结论有异议时,项目法人应组织验收单位进一步研究,并将研究意见报质量监督机构。当双方对质量结论仍然有分歧意见时,应报上一级质量监督机构协调解决。

(7)分部工程验收遗留问题处理情况应有书面记录并有相关责任单位代表签字,书面记录应随分部工程验收鉴定书一并归档。

(8)分部工程验收鉴定书自验收鉴定书通过之日起 30 个工作日内,由项目法人发送有关单位,并报送法人验收监督管理机关备案。

2. 分部工程验收条件

(1)所有单元工程已完成。

(2)已完单元工程施工质量经评定全部合格,有关质量缺陷已处理完毕或有监理机构批准的处理意见。

(3)合同约定的其他条件。

3. 分部工程验收内容

(1)检查工程是否达到设计标准或合同约定标准的要求。

(2)评定工程施工质量等级。

(3)对验收中发现的问题提出处理意见。

4. 分部工程验收程序

(1)听取施工单位工程建设和单元工程质量评定情况的汇报。

(2)现场检查工程完成情况和工程质量。

(3)检查单元工程质量评定及相关档案资料。

(4)讨论并通过分部工程验收鉴定书。

二、单位工程验收

1. 单位工程验收组织管理

(1)单位工程验收应由项目法人主持。验收工作组由项目法人、勘测、设计、监理、施工、主要设备制造(供应)商、运行管理等单位的代表组成。必要时,可邀请上述单位以外的专家参加。

(2)单位工程验收工作组成员应具有中级及其以上技术职称或相应执业资格,每个单位代表人数不宜超过 3 名。

(3)单位工程完工并具备验收条件时,施工单位应向项目法人提出验收申请报告,项目法人应在收到验收申请报告之日起10个工作日内决定是否同意进行验收。

(4)项目法人组织单位工程验收时,应提前10个工作日通知质量和安全监督机构。主要建筑物单位工程验收应通知法人验收监督管理机关。法人验收监督管理机关可视情况决定是否列席验收会议,质量和安全监督机构应派员列席验收会议。

(5)需要提前投入使用的单位工程应进行单位工程投入使用验收。单位工程投入使用验收由项目法人主持,根据工程具体情况,经竣工验收主持单位同意,单位工程投入使用验收也可由竣工验收主持单位或其委托的单位主持。

(6)项目法人应在单位工程验收通过之日起10个工作日内,将验收质量结论和相关资料报质量监督机构核定。质量监督机构应在收到验收质量结论之日起20个工作日内,将核定意见反馈项目法人。自验收鉴定书通过之日起30个工作日内,由项目法人发送有关单位并报法人验收监督管理机关备案。

2. 单位工程验收条件

(1)所有分部工程已完建并验收合格。

(2)分部工程验收遗留问题已处理完毕并通过验收,未处理的遗留问题不影响单位工程质量评定并有处理意见。

(3)合同约定的其他条件。

单位工程投入使用验收除满足上述的条件外,还应满足以下条件:

(1)工程投入使用后,不影响其他工程正常施工,且其他工程施工不影响该单位工程安全运行。

(2)已经初步具备运行管理条件,需移交运行管理单位的,项目法人与运行管理单位已签订提前使用协议书。

3. 单位工程验收内容

(1)检查工程是否按批准的设计内容完成。

(2)评定工程施工质量等级。

(3)检查分部工程验收遗留问题处理情况及相关记录。

(4)对验收中发现的问题提出处理意见。

单位工程投入使用验收除完成上述的工作内容外,还应对工程是否具备安全运行条件进行检查。

4. 单位工程验收程序

(1)听取工程参建单位工程建设有关情况的汇报。

(2)现场检查工程完成情况和工程质量。

(3)检查分部工程验收的有关文件及相关档案资料。

(4)讨论并通过单位工程验收鉴定书。

三、合同工程完工验收

1. 合同工程完工验收组织管理

(1)合同工程完成后,应进行合同工程完工验收。当合同工程仅包含一个单位工程(分部工程)时,宜将单位工程(分部工程)验收与合同工程完工验收一并进行,但应同时满足相应的验收条件。

(2)合同工程完工验收应由项目法人主持。验收工作组由项目法人以及与合同工程有关的勘测、设计、监理、施工、主要设备制造(供应)商等单位的代表组成。

(3)合同工程具备验收条件时,施工单位应向项目法人提出验收申请报告。项目法人应在收到验收申请报告之日起20个工作日内决定是否同意进行验收。

(4)合同工程完工验收鉴定书自验收鉴定书通过之日起30个工作日内,由项目法人发送有关单位,并报送法人验收监督管理机关备案。

2. 合同工程完工验收条件

《水电水利工程施工监理规范》(DL/T 5111—2012)规定,合同工程完工验收应具备以下条件:

(1)合同范围内的工程项目已按合同约定完成。
(2)工程已按规定进行了有关验收。
(3)观测仪器和设备已测得初始值及施工期各项观测值。
(4)工程质量缺陷已按要求进行处理。
(5)工程完工结算已完成。
(6)施工现场已经进行清理。
(7)需移交项目法人的档案资料已按要求整理完毕。
(8)合同约定的其他条件。

3. 合同工程完工验收内容

(1)检查合同范围内工程项目和工作完成情况。
(2)检查施工现场清理情况。
(3)检查已投入使用工程运行情况。
(4)检查验收资料整理情况。
(5)鉴定工程施工质量。
(6)检查工程完工结算情况。
(7)检查历次验收遗留问题的处理情况。
(8)对验收中发现的问题提出处理意见。
(9)确定合同工程完工日期。
(10)讨论并通过合同工程完工验收鉴定书。

4. 合同工程完工验收程序

合同工程完工验收的工作程序可参照单位工程验收程序的规定进行。

第三节 水利水电工程项目政府验收

政府验收应由验收主持单位组织成立的验收委员会负责,验收委员会(工作组)由有关单位代表和有关专家组成。

一、阶段验收

(一)一般规定

(1)阶段验收应包括枢纽工程导(截)流验收、水库下闸蓄水验收、引(调)排水工程通水验收、水电站(泵站)首(末)台机组启动验收、部分工程投入使用验收以及竣工验收主持单位根据工程建设需要增加的其他验收。

(2)阶段验收应由竣工验收主持单位或其委托的单位主持。阶段验收委员会由验收主持单位、质量和安全监督机构、运行管理单位的代表以及有关专家组成。必要时,可邀请地方人民政府以及有关部门参加。工程参建单位应派代表参加阶段验收,并作为被验收单位在验收鉴定书上签字。

(3)工程建设具备阶段验收条件时,项目法人应向竣工验收主持单位提出阶段验收申请报告。竣工验收主持单位应自收到申请报告之日起 20 个工作日内决定是否同意进行阶段验收。

(4)阶段验收应包括以下主要内容:
1)检查已完工程的形象面貌和工程质量。
2)检查在建工程的建设情况。
3)检查后续工程的计划安排和主要技术措施落实情况,以及是否具备施工条件。
4)检查拟投入使用工程是否具备运行条件。
5)检查历次验收遗留问题的处理情况。
6)鉴定已完工程施工质量。
7)对验收中发现的问题提出处理意见。
8)讨论并通过阶段验收鉴定书。

(5)大型工程在阶段验收前,验收主持单位根据工程建设需要,可成立专家组先进行技术预验收。

(二)枢纽工程导(截)流验收

枢纽工程导(截)流前,应进行导(截)流验收。工程分期导(截)流时,应分期进行导(截)流验收。

1. 导(截)流验收条件

(1)导流工程已基本完成,具备过流条件,投入使用(包括采取措施)后不影响其他未完工程继续施工。
(2)满足截流要求的水下隐蔽工程已完成。
(3)截流设计已获批准,截流方案已编制完成,并做好各项准备工作。
(4)工程度汛方案已经有管辖权的防汛指挥部门批准,相关措施已落实。
(5)截流后壅高水位以下的移民搬迁安置和库底清理已完成并通过验收。
(6)有航运功能的河道,碍航问题已得到解决。

2. 导(截)流验收内容

(1)检查已完水下工程、隐蔽工程、导(截)流工程是否满足导(截)流要求。

(2)检查建设征地、移民搬迁安置和库底清理完成情况。
(3)审查导(截)流方案,检查导(截)流措施和准备工作落实情况。
(4)检查为解决碍航等问题而采取的工程措施落实情况。
(5)鉴定与截流有关已完工程施工质量。
(6)对验收中发现的问题提出处理意见。
(7)讨论并通过阶段验收鉴定书。

(三)水库下闸蓄水验收

水库下闸蓄水前,应进行下闸蓄水验收。工程分期蓄水时,宜分期进行下闸蓄水验收。拦河水闸工程可根据工程规模、重要性,由竣工验收主持单位决定是否组织蓄水(挡水)验收。

1. 下闸蓄水验收条件

(1)挡水建筑物的形象面貌满足蓄水位的要求。
(2)蓄水淹没范围内的移民搬迁安置和库底清理已完成并通过验收。
(3)蓄水后需要投入使用的泄水建筑物已基本完成,具备过流条件。
(4)有关观测仪器、设备已按设计要求安装和调试,并已测得初始值和施工期观测值。
(5)蓄水后未完工程的建设计划和施工措施已落实。
(6)蓄水安全鉴定报告已提交。
(7)蓄水后可能影响工程安全运行的问题已处理,有关重大技术问题已有结论。
(8)蓄水计划、导流洞封堵方案等已编制完成,并做好各项准备工作。
(9)年度度汛方案(包括调度运用方案)已经有管辖权的防汛指挥部门批准,相关措施已落实。

2. 下闸蓄水验收内容

(1)检查已完工程是否满足蓄水要求。
(2)检查建设征地、移民搬迁安置和库区清理完成情况。
(3)检查近坝库岸处理情况。
(4)检查蓄水准备工作落实情况。
(5)鉴定与蓄水有关的已完工程施工质量。
(6)对验收中发现的问题提出处理意见。
(7)讨论并通过阶段验收鉴定书。

(四)引(调)排水工程通水验收

引(调)排水工程通水前,应进行通水验收。工程分期(或分段)通水时,应分期(或分段)进行通水验收。

1. 通水验收条件

(1)引(调)排水建筑物的形象面貌满足通水的要求。
(2)通水后未完工程的建设计划和施工措施已落实。
(3)引(调)排水位以下的移民搬迁安置和障碍物清理已完成并通过验收。
(4)引(调)排水的调度运用方案已编制完成;度汛方案已得到有管辖权的防汛指挥部门

批准,相关措施已落实。

2. 通水验收内容

(1)检查已完工程是否满足通水的要求。
(2)检查建设征地、移民搬迁安置和清障完成情况。
(3)检查通水准备工作落实情况。
(4)鉴定与通水有关的工程施工质量。
(5)对验收中发现的问题提出处理意见。
(6)讨论并通过阶段验收鉴定书。

(五)水电站(泵站)首(末)台机组启动验收

水电站(泵站)每台机组投入运行前,应进行机组启动验收。首(末)台机组启动验收应由竣工验收主持单位或其委托单位组织的机组启动验收委员会负责;中间机组启动验收应由项目法人组织的机组启动验收工作组负责。验收委员会(工作组)应有所在地区电力部门的代表参加。根据机组规模情况,竣工验收主持单位也可委托项目法人主持首(末)台机组启动验收。

1. 机组启动试运行工作组

机组启动验收前,项目法人应组织成立机组启动试运行工作组开展机组启动试运行工作。首(末)台机组启动试运行前,项目法人应将试运行工作安排报验收主持单位备案,必要时,验收主持单位可派专家到现场收集有关资料,指导项目法人进行机组启动试运行工作。

机组启动试运行工作组应主要进行以下工作:
(1)审查批准施工单位编制的机组启动试运行试验文件和机组启动试运行操作规程等。
(2)检查机组及相应附属设备安装、调试、试验以及分部试运行情况,决定是否进行充水试验和空载试运行。
(3)检查机组充水试验和空载试运行情况。
(4)检查机组带主变压器与高压配电装置试验和并列及负荷试验情况,决定是否进行机组带负荷连续运行。
(5)检查机组带负荷连续运行情况。
(6)检查带负荷连续运行结束后消缺处理情况。
(7)审查施工单位编写的机组带负荷连续运行情况报告。

2. 机组带负荷连续运行要求

机组带负荷连续运行应符合以下要求:
(1)水电站机组带额定负荷连续运行时间为72h;泵站机组带额定负荷连续运行时间为24h或7d内累计运行时间为48h,包括机组无故障停机次数不少于3次。
(2)受水位或水量限制无法满足上述要求时,经过项目法人组织论证并提出专门报告报验收主持单位批准后,可适当降低机组启动运行负荷以及减少连续运行的时间。

首(末)台机组启动验收前,验收主持单位应组织进行技术预验收,技术预验收应在机组启动试运行完成后进行。

3. 技术预验收

(1)技术预验收应具备以下条件：

1)与机组启动运行有关的建筑物基本完成,满足机组启动运行要求。

2)与机组启动运行有关的金属结构及启闭设备安装完成,并经过调试合格,可满足机组启动运行要求。

3)过水建筑物已具备过水条件,满足机组启动运行要求。

4)压力容器、压力管道以及消防系统等已通过有关主管部门的检测或验收。

5)机组、附属设备以及油、水、气等辅助设备安装完成,经调试合格并经分部试运转,满足机组启动运行要求。

6)必要的输配电设备安装调试完成,并通过电力部门组织的安全性评价或验收,送(供)电准备工作已就绪,通信系统满足机组启动运行要求。

7)机组启动运行的测量、监测、控制和保护等电气设备已安装完成并调试合格。

8)有关机组启动运行的安全防护措施已落实,并准备就绪。

9)按设计要求配备的仪器、仪表、工具及其他机电设备已能满足机组启动运行的需要。

10)机组启动运行操作规程已编制,并得到批准。

11)水库水位控制与发电水位调度计划已编制完成,并得到相关部门的批准。

12)运行管理人员的配备可满足机组启动运行的要求。

13)水位和引水量满足机组启动运行最低要求。

14)机组按要求完成带负荷连续运行。

(2)技术预验收应包括以下主要内容：

1)听取有关建设、设计、监理、施工和试运情况报告。

2)检查评价机组及其辅助设备质量、有关工程施工安装质量；检查试运行情况和消缺处理情况。

3)对验收中发现的问题提出处理意见。

4)讨论形成机组启动技术预验收工作报告。

4. 首(末)台机组启动验收

(1)首(末)台机组启动验收应具备以下条件：

1)技术预验收工作报告已提交。

2)技术预验收工作报告中提出的遗留问题已处理。

(2)首(末)台机组启动验收应包括以下主要内容：

1)听取工程建设管理报告和技术预验收工作报告。

2)检查机组和有关工程施工、设备安装以及运行情况。

3)鉴定工程施工质量。

4)讨论并通过机组启动验收鉴定书。

5. 中间机组启动验收

中间机组启动验收可参照首(末)台机组启动验收的要求进行。

(六)部分工程投入使用验收

工程项目施工工期因故拖延,并预期完成计划不确定的工程项目,部分已完成工程需要投入使用的,应进行部分工程投入使用验收。在部分工程投入使用验收申请报告中,应包含项目施工工期拖延的原因、预期完成计划的有关情况和部分已完成工程提前投入使用的理由等内容。

1. 部分工程投入使用验收条件

(1)拟投入使用工程已按批准设计文件规定的内容完成并已通过相应的法人验收。

(2)拟投入使用工程已具备运行管理条件。

(3)工程投入使用后,不影响其他工程正常施工,且其他工程施工不影响部分工程安全运行(包括采取防护措施)。

(4)项目法人与运行管理单位已签订部分工程提前使用协议。

(5)工程调度运行方案已编制完成;度汛方案已经有管辖权的防汛指挥部门批准,相关措施已落实。

2. 部分工程投入使用验收内容

(1)检查拟投入使用工程是否已按批准设计完成。

(2)检查工程是否已具备正常运行条件。

(3)鉴定工程施工质量。

(4)检查工程的调度运用、度汛方案落实情况。

(5)对验收中发现的问题提出处理意见。

(6)讨论并通过部分工程投入使用验收鉴定书。

二、专项验收

(1)工程竣工验收前,应按有关规定进行专项验收。专项验收主持单位应按国家和相关行业的有关规定确定。

(2)项目法人应按国家和相关行业主管部门的规定,向有关部门提出专项验收申请报告,并做好有关准备和配合工作。

(3)专项验收应具备的条件、验收主要内容、验收程序以及验收成果性文件的具体要求等,应执行国家及相关行业主管部门有关规定。

(4)专项验收成果性文件应是工程竣工验收成果性文件的组成部分。项目法人提交竣工验收申请报告时,应附相关专项验收成果性文件复印件。

三、竣工验收

1. 一般规定

(1)竣工验收应在工程建设项目全部完成并满足一定运行条件后1年内进行。不能按期进行竣工验收的,经竣工验收主持单位同意,可适当延长期限,但最长不得超过6个月。一定运行条件是指:

1)泵站工程经过一个排水或抽水期。

2) 河道疏浚工程完成后。

3) 其他工程经过 6 个月(经过一个汛期)至 12 个月。

(2) 工程具备验收条件时,项目法人应向竣工验收主持单位提出竣工验收申请报告。竣工验收申请报告应经法人验收监督管理机关审查后报竣工验收主持单位,竣工验收主持单位应自收到申请报告后 20 个工作日内决定是否同意进行竣工验收。

(3) 工程未能按期进行竣工验收的,项目法人应提前 30 个工作日向竣工验收主持单位提出延期竣工验收专题申请报告。申请报告应包括延期竣工验收的主要原因及计划延长的时间等内容。

(4) 项目法人编制完成竣工财务决算后,应报送竣工验收主持单位财务部门进行审查和审计部门进行竣工审计。审计部门应出具竣工审计意见。项目法人应对审计意见中提出的问题进行整改并提交整改报告。

(5) 竣工验收分为竣工技术预验收和竣工验收两个阶段。

(6) 大型水利工程在竣工技术预验收前,应按照有关规定进行竣工验收技术鉴定。中型水利工程,竣工验收主持单位可以根据需要决定是否进行竣工验收技术鉴定。

2. 竣工验收条件

(1) 工程已按批准设计全部完成。

(2) 工程重大设计变更已经有审批权的单位批准。

(3) 各单位工程能正常运行。

(4) 历次验收所发现的问题已基本处理完毕。

(5) 各专项验收已通过。

(6) 工程投资已全部到位。

(7) 竣工财务决算已通过竣工审计,审计意见中提出的问题已整改并提交了整改报告。

(8) 运行管理单位已明确,管理养护经费已基本落实。

(9) 质量和安全监督工作报告已提交,工程质量达到合格标准。

(10) 竣工验收资料已准备就绪。

工程有少量建设内容未完成,但不影响工程正常运行,且符合财务有关规定,项目法人已对尾工做出安排的,经竣工验收主持单位同意,可进行竣工验收。

3. 竣工验收程序

(1) 项目法人组织进行竣工验收自查。

(2) 项目法人提交竣工验收申请报告。

(3) 竣工验收主持单位批复竣工验收申请报告。

(4) 进行竣工技术预验收。

(5) 召开竣工验收会议。

(6) 印发竣工验收鉴定书。

4. 竣工验收自查

申请竣工验收前,项目法人应组织竣工验收自查。自查工作由项目法人主持,勘测、设计、监理、施工、主要设备制造(供应)商以及运行管理等单位的代表参加。

竣工验收自查应包括以下主要内容：
(1)检查有关单位的工作报告。
(2)检查工程建设情况，评定工程项目施工质量等级。
(3)检查历次验收、专项验收的遗留问题和工程初期运行所发现问题的处理情况。
(4)确定工程尾工内容及其完成期限和责任单位。
(5)对竣工验收前应完成的工作做出安排。
(6)讨论并通过竣工验收自查工作报告。

项目法人组织工程竣工验收自查前，应提前10个工作日通知质量和安全监督机构，同时向验收监督管理机关报告。质量和安全监督机构应派员列席自查工作会议。在完成竣工验收自查工作之日起10个工作日内，将自查的工程项目质量结论和相关资料报质量和安全监督机构核备。

参加竣工验收自查的人员应在自查工作报告上签字。项目法人应自竣工验收自查工作报告通过之日起30个工作日内，将自查报告报验收监督管理机关。

5. 工程质量抽样检测

(1)根据竣工验收的需要，竣工验收主持单位可以委托具有相应资质的工程质量检测单位对工程质量进行抽样检测。项目法人应与工程质量检测单位签订工程质量检测合同。检测所需费用由项目法人列支，质量不合格工程所发生的检测费用由责任单位承担。

(2)工程质量检测单位不得与参与工程建设的项目法人、设计、监理、施工、设备制造（供应）商等单位隶属同一经营实体。

(3)根据竣工验收主持单位的要求和项目的具体情况，项目法人应负责提出工程质量抽样检测的项目、内容和数量，经质量和安全监督机构审核后报竣工验收主持单位核定。

(4)工程质量检测单位应按照有关技术标准对工程进行质量检测，按合同要求及时提出质量检测报告并对检测结论负责。项目法人应在收到检测报告10个工作日内将检测报告报竣工验收主持单位。

(5)对抽样检测中发现的质量问题，项目法人应及时组织有关单位研究处理。在影响工程安全运行以及使用功能的质量问题未处理完毕前，不得进行竣工验收。

6. 竣工技术预验收

竣工技术预验收应由竣工验收主持单位组织的专家组负责。技术预验收专家组成员应具有高级技术职称或相应执业资格，2/3以上成员应来自工程非参建单位。工程参建单位的代表应参加技术预验收，负责回答专家组提出的问题。

竣工技术预验收专家组可下设专业工作组，并在各专业工作组检查意见的基础上形成竣工技术预验收工作报告。竣工技术预验收应包括以下主要内容：
(1)检查工程是否按批准的设计完成。
(2)检查工程是否存在质量隐患和影响工程安全运行的问题。
(3)检查历次验收、专项验收的遗留问题和工程初期运行中所发现问题的处理情况。
(4)对工程重大技术问题做出评价。
(5)检查工程尾工安排情况。

(6)鉴定工程施工质量。
(7)检查工程投资、财务情况。
(8)对验收中发现的问题提出处理意见。

竣工技术预验收应按以下程序进行：
(1)现场检查工程建设情况并查阅有关工程建设资料。
(2)听取项目法人、设计、监理、施工、质量和安全监督机构、运行管理等单位工作报告。
(3)听取竣工验收技术鉴定报告和工程质量抽样检测报告。
(4)专业工作组讨论并形成各专业工作组意见。
(5)讨论并通过竣工技术预验收工作报告。
(6)讨论并形成竣工验收鉴定书初稿。

7. 竣工验收委员会及验收会议

竣工验收委员会可设主任委员1名,副主任委员以及委员若干名,主任委员应由验收主持单位代表担任。竣工验收委员会由竣工验收主持单位、有关地方人民政府和部门、有关水利行政主管部门和流域管理机构、质量和安全监督机构、运行管理单位的代表以及有关专家组成。工程投资方代表可参加竣工验收委员会。

项目法人、勘测、设计、监理、施工和主要设备制造(供应)商等单位应派代表参加竣工验收,负责解答验收委员会提出的问题,并作为被验收单位代表在验收鉴定书上签字。

竣工验收会议应包括以下主要内容和程序：
(1)宣布验收委员会组成人员名单。
(2)观看工程建设声像资料。
(3)听取工程建设管理工作报告。
(4)听取竣工技术预验收工作报告。
(5)听取验收委员会确定的其他报告。
(6)讨论并通过竣工验收鉴定书。
(7)验收委员会委员和被验收单位代表在竣工验收鉴定书上签字。

项目质量达到合格以上等级的,竣工验收的质量结论意见为合格。

竣工验收鉴定书通过之日起30个工作日内,由竣工验收主持单位发送有关单位。

第四节　水利水电工程移交及遗留问题处理

一、工程交接

(1)通过合同工程完工验收或投入使用验收后,项目法人与施工单位应在30个工作日内组织专人负责工程的交接工作,交接过程应有完整的文字记录并有双方交接负责人签字。

(2)项目法人与施工单位应在施工合同或验收鉴定书约定的时间内完成工程及其档案资料的交接工作。

(3)工程办理具体交接手续的同时,施工单位应向项目法人递交工程质量保修书。保修书的内容应符合合同约定的条件。

（4）在施工单位递交了工程质量保修书、完成施工场地清理以及提交有关竣工资料后，项目法人应在30个工作日内向施工单位颁发合同工程完工证书。

二、工程移交

（1）工程通过投入使用验收后，项目法人宜及时将工程移交运行管理单位管理，并与其签订工程提前启用协议。

（2）在竣工验收鉴定书印发后60个工作日内，项目法人与运行管理单位应完成工程移交手续。

（3）工程移交应包括工程实体、其他固定资产和工程档案资料等，应按照初步设计等有关批准文件进行逐项清点，并办理移交手续。

（4）办理工程移交，应有完整的文字记录和双方法定代表人签字。

三、验收遗留问题及尾工处理

（1）验收遗留问题和尾工的处理由项目法人负责。项目法人应按照竣工验收鉴定书、合同约定等要求，督促有关责任单位完成处理工作。

（2）验收遗留问题和尾工处理完成后，有关单位应组织验收，并形成验收成果性文件。项目法人应参加验收并负责将验收成果性文件报竣工验收主持单位。

（3）有关验收成果性文件应对验收遗留问题有明确的记载。影响工程正常运行的，不得作为验收遗留问题处理。

（4）工程竣工验收后，应由项目法人负责处理的验收遗留问题，项目法人已撤销的，由组建或批准组建项目法人的单位或其指定的单位处理完成。

四、工程竣工证书颁发

工程质量保修期满后30个工作日内，项目法人应向施工单位颁发工程质量保修责任终止证书。但保修责任范围内的质量缺陷未处理完成的除外。

工程质量保修期满以及验收遗留问题和尾工处理完成后，项目法人应向工程竣工验收主持单位申请领取竣工证书。申请报告应包括以下内容：

（1）工程移交情况。

（2）工程运行管理情况。

（3）验收遗留问题和尾工处理情况。

（4）工程质量保修期有关情况。

竣工验收主持单位应自收到项目法人申请报告后30个工作日内决定是否颁发工程竣工证书。颁发竣工证书应符合以下条件：

（1）竣工验收鉴定书已印发。

（2）工程遗留问题和尾工处理已完成并通过验收。

（3）工程已全面移交运行管理单位管理。

工程竣工证书是项目法人全面完成工程项目建设管理任务的证书，也是工程参建单位完成相应工程建设任务的最终证明文件。工程竣工证书数量按正本3份和副本若干份颁发，正本由项目法人、运行管理单位和档案部门保存，副本由工程主要参建单位保存。

第五节 水利水电工程验收阶段监理工作

一、工程项目合同验收

工程项目合同验收分为施工过程验收、单位工程验收和完工验收三个阶段。对于施工期短，或条件比较简单（如只由一个单位工程组成）的合同工程，另行报经业主批准，单位工程验收和完工验收可以合并进行。

工程项目合同验收各阶段程序和工作内容，以及验收中业主、监理机构、设计单位、承建单位等应进行和完成的工作，按工程承建合同及验收主持部门的要求进行。

工程项目合同验收宜由业主组织、主持，或由业主委托监理机构组织、主持。工程项目合同验收委员会或验收小组应由业主、设计、承建、监理等相关方的代表组成，业主代表任主任委员或组长。

(一)工程项目合同验收依据及程序

1. 工程项目合同验收依据

(1)工程建设法律法规，以及政府部门和行业颁发的工程建设强制性标准、相关工程项目施工和验收规程规范、工程质量检查标准等有关文件。

(2)工程承建合同（包括其技术条款等）。

(3)工程勘察、设计文件（包括设计变更文件等）。

2. 工程项目合同验收工作程序

(1)听取承建、设计、监理及其他有关单位的工作报告。

(2)对工程是否满足工程承建合同规定和设计要求做出评价。

(3)确定工程能否移交、投产、运用和运行。

(4)对验收中发现的工程质量缺陷和遗留问题提出处理意见。

(5)确定尾工项目清单、被验工程尾工项目完工期限。

(6)讨论并通过工程项目合同验收鉴定书。

通过工程项目合同验收后，根据工程承建合同约定和业主要求，或继续由承建单位照管与维护，或办理启用和报验工程移交手续。

(二)施工过程验收

1. 施工过程验收条件

工程施工过程中，在发生以下情况时，应进行施工过程验收：

(1)坝体和重要建筑物基础开挖完成。

(2)重要施工系统、大型临建设施投产运行或大型施工设备投入运行。

(3)工程具备蓄水、通水、重要工程设备启用条件。

(4)基础处理工程、金属结构件安装工程、机电设备安装工程、工程安全监测仪器埋设工程、重要隐蔽工程项目,或其他规模较大的分部(分项)工程完建。

(5)承建单位行将更迭,或发生工程项目的停建、缓建等重大情况。

(6)工程重大质量缺陷修复、施工质量事故处理完成、部分工程拆除重建或工程设备重新安装完成。

(7)工程承建合同约定应进行施工过程验收的其他情况。

2. 验收申请与文件、资料的准备

进行施工过程验收的 28d(或工程承建合同约定的期限)前,监理机构应督促承建单位按工程承建合同约定提交施工过程验收申请,并及时完成下列主要验收文件、资料的准备工作:

(1)已有的单元、分项、分部、单位工程项目施工质量检查或验收签证。

(2)待验收工程项目的施工报告[包括工程概况,重大设计与施工变更,分部(分项)工程施工情况,施工质量事故及施工质量缺陷处理,工程施工期原型观测数据分析,已完建工程形象及已具备的运行、运用条件,后续工程的施工安排等]。

(3)待验收工程施工图纸,以及设计文件和图纸的文、图号与监理机构签发号。

(4)遗留尾工项目(包括工程项目、工作项目、工程和工作量等)清单和尾工项目施工计划。

(5)施工质量事故及施工质量缺陷处理和处理后的检查记录。

(6)施工生产性试验、施工质量检查、施工期测量成果,以及按合同要求应进行的调试与试运行成果、签证等文件。

(7)应由承建单位完成的工程施工期原型观测记录与原型观测成果分析报告。

(8)施工大事记与施工作业原始记录资料。

(9)业主指示或监理机构要求报送的其他资料。

上述资料中,除(2)、(4)、(7)、(9)项应报送监理机构预审外,其余由承建单位准备,通过监理机构预验后供验收小组备查。

监理机构应按工程承建合同规定的期限和程序,及时完成验收申请、验收文件和资料的预审、预验。

3. 验收监理工作报告

监理机构应在施工过程验收前完成监理工作报告的编写。施工过程验收监理工作报告的内容宜包括:

(1)监理项目概况(包括监理项目组成,参建单位,计划工期、实际开工与完工时间,主要施工项目合同工程量和实际完成工程量等)。

(2)工程监理综述(包括监理机构设置、主要监理人员配置、监理检测设备配置或委托检测机构、监理工作体系、工作方式方法以及监理成效等)。

(3)工程质量控制(包括工程项目划分,质量控制依据,监理过程控制,施工质量检测,施工质量事故及重大质量缺陷处理,以及单位、分部、分项工程的质量检查与检验情况等)。

(4)工程进展情况(包括已完成工程量和工程形象、工程施工进展、后续工程施工对验收的影响等)。

(5)施工安全与施工环境保护监督(包括施工安全与施工环境保护监督体系、工作方式方法、安全生产事故及处理情况等)。

(6)工程评价意见(包括工程质量评价、工程进展评价及运用条件评价等)。

(7)其他需要说明或报告的事项。

4. 验收工作内容

(1)对完建工程项目,重点检查其完建工程形象、施工质量,以及是否具备运用或运行条件;对在建项目,重点检查已完建项目投入运用或运行后对其后续工程施工的影响;对待建项目,重点检查其施工条件。

(2)对验收工程项目能否具备交工条件或投入运行条件做出结论。

(3)对于工程基础开挖完成、重要施工系统或大型临建设施投产运行、大型施工设备投入运行等情况,施工过程验收准备工作及验收文件、资料准备、工作报告可适当简化。

(三)单位工程验收

当某一单位工程在合同工程完工前已经完建并具备独立发挥效益的条件,或业主要求提前启用时,应进行单位工程验收。通过单位工程验收后,根据验收要求或继续由承建单位照管与维护,或办理提前启用和单位工程移交手续。

1. 验收申请与文件、资料准备

(1)进行单位工程验收的28d(或工程承建合同约定的期限)前,监理机构应督促承建单位按工程承建合同约定提交单位工程验收申请,并及时完成验收文件、资料的准备工作。

(2)监理机构接受承建单位报送的单位工程验收申请后,应在28d(或工程承建合同约定的期限)内完成对验收文件的预审、预验。对不符合验收条件或对报送文件持异议的,应在规定期限内通知承建单位补充完善。

(3)通过预审、预验后,监理机构应及时报告业主,并协助业主在合同规定期限内完成单位工程验收。

(4)进行单位工程验收前,监理机构应督促承建单位及时完成下列主要验收文件、资料的准备工作:

1)单位工程竣工图纸(包括基础开挖完工断面测量图、工程竣工图、工程监测仪器埋设图、设计变更和施工技术要求)、目录及其说明。

2)单位工程验收施工报告[包括工程概况,重大设计与施工变更,合同工期和实际开工、完工日期,合同工程量和实际完成工程量,分部(分项)工程施工情况,施工质量事故及重大施工质量缺陷处理,工程施工期原型观测数据分析,施工质量检验数据分析,安全生产与施工环境保护事故处理,已完建工程形象及已具备的运行、运用条件,后续工程的施工安排等]。

3)施工生产性试验、施工质量检查、施工期测量成果,以及按工程承建合同约定应进行的调试与试运行成果、签证等文件。

4)隐蔽工程、岩石基础工程、基础灌浆工程或重要单元、分项工程的检查记录和照片,以及按工程承建合同约定应提交的工程摄像资料。对于基础工程,包括应取的岩芯和土样。对于混凝土坝工程,包括应钻取的混凝土坝芯样。

5)单元、分项、分部工程施工质量检查及已有的施工过程验收签证。

6)应由承建单位完成的施工地质报告(含图纸)、施工测量报告(含图纸)。

7)应由承建单位完成的工程施工期原型观测记录与原型观测成果分析报告(含图纸)。

8)已完建工程项目、遗留尾工项目(包括工程项目、工作项目,工程和工作量等)清单和尾工项目施工计划。

9)施工质量事故及重大施工质量缺陷处理和处理后的检查记录。

10)安全生产、施工环境保护事故记录、分析资料及其处理结果。

11)施工大事记和施工原始记录。

12)业主或监理机构要求报送的其他资料。

上述文件、资料中,除1)、2)、6)、7)、8)、12)项应随同验收申请报送监理机构预审外,其余由承建单位准备,通过监理机构预验后供验收委员会备查。

2. 验收监理工作报告

监理机构应在单位工程验收前完成监理工作报告的编写。单位工程验收监理工作报告的内容,可结合工程验收要求,参考完工验收监理工作报告内容确定。

(四)合同项目完工验收

1. 合同项目完工验收的条件

(1)工程已按设计文件和工程承建合同规定全部施工完成。

(2)施工过程验收及单位工程验收合格,以前验收中的遗留问题已处理完毕并符合工程承建合同规定和设计文件要求。

(3)各项应独立运行或运用的工程已具备运行或运用条件,并已通过设计条件(设计的实际运行条件,或报经批准的模拟运行条件)检验。

(4)完工验收要求的报告、资料已经整理就绪,并经监理机构预审、预验通过。

2. 验收申请与文件、资料的准备

进行合同工程完工验收的56d(或工程承建合同约定的期限)前,监理机构应督促承建单位提交工程完工验收申请,并及时完成验收文件、资料等的准备工作。

进行合同工程完工验收前,监理机构应督促承建单位及时完成下列主要验收文件、资料等的准备工作:

(1)合同工程完工施工报告[包括工程概况,重大设计与施工变更,合同工期和工程实际开工、完工日期,合同工程量和实际完成工程量,施工过程中设计、施工与地质条件的重大变化情况及其处理方案,单位、分部、分项工程施工情况,重大施工质量缺陷及施工质量事故处理,安全生产与施工环境保护事故处理,施工质量检测数据分析,工程施工期原型观测数据分析,已完建工程形象及已具备的运行、运用条件,遗留尾工项目(包括尾工工作项目)的施工安排等]。

(2)竣工图纸(包括基础开挖完工断面测量图、工程竣工图、工程监测仪器埋设竣工图、设计变更和施工技术要求)、目录及其说明。

(3)各阶段工程验收鉴定书与签证文件。

(4)应由承建单位完成的竣工地质报告(含地质编录图)、竣工地形测绘报告(含图纸)。

(5)应由承建单位完成的工程施工期原型观测成果与原型观测成果分析报告(含图纸)。

(6)按工程承建合同约定应进行的调试与试运行成果、签证等文件。

(7)隐蔽工程、岩石基础工程、基础灌浆工程或重要单元、分项工程的检查记录和照片,以及按工程承建合同约定应提交的工程摄像资料。对于基础工程,包括应取的岩芯和土样。对于混凝土坝工程,包括应钻取的混凝土坝芯样。

(8)单元、分项、分部工程施工质量检查签证。

(9)已完建工程项目、遗留尾工项目(包括工程项目、工作项目、工程和工作量等)清单和尾工项目施工计划。

(10)工程承建合同履约报告(包括重要项目的分包选择及分包合同履行情况、合同目标及其履行情况,以及有关合同索赔处理等事项)。

(11)合同支付结算报告。

(12)施工大事记录。

(13)应移交的其他施工原始记录及其目录(包括原材料、构配件、中间产品和已完工程质量检测记录,施工期原型观测记录,施工期测量记录,施工生产性试验记录,施工质量检查记录,施工质量事故及重大施工质量缺陷处理和处理后的检查记录,安全生产、施工环境保护事故及其处理记录,其他与工程有关的重要活动记录等)。

(14)业主或监理机构要求承建单位报送的其他资料。

上述文件、资料中,除(1)、(2)、(4)、(5)、(9)、(10)、(11)、(14)项应随同验收申请送监理机构预审外,其余由承建单位整理就绪,在通过监理机构预验后供验收委员会查阅。

3. 验收文件的预审、预验

监理机构接受承建单位报送的合同工程完工验收申请后,应在56d(或工程承建合同约定的期限)内完成对验收文件的预审、预验;对于认为不符合完工验收条件或对报送文件持异议的,应在工程承建合同约定的期限内通知承建单位补充完善。

通过预审预验后,监理机构应及时报告业主,并协助业主在工程承建合同约定的期限内完成合同工程项目完工验收。

4. 验收监理工作报告

监理机构应在合同工程完工验收前完成监理工作报告的编写。合同工程完工验收监理工作报告的内容宜包括:

(1)监理项目概况(包括监理项目组成,参建单位,计划完工日期和主要节点工期、实际开工与完工时间,主要施工项目合同工程量和实际完成工程量等)。

(2)工程监理综述(包括监理机构设置、主要监理人员配置、监理检测设备配置或委托检测机构、监理工作体系、工作方式方法以及合同目标控制成效等)。

(3)工程质量控制(包括工程项目划分,质量控制依据,监理过程控制,施工质量检测,施工质量事故及重大质量缺陷处理,以及单位、分部、分项工程的质量检查与检验情况等)。

(4)施工进度控制(包括合同工程完成工程量、工程完工形象、工程施工进展、合同工期目标控制成效、监理过程控制等情况)。

(5)施工安全与施工环境保护监督(包括施工安全与施工环境保护监督体系,工作方式方法,安全生产、施工环境保护事故及处理情况等)。

(6)合同支付情况(包括合同工程计量与支付情况、合同支付总额及控制成效等)。

(7)合同商务管理(包括工程变更、合同索赔、工程延期以及合同争议处理等情况)。

(8)工程评价意见(包括工程质量评价、工程完成情况评价、工程运行条件评价,以及承建单位合同履约评价等)。

(9)其他需要说明或报告的事项。

5. 完工后的工程资料移交

合同工程项目通过完工验收后,监理机构应督促承建单位根据工程承建合同及国家、行业主管部门颁布的工程建设管理法规和验收规程的规定,及时整理其他各项应报送的工程文件、取芯、土样,以及应保留或拆除的临建工程项目清单等资料,并按业主或监理机构的要求,及时一并向业主移交。

监理机构资料的整编、验收与移交,应按国家和水利水电行业现行档案管理规定、工程监理合同约定及业主的要求进行。

(五)竣工图与竣工工程量审查

1. 竣工图审查工作

(1)收到承建单位报送的竣工图后,监理机构应在工程承建合同约定的时间内完成审查。工程承建合同没有约定的,宜在 28 个工作日内完成审查。

(2)竣工图较多的工程项目,监理机构应在与业主、承建单位协商后,确定竣工图审查计划(报送的批次,每批次报送的竣工图目录、内容和报送时间),以利于分批次安排审查。

(3)监理机构应安排熟悉施工过程的监理工程师审查竣工图纸,审查发现问题应要求承建单位修改。通过监理机构审查的竣工图应有总监理工程师或总监理工程师授权人签字。

2. 竣工图审查技术要求

(1)竣工图应真实反映实际施工情况。所有已实施的设计变更都应标注或绘制在竣工图上;由于地质原因导致的、为施工需要所进行的,或施工失误导致的开挖或偏离处理、塌方处理,以及施工质量事故、施工质量缺陷处理的最终结果等各种情况均应在竣工图上真实、准确地反映。

(2)竣工图除应反映涉及的技术要求外,还应反映主要工程项目及其设计工程量、实际完成工程量、支付结算工程量。

(3)按图施工没有变动的,或仅有一般性设计变更、材料代用等,没有发生结构形式、运行工艺、结构布置、工程项目等重大改变和图面变更面积不超过 25% 的,可以采用原施工图修改后作为竣工图。原图应是新图,并在图标附近的空白处用红色印泥加盖并正确填写"竣工图"章,以利识别。开挖施工竣工图应标明实际开挖线。图纸中变更部分应注明修改依据,并采用双横线在图上杠改,且双横线应是以直尺画成的两条紧凑的平行线。

(4)竣工图的图幅、绘制、图签、签署应符合相关的规定。施工中有重大变更或图面更改面积超过 25% 时,应重新绘制竣工图。竣工图应按原图大小绘制,图号与原施工图号一致,并在其后加"竣"字。

（5）重要工程项目中的主体或永久工程项目的竣工图的保存期为永久。竣工图套数应符合工程承建合同规定，并且不少于 2 套。

3. 竣工工程量审查

（1）按工程项目划分，进行设计工程量清理、统计、汇总和确定。设计工程量应包括设计单位提供的施工图纸、设计通知等有效设计文件确定的工程量，以及协调会议纪要中明确由监理机构现场确认的工程量。设计工程量可由设计单位提供，或由监理机构汇总后提交设计单位书面确认。

（2）按工程项目划分，进行实际完成工程量清理、统计、汇总和确定。实际完成工程量应由承建单位汇总后报监理机构审查确认。

（3）按工程项目划分，进行支付结算工程量清理、统计、汇总和确定。支付结算工程量宜由承建单位汇总后报监理机构审查确认。

（六）工程照管与验收延误

1. 工程照管

在全部工程完工验收前，业主需要提前使用部分工程时，监理机构应协助业主对已完成的部分工程进行验收。通过验收后，监理机构应按工程承建合同约定向承建单位签发，或协助业主向承建单位签发该部分工程项目移交证书。

工程完建后，未通过完工验收移交业主以前，监理机构应督促承建单位做好管理和维护工作。

2. 验收延误责任

承建单位未能按工程承建合同约定申报工程验收，或因承建单位的原因未能通过工程验收，因此造成的延误或由此所引起的合同责任和经济损失由承建单位承担。

承建单位申报进行合同工程项目完工验收后，若监理机构确认承建单位已完成工程承建合同约定的工程并具备完工验收条件，但并非由于承建单位原因致使完工验收不能进行时，由业主承担合同责任。

二、工程项目移交与缺陷责任期监理工作

（一）工程项目移交

《水电水利工程施工监理规范》(DL/T 5111—2012)规定，合同工程通过完工验收后，监理机构应按工程承建合同约定及时通知、办理工程项目移交证书。在下列情况下，监理机构可以按工程承建合同约定接受承建单位颁发工程项目移交证书申请：

（1）工程承建合同列明单独竣工日期的工程项目或其组成工程项目。

（2）未通过工程完工验收，但已被业主占用或业主要求提前使用的工程项目。

工程项目移交证书颁发后，监理机构应通知承建单位，除考虑在工程缺陷责任期为继续履行其合同义务和完成尾工项目所需合理保留的部分场地、施工设施与施工营地外，应按工

程承建合同约定对应向业主移交的施工场地进行清理,并在通过监理机构的检查后向业主移交。

(二)工程缺陷责任期

1. 缺陷责任期监理工作

(1)督促安全监测仪器埋设和观测单位管理、维护好已埋设的安全监测仪器,并按合同约定进行观测、数据整理分析和提交观测报告。监理机构应认真审查安全监测仪器埋设和观测单位提交的观测报告,发现观测数据异常时,及时组织有关方分析研究产生异常的原因和应对措施。

(2)定期对工程建筑物表面进行巡视观察,掌握工程建筑物表面的变化和异常情况;对工程设备运行情况进行巡视观察,掌握工程设备运行情况。应对发现的工程质量缺陷进行检查、记录、分析,并与业主和承建单位共同协商确认责任归属。

(3)督促承建单位按时完成未完工程或工作项目,对未完工程或工作项目的施工或工作开展进行检查、检验与批准,对未完工程项目施工进行施工质量、施工进度、施工安全、施工环境保护监督,并为此办理支付签证。

(4)督促承建单位及时修复已完工程项目的施工质量缺陷,直至对发生严重质量缺陷而无法修复的部位予以拆除重建或对工程设备进行重新安装。

(5)当承建单位不能在合理的时间内完成由其责任引起的工程质量缺陷修复或拆除重建(设备重装)时,监理机构应按工程承建合同约定,建议业主雇佣他人完成此项工作。同时,协助业主向承建单位索回业主为雇佣他人完成这项工作而产生的费用,并为此办理支付签证。

(6)工程质量缺陷修复或拆除重建(设备重装)中,监理机构应跟踪做好施工质量检查,并在缺陷修复或拆除重建(设备重装)施工完成后及时组织对缺陷的修复或拆除重建(设备重装)工程质量的专项验收。

(7)督促承建单位移交应向业主移交的物品及业主要求保留的临建工程。

(8)督促承建单位根据工程承建合同及国家、行业工程验收规程、档案管理的规定,及时完成应向业主移交的资料、档案的整编与移交。

(9)按国家和水电水利行业现行档案管理规定、工程监理合同约定做好应向业主移交的监理资料、档案的整编,编制缺陷责任期监理工作报告,在最后一个合同工程缺陷责任期结束时一起向业主移交。

(10)按工程监理合同约定,向业主提交监理项目总结及监理合同履约报告。

2. 缺陷责任期延长

如果承建单位不能在工程承建合同约定的缺陷责任期结束时完成因承建单位原因导致的工程缺陷的修复,监理机构应在与业主和承建单位协商后,做出相关工程项目缺陷责任期延长的决定,并为此颁发缺陷责任期延长证书。

在缺陷责任期延长期间,监理机构应继续履行监理工作职责,直至缺陷责任延长期结束。因缺陷责任期延长需增加的监理费用,按监理合同约定办理。

3. 缺陷责任期终止

缺陷责任期满，并且承建单位已按工程承建合同约定完成其工作的情况下，监理机构应在接受承建单位缺陷责任期终止申请，并在通过对工程项目的全面查验后，及时办理签发部分或全部合同工程项目缺陷责任期终止证书。

合同工程项目缺陷责任期终止证书签发后，监理机构应按工程承建合同约定，并在合同约定的时限内完成工程最终付款证书的审查和签发。

附 录

附录1 水利水电工程外观质量评定办法

1.1 基本规定

1.1.1 水利水电工程外观质量评定办法,按工程类型分为:枢纽工程、堤防工程、引水(渠道)工程、其他工程等四类。

1.1.2 附录中的外观质量评定表列出的某些项目,如实际工程中无该项内容,应在相应检查、检测栏内用斜线"/"表示;工程中有附录中未列出的外观质量项目时,应根据工程情况和有关技术标准进行补充。其质量标准及标准分由项目法人组织监理、设计、施工等单位研究确定后报工程质量监督机构核备。

1.2 枢纽工程外观质量评定方法

1.2.1 枢纽工程中的水工建筑物外观质量评定表见附表1-1。

附表1-1 水工建筑物外观质量评定表

单位工程名称							
主要工程量			评定日期			年 月 日	
项次	项目	标准分/分	评定得分/分				备注
			一级 100%	二级 90%	三级 70%	四级 0	
1	建筑物外部尺寸	12					
2	轮廓线	10					
3	表面平整度	10					
4	立面垂直度	10					
5	大角方正	5					
6	曲面与平面联结	9					
7	扭面与平面联结	9					
8	马道及排水沟	3(4)					
9	梯步	2(3)					
10	栏杆	2(3)					
11	扶梯	2					
12	闸坝灯饰	2					
13	混凝土表面缺陷情况	10					
14	表面钢筋割除	2(4)					

续表

项次	项目		标准分/分	评定得分/分				备注
				一级 100%	二级 90%	三级 70%	四级 0	
15	砌体勾缝	宽度均匀、平整	4					
16		竖、横缝平直	4					
17		浆砌卵石露头情况	8					
18		变形缝	3(4)					
19		启闭平台梁、柱、排架	5					
20		建筑物表面	10					
21		升压变电工程围墙(栏栅)、杆、架、塔、柱	5					
22		水工金属结构外表面	6(7)					
23		电站盘柜	7					
24		电缆线路敷设	4(5)					
25		电站油气、水、管路	3(4)					
26		厂区道路及排水沟	4					
27		厂区绿化	8					
	合 计			应得 分,实得 分,得分率 %				

外观质量评定组成员	单位	单位名称	职 称	签 名
	项目法人			
	监理			
	设计			
	施工			
	运行管理			

工程质量监督机构	核定意见: 核定人:(签名)加盖公章 年 月 日

注:量大时,标准分采用括号内数值。

1.2.2 项目法人应在主体工程开工初期,组织监理、设计、施工等单位,根据工程特点(工程等级及使用情况)和相关技术标准,提出附表1-1所列各项目的质量标准,报工程质量监督机构确认。

1.2.3 单位工程完工后,按本书第四章第八节"二、3.(7)"中的规定,由工程外观质量评定组负责工程外观质量评定。

1. 检查、检测项目经工程外观质量评定组全面检查后,抽测25%,且各项不少于10点。
2. 各项目工程外观质量评定等级分为四级,各级标准得分见附表1-2。

附表 1-2　　　　　　　　　外观质量等级与标准得分

评定等级	检测项目测点合格率/(%)	各项评定得分
一级	100	该项标准分
二级	90.0～99.9	该项标准分×90%
三级	70.0～89.9	该项标准分×70%
四级	<70.0	0

3. 检查项目(见附表 1-1 中项次 6、7、12、17、18、20～27)由工程外观质量评定组根据现场检查结果共同讨论决定其质量等级。

4. 外观质量评定表由工程外观质量评定组根据现场检查、检测结果填写。

5. 表尾由各单位参加工程外观质量评定的人员签名(施工单位 1 人。如本工程由分包单位施工,则总包单位、分包单位各派 1 人参加。项目法人、监理、设计各派 1～2 人。工程运行管理单位 1 人)。

1.2.4　工程外观质量评定结论由项目法人报工程质量监督机构核定。

1.3　堤防工程外观质量评定方法

1.3.1　堤防工程外观质量评定表,见附表 1-3;堤防工程外观质量评定标准,见附表 1-4。

附表 1-3　　　　　　　　　堤防工程外观质量评定表

单位工程名称			施工单位				
主要工程量			评定日期		年 月 日		
项次	项　目	标准分/分	评定得分/分				备注
			一级 100%	二级 90%	三级 70%	四级 0	
1	外部尺寸	30					
2	轮廓线	10					
3	表面平整度	10					
4	曲面平面联结	5					
5	排水	5					
6	上堤马道	3					
7	堤顶附属设施	5					
8	防汛备料堆放	5					
9	草皮	8					
10	植树	8					
11	砌体排列	5					
12	砌缝	10					
合　计			应得　　分,实得　　分,得分率　　%				

续表

外观质量评定组成员	单位	单位名称	职 称	签 名
	项目法人			
	监理			
	设计			
	施工			
	运行管理			
工程质量监督机构	核定意见： 核定人：(签名)加盖公章 年 月 日			

附表1-4 堤防工程外观质量评定标准

项次	项 目	检查、检测内容			质量标准
1	外部尺寸	土堤	高程	堤顶	允许偏差为0～+15cm
				平(戗)台顶	允许偏差为-10～+15cm
			宽度	堤顶	允许偏差为-5～+15cm
				平(戗)台顶	允许偏差为10～+15cm
			边坡坡度		不陡于设计值,目测平顺
		混凝土及砌石墙(堤)	堤顶高程	干砌石墙(堤)	允许偏差为0～+5cm
				浆砌石墙(堤)	允许偏差为0～+4cm
				混凝土墙(堤)	允许偏差为0～+3cm
			墙面垂直度	干砌石墙(堤)	允许偏差为0.5%
				浆砌石墙(堤)	允许偏差为0.5%
				混凝土墙(堤)	允许偏差为0.5%
			墙顶厚度	各类砌筑墙(堤)	允许偏差为1～+2cm
			边坡坡度		不陡于设计值,目测平顺
2	轮廓线	用长15m拉线沿堤顶轮廓连续测量			15m长度内凹凸偏差为3cm
3	表面平整度	干砌石墙(堤)			用2m靠尺检测,不大于5.0cm/2m
		浆砌石墙(堤)			用2m靠尺检测,不大于2.5cm/2m
		混凝土墙(堤)			用2m靠尺检测,不大于1.0cm/2m
4	曲面与平面联结	现场检查			一级:圆滑过渡,曲线流畅; 二级:平顺联结,曲线基本流畅; 三级:联结不够平顺,有明显折线; 四级:联结不平顺,折线突出
5	排水	现场检查,结合检测			质量标准:排水通畅,形状尺寸误差为±3cm,无附着物; 一级:符合质量标准; 二级:基本符合质量标准; 三级:局部尺寸误差大,局部有附着物; 四级:排水尺寸误差大,多处有附着物

续表

项次	项 目	检查、检测内容	质量标准
6	上堤马道	现场检查,结合检测	质量标准:马道宽度偏差为±2cm,高度偏差为±2cm; 一级:符合质量标准; 二级:基本符合质量标准; 三级:发现尺寸误差较大; 四级:多处马道尺寸误差大
7	堤顶附属设施	现场检查	一级:混凝土表面平整,棱线平直度等指标符合质量标准; 二级:混凝土表面平整,棱线平直度等指标基本符合质量标准; 三级:混凝土表面平整,棱线平直度等指标发现尺寸误差较大; 四级:混凝土表面平整,棱线平直度等指标误差大
8	防汛备料堆放	现场检查	一级:按规定位置备料,堆放整齐; 二级:按规定位置备料,堆放欠整齐; 三级:未按规定位置备料,堆放欠整齐; 四级:备料任意堆放
9	草皮	现场检查	一级:草皮铺设(种植)均匀,全部成活,无空白; 二级:草皮铺设(种植)均匀,成活面积90%以上,无空白; 三级:草皮铺设(种植)基本均匀,成活面积70%以上,有少量空白; 四级:达不到三级标准者
10	植树	现场检查	一级:植树排列整齐、美观,全部成活,无空白; 二级:植树排列整齐,成活率90%以上,无空白; 三级:植树排列基本整齐,成活率70%以上,有少量空白; 四级:达不到三级标准者
11	砌体排列	现场检查	一级:砌体排列整齐、铺放均匀、平整,无沉陷裂缝; 二级:砌体排列基本整齐、铺放均匀、平整,局部有沉陷裂缝; 三级:砌体排列多处不够整齐、铺放均匀、平整,局部有沉陷裂缝; 四级:砌体排列不整齐、不平整,多处有裂缝

续表

项次	项目	检查、检测内容	质量标准
12	砌缝	现场检查	一级：勾缝宽度均匀，砂浆填塞平整； 二级：勾缝宽度局部不够均匀，砂浆填塞基本平整； 三级：勾缝宽度多处不均匀，砂浆填塞不够平整； 四级：勾缝宽度不均匀，砂浆填塞粗糙不平

注：项次9草皮、10植树质量标准中的"空白"，指漏栽（种）面积。

1.3.2 堤防工程较大交叉连接建筑物外观质量评定标准参见引水（渠道）建筑物工程外观质量评定标准（附表1-8）中类似建筑物。

1.3.3 单位工程完工后，按本书第四章第八节"二、3.(7)"中的规定，由工程外观质量评定组负责工程外观质量评定。具体实施应结合上述"1.2.3"的规定进行。

1.3.4 工程外观质量评定结论由项目法人报工程质量监督机构核定。

1.4 引水（渠道）工程外观质量评定方法

1.4.1 明（暗）渠工程外观质量评定表见附表1-5；明（暗）渠工程外观质量评定标准见附表1-6。

附表1-5　　　　　　　明（暗）渠工程外观质量评定表

单位工程名称							
主要工程量			施工单位				
			评定日期			年　月　日	
项次	项目	标准分/分	评定得分/分				备注
			一级 100%	二级 90%	三级 70%	四级 0	
1	外部尺寸	10					
2	轮廓线	10					
3	表面平整度	10					
4	曲面与平面联结	3					
5	扭面与平面联结	3					
6	渠坡渠底衬砌	10					
7	变形缝、结构缝	6					
8	渠顶路面及排水沟	8					
9	渠顶以上边坡	6					
10	戗台及排水沟	5					
11	沿渠小建筑物	5					
12	梯步	3					

续表

项次	项目	标准分/分	评定得分/分				备注
			一级 100%	二级 90%	三级 70%	四级 0	
13	弃渣堆放	5					
14	绿化	10					
15	原状岩土面完整性	3					
合计			应得 分,实得 分,得分率 %				

外观质量评定组成员	单位	单位名称	职称	签名
	项目法人			
	监理			
	设计			
	施工			
	运行管理			

工程质量监督机构	核定意见： 核定人：(签名)加盖公章 年 月 日

附表 1-6 明(暗)渠工程外观质量评定标准

项次	项目	检查、检测内容	质量标准
1	外部尺寸	1)上口宽、底宽	允许偏差为±1/200 设计值
		2)渠顶宽	±3cm
2	轮廓线	1)渠顶边线 2)渠底边线 3)其他部位	用 15m 长拉线连续测量,其最大凹凸不超过 3cm
3	表面平整度	1)混凝土面、砂浆抹面、混凝土预制块	用 2m 直尺检测,不大于 1cm/2m
		2)浆砌石(料石、块石、石板)	用 2m 直尺检测,不大于 2cm/2m
		3)干砌石	用 2m 直尺检测,不大于 3cm/2m
		4)泥结石路面	用 2m 直尺检测,不大于 3cm/2m
4	曲面与平面联结	现场检查	一级:圆滑过渡,曲线流畅,表面清洁,无附着物; 二级:联结平顺,曲线基本流畅,表面清洁,无附着物; 三级:联结基本平顺,局部有折线,表面无附着物; 四级:达不到三级标准者
5	扭面与平面联结		

续表

项次	项 目	检查、检测内容	质量标准
6	渠坡渠底衬砌	1）混凝土护面、砂浆抹面现场检查	一级：表面平整光洁，无质量缺陷； 二级：表面平整，无附着物，无错台、裂缝及蜂窝等质量缺陷； 三级：表面平整，局部蜂窝、麻面，错台及裂缝等质量缺陷面积小于5%，且已处理合格； 四级：达不到三级标准者
		2）混凝土预制板（块）护面现场检查	一级：完整、砌缝整齐，表面清洁、平整； 二级：完整、砌缝整齐，大面平整，表面较清洁； 三级：完整、砌缝基本整齐，大面平整，表面基本清洁； 四级：达不到三级标准者
		3）浆砌石（含料石、块石、石板、卵石）现场检查	一级：石料外形尺寸一致，勾缝平顺美观，大面平整，露头均匀，排列整齐； 二级：石料外形尺寸一致，勾缝平顺，大面平整，露头较均匀，排列较整齐； 三级：石料外形尺寸基本一致，勾缝平顺，大面基本平整，露头基本均匀； 四级：达不到三级标准者
7	变形缝、结构缝	现场检查	一级：缝宽均匀、平顺，充填材料饱满密实； 二级：缝宽较均匀，充填材料饱满密实； 三级：缝宽基本均匀，局部稍差，充填材料基本饱满； 四级：达不到三级标准者
8	渠顶路面及排水沟	现场检查	一级：路面平整，宽度一致，排水沟整洁通畅，无倒坡； 二级：路面平整，宽度基本一致，排水沟通畅，无倒坡； 三级：路面较平整，宽度基本一致，排水沟通畅； 四级：达不到三级标准者
9	渠顶以上边坡	1）混凝土格栅护砌现场检查	一级：网格摆放平稳、整齐，坡脚线为直线或规则曲线； 二级：网格摆放平稳、较整齐，坡脚线基本为直线或规则曲线； 三级：网格摆放平稳、基本整齐，局部稍差； 四级：达不到三级标准者
		2）砌石衬护边坡现场检查	一级：砌石排列整齐、平整、美观； 二级：砌石排列较整齐，大面平整； 三级：砌石面基本平整； 四级：达不到三级标准者

续表

项次	项目	检查、检测内容	质量标准
10	戗台及排水沟	1)戗台宽度	允许偏差为±2cm
		2)排水沟宽度	允许偏差为±1.5cm
		3)戗台边线顺直度	3cm/15m
11	沿渠小建筑物	现场检查	一级:外表平整、清洁、美观,无缺陷; 二级:外表平整、清洁,无缺陷; 三级:外表基本平整,较清洁,表面缺陷面积小于5%总面积; 四级:达不到三级标准者
12	梯步	现场检查	一级:梯步高度均匀,长度相同,宽度一致,表面清洁,无缺陷; 二级:梯步高度均匀,长度基本相同,宽度一致,表面清洁,无缺陷; 三级:梯步高度均匀,长度基本相同,宽度基本一致,表面较清洁,有局部缺陷; 四级:达不到三级标准者
13	弃渣堆放	现场检查	一级:堆放位置正确,稳定、平整; 二级:堆放位置正确,稳定、基本平整; 三级:堆放位置基本正确,稳定、基本平整,局部稍差; 四级:达不到三级标准者
14	绿化	1)植树 现场检查	一级:植树排列整齐、美观,全部成活,无空白; 二级:植树排列整齐,成活率90%以上,无空白; 三级:植树排列基本整齐,成活率70%以上,有少量空白; 四级:达不到三级标准者
		2)草皮 现场检查	一级:草皮铺设(种植)均匀,全部成活,无空白; 二级:草皮铺设(种植)均匀,成活面积90%以上,无空白; 三级:草皮铺设(种植)基本均匀,成活面积70%以上,有少量空白; 四级:达不到三级标准者
		3)草方格(草格栅) 现场检查	一级:大面平整,过渡自然,网格规则整齐,栽插均匀,栽种植物成活率达80%以上; 二级:大面较平整,网格规则,栽插较均匀,栽种植物成活率达60%以上; 三级:大面基本平整,网格基本规则,栽插基本均匀,栽种植物成活率达50%以上; 四级:达不到三级标准者

续表

项次	项目	检查、检测内容	质量标准
15	原状岩土面完整性	现场检查	一级：原状岩土面完整，无扰动破坏； 二级：原状岩土面完整，局部有扰动，无松动岩土； 三级：原状岩土面基本完整，松动岩土已处理； 四级：达不到三级标准者

注：项次14植树和草皮质量标准中的"空白"指漏栽(种)面积。

1.4.2 引水(渠道)建筑物工程外观质量评定表见附表1-7；引水(渠道)建筑物工程外观质量评定标准见附表1-8。

附表1-7　　　　引水(渠道)建筑物工程外观质量评定表

单位工程名称							
主要工程量			施工单位				
			评定日期			年 月 日	
项次	项目	标准分/分	评定得分/分				备注
			一级 100%	二级 90%	三级 70%	四级 0	
1	外部尺寸	12					
2	轮廓线	10					
3	表面平整度	10					
4	立面垂直度	10					
5	大角方正	5					
6	曲面与平面联结	8					
7	扭面与平面联结	8					
8	梯步	4					
9	栏杆	4(6)					
10	灯饰	2(4)					
11	变形缝、结构缝	3					
12	砌体	6(8)					
13	排水工程	3					
14	建筑物表面	6					
15	混凝土表面	5					
16	表面钢筋割除	4					
17	水工金属结构表面	6					
18	管线(路)及电气设备	4					
19	房屋建筑安装工程	6(8)					
20	绿化	8					
合计			应得　　分，实得　　分，得分率　　　%				

续表

外观质量评定组成员	单位	单位名称	职称	签名
	项目法人			
	监 理			
	设 计			
	施 工			
	运行管理			
工程质量监督机构	核定意见： 核定人：(签名)加盖公章 年 月 日			

注：量大时，标准分采用括号内数值。

附表 1-8　　　　　　引水(渠道)建筑物工程外观质量标准

项次	项目	检查、检测内容	质量标准
1	外部尺寸	过流断面尺寸	允许偏差为±1/200 设计值
		梁、柱截面	允许偏差为±0.5m
		墩墙宽度、厚度	允许偏差为±4cm
		坡度 m 值	允许偏差为±0.05
2	轮廓线	连续拉线检测	尺寸较大建筑物,最大凹凸不超过 2cm/10m；较小建筑物,最大凹凸不超过 1cm/5m
3	表面平整度	1)混凝土面、砂浆抹面、混凝土预制块	用 2m 直尺检测,不大于 1cm/2m
		2)浆砌石(料石、块石、石板)	用 2m 直尺检测,不大于 2cm/2m
		3)干砌石	用 2m 直尺检测,不大于 3cm/2m
		4)饰面砖	用 2m 直尺检测,不大于 0.5m/2m
4	立面垂直度	墩墙	允许偏差为 1/200 设计高,且不超过 2cm
		柱	允许偏差为 1/500 设计高,且不超过 2cm
5	大角方正	检测	±0.6°(用角度尺检测)
6	曲面与平面联结	现场检查	一级:圆滑过滤,曲线流畅; 二级:平顺联结,曲线基本流畅; 三级:联结不够平顺,有明显折线; 四级:未达到三级标准者
7	扭面与平面联结		
8	梯步	检测	高度偏差为±1cm 宽度偏差为±1cm 长度偏差为±2cm

续表

项次	项目	检查、检测内容	质量标准
9	栏杆	现场检查、检测	1. 混凝土栏杆 顺直度 1.5cm/15m；垂直度±1.0cm 2. 金属栏杆 顺直度 1cm/15m；垂直度±0.5cm；漆面色泽均匀，无起皱、脱皮、结疤及流淌现象
10	灯饰	现场检查	一级：排列顺直，外形规则； 二级：排列顺直，外形基本规则； 三级：排列基本顺直，外形基本规则； 四级：未达三级标准者
11	变形缝、结构缝	现场检查	一级：缝面顺直，宽度均匀，填充材料饱满密实； 二级：缝面顺直，宽度基本均匀，填充材料饱满； 三级：缝面基本顺直，宽度基本均匀，填充材料基本饱满； 四级：未达到三级标准者
12	砌体	现场检查	一级：砌体排列整齐、露头均匀，大面平整，砌缝饱满密实，缝面顺直，宽度均匀； 二级：砌体排列基本整齐、露头基本均匀，大面平整，砌缝饱满密实，缝面顺直，宽度基本均匀； 三级：砌体排列多处不整齐、露头不够均匀，大面基本平整，砌缝基本饱满，缝面基本顺直，宽度基本均匀； 四级：未达到三级标准者
13	排水工程	现场检查	一级：排水沟轮廓顺直流畅，宽度一致，排水孔外形规则，布置美观，排水畅通； 二级：排水沟轮廓顺直，宽度基本一致，排水孔外形规则，排水畅通； 三级：排水沟轮廓基本顺直，宽度基本一致，排水孔外形基本规则，排水畅通； 四级：未达到三级标准者
14	建筑物表面	现场检查	一级：建筑物表面洁净无附着物； 二级：建筑物表面附着物已清除，但局部清除不彻底； 三级：表面附着物已清除80%，无垃圾； 四级：未达到三级标准者
15	混凝土表面	现场检查、检测	一级：混凝土表面无蜂窝、麻面、挂帘、裙边、错台、局部凹凸及表面裂缝等缺陷 二级：缺陷面积之和不大于总面积的3%； 三级：缺陷面积之和为总面积的3%～5%； 四级：缺陷面积之和超过总面积的5%并小于10%，超过10%应视为质量缺陷

续表

项次	项目	检查、检测内容	质量标准
16	表面钢筋割除	现场检查、检测	一级：全部割除，无明显凸出部分； 二级：全部割除，少部分明显凸出表面； 三级：割除面积达到95％以上，且未割除部分不影响建筑功能及安全； 四级：割除面积小于95％者； 注：设计有具体要求者，应符合设计要求
17	水工金属结构表面	现场检查	一级：焊缝均匀，两侧飞渣清除干净，临时支撑割除干净，且打磨平整，油漆均匀，色泽一致，无脱皮起皱现象； 二级：焊缝均匀，表面清除干净，油漆基本均匀； 三级：表面清除基本干净，油漆防腐完整，颜色基本一致； 四级：未达到三级标准者
18	管线（路）及电气设备	现场检查	一级：管线（路）顺直，设备排列整齐，表面清洁； 二级：管线（路）基本顺直，设备排列基本整齐，表面基本清洁； 三级：管线（路）不够顺直，设备排列不够整齐，表面不够清洁； 四级：未达到三级标准者
19	房屋建筑安装工程		见下述"1.5"中相关内容
20	绿化	现场检查	一级：草皮铺设、植树满足设计要求； 二级：草皮铺设、植树基本满足设计要求； 三级：草皮铺设、植树有空白，多处成活不好； 四级：未达到三级标准者

注：项次20绿化质量标准中的"空白"指漏栽（种）面积。

1.4.3 单位工程完工后，按本书第四章第八节"二、3.（7）"中的规定，由工程外观质量评定组负责工程外观质量评定。具体实施应结合上述"1.2.3"的规定进行。

1.4.4 工程外观质量评定结论由项目法人报工程质量监督机构核定。

1.5 其他工程外观质量评定

1.5.1 水利水电工程中的永久性房屋（管理设施用房）、专用公路及专用铁路等工程外观质量评定，执行相关行业规定。

1.5.2 水利水电工程中的房屋建筑工程外观质量评定表见附表1-9。

附表1-9　　水利水电工程房屋建筑工程外观质量评定表

单位工程名称			分部工程名称		施工单位		
结构类型			建筑面积		评定日期	年 月 日	

序号	项 目		抽查质量状况	质量评价		
				好	一般	差
1	建筑与结构	室外墙面				
2		变形缝				
3		水落管、屋面				
4		室内墙面				
5		室内顶棚				
6		室内地面				
7		楼梯、踏步、护栏				
8		门窗				
1	给排水与采暖	管道接口、坡度、支架				
2		卫生器具、支架、阀门				
3		检查口、扫除口、地漏				
4		散热器、支架				
1	建筑电气	配电箱、盘、板、接线盒				
2		设备器具、开关、插座				
3		防雷、接地				
1	通风与空调	风管、支架				
2		风口、风阀				
3		风机、空调设备				
4		阀门、支架				
5		水泵、冷却塔				
6		绝热				
1	电梯	运行、平层、开关门				
2		层门、信号系统				
3		机房				
1	智能建筑	机房设备安装及布局				
2		现场设备安装				

外观质量综合评价				
外观质量评定组成员	单 位	单位名称	职 称	签 名
	项目法人			
	监 理			
	设 计			
	施 工			
	运行管理			
工程质量监督机构	核定意见： 核定人：(签名)加盖公章 年 月 日			

注：质量综合评价为"差"的项目，应进行返修。

1.5.3 房屋建筑工程在单位工程完工后,按本书第四章第八节"二、3.(7)"中的规定,由工程外观质量评定组负责工程外观质量评定,具体实施应结合上述"1.2.3"的规定进行。

1. 附表1-9表头的"分部工程"栏,指发电厂房、变电站、水闸等单位工程中包含的房屋建筑分部工程,需按附表1-9评定外观质量,同时在表中填写分部工程名称。

2. 外观质量检查的内容多为定性判断项目,应由工程外观质量评定组人员共同通过观察触摸(有时可辅以简单量测),经商讨后给予评价。

3. 房屋建筑工程的各专业施工质量验收规范中,对外观质量有具体检验要求。附表1-9中质量评价标准如下:

1)好:指外观质量较优良。

2)一般:指基本符合要求。

3)差:指外观质量达不到要求,且存在明显缺陷者。被评为"差"的项目应进行返修处理,在达到质量要求后再检查评定。

4. 观感质量评定后,各单位参加工程外观质量评定组人员应在附表1-9表尾签字。

1.5.4 工程外观质量评定结果由项目法人报工程质量监督机构核定。

附录2 水利水电工程施工质量缺陷备案表格式

编号：

_____工程施工质量缺陷备案表

质量缺陷所在单位工程：

缺陷类别：

备案日期：   年   月   日

1. 质量缺陷产生的部位（主要说明具体部位、缺陷描述并附示意图）：

2. 质量缺陷产生的主要原因：

3. 对工程的安全、使用功能和运用影响分析：

4. 处理方案，或不处理原因分析：

5. 保留意见（保留意见应说明主要理由，或采用其他方案及主要理由）：

保留意见人　　（签名）
（或保留意见单位及责任人，盖公章，签名）

6. 参建单位和主要人员
  1）施工单位：　　　　　　　　　　　　　　　　　（盖公章）
   质检部门负责人：　　　　　　　　　　　　　　（签名）
   技术负责人：　　　　　　　　　　　　　　　　（签名）

  2）设计单位：　　　　　　　　　　　　　　　　　（盖公章）
   设计代表：　　　　　　　　　　　　　　　　　（签名）

  3）监理单位：　　　　　　　　　　　　　　　　　（盖公章）
   监理工程师：　　　　　　　　　　　　　　　　（签名）
   总监理工程师：　　　　　　　　　　　　　　　（签名）

  4）项目法人：　　　　　　　　　　　　　　　　　（盖公章）
   现场代表：　　　　　　　　　　　　　　　　　（签名）
   技术负责人：　　　　　　　　　　　　　　　　（签名）

填表说明：
1. 本表由监理单位组织填写。
2. 本表应采用钢笔或中性笔，用深蓝色或黑色墨水填写。字迹应规范、工整、清晰。

附录3 普通混凝土试块试验数据统计方法

3.0.1 同一标号（或强度等级）混凝土试块 28d 龄期抗压强度的组数 $n \geqslant 30$ 时，应符合附表 3-1 的要求。

附表 3-1　　　　　　　　混凝土试块 28d 抗压强度质量标准

项目		质量标准	
		优良	合格
任何一组试块抗压强度最低不得低于设计值的		90%	85%
无筋（或少筋）混凝土强度保证率		85%	80%
配筋混凝土强度保证率		95%	90%
混凝土抗压强度的离差系数	<20MPa	<0.18	<0.22
	≥20MPa	<0.14	<0.18

3.0.2 同一标号（或强度等级）混凝土试块 28d 龄期抗压强度的组数 $30 > n \geqslant 5$ 时，混凝土试块强度应同时满足下列要求：

$$R_n - 0.7 S_n > R_{标} \quad (3.0.2\text{-}1)$$

$$R_n - 1.60 S_n \geqslant 0.83 R_{标} \quad (当 R_{标} \geqslant 20) \quad (3.0.2\text{-}2)$$

$$或 \geqslant 0.80 R_{标} \quad (当 R_{标} < 20) \quad (3.0.2\text{-}3)$$

式中　S_n——n 组试件强度的标准差，MPa，$S_n = \sqrt{\dfrac{\sum_{i=1}^{n}(R_i - R_n)^2}{n-1}}$，当统计得到的 $S_n < 2.0$（或 1.5）MPa 时，应取 $S_n = 2.0$ MPa（$R_{标} \geqslant 20$ MPa）；$S_n = 1.5$ MPa（$R_{标} < 20$ MPa）；

　　　R_n——n 组试件强度的平均值，MPa；

　　　R_i——单组试件强度，MPa；

　　　$R_{标}$——设计 28d 龄期抗压强度值，MPa；

　　　n——样本容量。

3.0.3 同一标号（或强度等级）混凝土试块 28d 龄期抗压强度的组数 $5 > n \geqslant 2$ 时，混凝土试块强度应同时满足下列要求：

$$\bar{R}_n \geqslant 1.15 R_{标} \quad (3.0.3\text{-}1)$$

$$R_{\min} \geqslant 0.95 R_{标} \quad (3.0.3\text{-}2)$$

式中　$\bar{R}_n$——n 组试块强度的平均值，MPa；

　　　$R_{标}$——设计 28d 龄期抗压强度值，MPa；

R_{min}——n 组试块中强度最小一组的值，MPa。

3.0.4 同一标号（或强度等级）混凝土试块 28d 龄期抗压强度的组数只有一组时，混凝土试块强度应满足下式要求：

$$R \geqslant 1.15 R_{标} \tag{3.0.4}$$

式中 R——试块强度实测值，MPa；

$R_{标}$——设计 28d 龄期抗压强度值，MPa。

附录 4 喷射混凝土抗压强度检验评定标准

4.0.1 水利水电工程永久性支护工程的喷射混凝土试块 28d 龄期抗压强度应满足重要工程的合格条件,临时支护工程的喷射混凝土试块 28d 龄期抗压强度应满足一般工程的合格条件。

1. 重要工程的合格条件为:

$$f'_{ck} - K_1 S_n \geqslant 0.9 f_c$$
$$f'_{ck,min} \geqslant K_2 f_c$$

2. 一般工程的合格条件为:

$$f'_{ck} \geqslant f_c$$
$$f'_{ck,min} \geqslant 0.85 f_c$$

式中 f'_{ck}——施工阶段同批 n 组喷射混凝土试块抗压强度的平均值,MPa;
f_c——喷射混凝土立方体抗压强度设计值,MPa;
$f'_{ck,min}$——施工阶段同批 n 组喷射混凝土试块抗压强度的最小值,MPa;
K_1、K_2——合格判定系数,按附表 4-1 取值;
n——施工阶段每批喷射混凝土试块的抽样组数;
S_n——施工阶段同批 n 组喷射混凝土试块抗压强度的标准差,MPa。

附表 4-1 合格判定系数 K_1,K_2 值

n	10~14	15~24	>25
K_1	1.70	1.65	1.60
K_2	0.90	0.85	0.85

当同批试块组数 $n<10$ 时,可按 $f'_{ck} \geqslant 1.15 f_c$ 以及 $f'_{ck,min} \geqslant 0.95 f_c$ 验收(同批试块是指原材料和配合比基本相同的喷射混凝土试块)。

附录5 砂浆、砌筑用混凝土强度检验评定标准

5.0.1 同一标号(或强度等级)试块组数 $n \geqslant 30$ 时,28d 龄期的试块抗压强度应同时满足以下标准:

1. 强度保证率不小于 80%。
2. 任意一组试块强度不低于设计强度的 85%。
3. 设计 28d 龄期抗压强度小于 20.0 MPa 时,试块抗压强度的离差系数不大于 0.22;设计 28d 龄期抗压强度大于或等于 20.0MPa 时,试块抗压强度的离差系数小于 0.18。

5.0.2 同一标号(或强度等级)试块组数 $n < 30$ 组时,28d 龄期的试块抗压强度应同时满足以下标准:

1. 各组试块的平均强度不低于设计强度。
2. 任意一组试块强度不低于设计强度的 80%。

附录6 重要隐蔽单元工程(关键部位单元工程)质量等级签证表

单位工程名称		单元工程量		
分部工程名称		施工单位		
单元工程名称、部位		自评日期	年 月 日	
施工单位自评意见	1. 自评意见 2. 自评质量等级 终检人员　　(签名)			
监理单位抽查意见	抽查意见： 监理工程师　　(签名)			
联合小组核定意见	1. 核定意见： 2. 质量等级： 　　　　　年 月 日			
保留意见	 签名			
备查资料清单	(1)地质编录　　　　　　　　　　　　　　　□ (2)测量成果　　　　　　　　　　　　　　　□ (3)检测试验报告(岩心试验、软基承载力试验、结构强度等) □ (4)影像资料　　　　　　　　　　　　　　　□ (5)其他(　　　　　　　　　　　　　　　　) □			
联合小组成员		单位名称	职务、职称	签名
	项目法人			
	监理单位			
	设计单位			
	施工单位			
	运行管理			

注：重要隐蔽单元工程验收时，设计单位应同时派地质工程师参加。备查资料清单中凡涉及的项目应在"□"内打"√"，如有其他资料应在括号内注明资料的名称。

附录 7 水利水电工程项目施工质量评定表

附表 7-1　　　　　　　　　　　　分部工程施工质量评定表

单位工程名称		施工单位				
分部工程名称		施工日期	自　年　月　日至　年　月　日			
分部工程量		评定日期	年　月　日			
项次	单元工程种类	工程量	单元工程个数	合格个数	其中优良个数	备注
1						
2						
3						
4						
5						
6						
合计						
重要隐蔽单元工程、关键部位单元工程						

施工单位自评意见	监理单位复核意见	项目法人认定意见
本分部工程的单元工程质量全部合格。优良率为　%，重要隐蔽单元工程及关键部位单元工程　个，优良率为　%。原材料质量　，中间产品质量　，金属结构及启闭机制造质量　，机电产品质量　。质量事故及质量缺陷处理情况： 分部工程质量等级： 评定人： 项目技术负责人：　　　（盖公章） 　　　　　　　　　　　年　月　日	复核意见： 分部工程质量等级： 监理工程师： 　　　　　　　　年　月　日 总监或副总监： 　　　　　　　（盖公章） 　　　　　　　年　月　日	审查意见： 分部工程质量等级： 现场代表： 　　　　　　　　年　月　日 技术负责人： 　　　　　　　（盖公章） 　　　　　　　年　月　日

工程质量监督机构	核定(备)意见： 核定等级：　　　　核定(备)人：(签名)　　　　负责人：(签名) 　　　　　　　　　　　　　年　月　日

注：分部工程验收的质量结论，由项目法人报工程质量监督机构核备。大型枢纽工程主要建筑物的分部工程验收的质量结论，由项目法人报工程质量监督机构核定。

附表 7-2　　　　　　　　　　　　单位工程施工质量评定表

工程项目名称		施工单位			
单位工程名称		施工日期	自　年　月　日至　　年　月　日		
单位工程量		评定日期	年　月　日		

序号	分部工程名称	质量等级		序号	分部工程名称	质量等级	
		合格	优良			合格	优良
1				8			
2				9			
3				10			
4				11			
5				12			
6				13			
7				14			

分部工程共　　个,全部合格,其中优良　　个,优良率　　%,主要分部工程优良率　　%。

外观质量	应得　　分,实得　　分,得分率　　%。
施工质量检验资料	
质量事故处理情况	

施工单位自评等级： 评定人： 项目经理： （盖公章） 年　月　日	监理单位复核等级： 复核人： 总监或副总监： （盖公章） 年　月　日	项目法人认定等级： 复核人： 单位负责人： （盖公章） 年　月　日	工程质量监督机构核定等级： 核定人： 机构负责人： （盖公章） 年　月　日

附表 7-3　　　　　　单位工程施工质量检验与评定资料核查表

单位工程名称			施工单位		
			核查日期		年　月　日
项次		项　目	份数	核查情况	
1	原材料	水泥出厂合格证、厂家试验报告			
2		钢材出厂合格证、厂家试验报告			
3		外加剂出厂合格证及有关技术性能指标			
4		粉煤灰出厂合格证及技术性能指标			
5		防水材料出厂合格证、厂家试验报告			
6		止水带出厂合格证及技术性能试验报告			
7		土工布出厂合格证及技术性能试验报告			
8		装饰材料出厂合格证及技术性能试验报告			
9		水泥复验报告及统计资料			
10		钢材复验报告及统计资料			
11		其他原材料出厂合格证及技术性能试验资料			
12	中间产品	砂、石骨料试验资料			
13		石料试验资料			
14		混凝土拌和物检查资料			
15		混凝土试件统计资料			
16		砂浆拌和物及试件统计资料			
17		混凝土预制件(块)检验资料			
18	金属结构及启闭机	拦污栅出厂合格证及有关技术文件			
19		闸门出厂合格证及有关技术文件			
20		启闭机出厂合格证及有关技术文件			
21		压力钢管生产许可证及有关技术文件			
22		闸门、拦污栅安装测量记录			
23		压力钢管安装测量记录			
24		启闭机安装测量记录			
25		焊接记录及探伤报告			
26		焊工资质证明材料(复印件)			
27		运行试验记录			
28	机电设备	产品出厂合格证、厂家提交的安装说明书及有关资料			
29		重大设备质量缺陷处理资料			
30		水轮发电机组安装测量记录			
31		升压变电设备安装测试记录			
32		电气设备安装测试记录			
33		焊缝探伤报告及焊工资质证明			
34		机组调试及试验记录			

续表

项次	项	目	份数	核查情况
35	机电设备	水力机械辅助设备试验记录		
36		发电电气设备试验记录		
37		升压变电电气设备检测试验报告		
38		管道试验记录		
39		72h试运行记录		
40	重要隐蔽工程施工记录	灌浆记录、图表		
41		造孔灌注桩施工记录、图表		
42		振冲桩振冲记录		
43		基础排水工程施工记录		
44		地下防渗墙施工记录		
45		主要建筑物地基开挖处理记录		
46		其他重要施工记录		
47	综合资料	质量事故调查及处理报告、质量缺陷处理检查记录		
48		工程施工期及试运行期观测资料		
49		工序、单元工程质量评定表		
50		分部工程、单位工程质量评定表		

施工单位自查意见	监理单位复查意见
自查：	复查：
填表人：	监理工程师：
质检部门负责人： （盖公章）	监理单位： （盖公章）
年 月 日	年 月 日

附表7-4　　　　　　　　　　工程项目施工质量评定表

工程项目名称		项目法人	
工程等级		设计单位	
建设地点		监理单位	
主要工程量		施工单位	
开工、竣工日期	自 年 月 日 至 年 月 日	评定日期	年 月 日

续表

序号	单位工程名称	单元工程质量统计			分部工程质量统计			单位工程等级	备注
		个数/个	其中优良/个	优良率/(%)	个数/个	其中优良/个	优良率/(%)		
1									加△者为主要单位工程
2									
3									
4									
5									
6									
7									
8									
9									
10									
11									
12									
13									
14									
15									
16									
17									
18									
19									
20									
单元工程、分部工程合计									

评定结果	本工程单位工程　　个，质量全部合格。其中优良工程　　个，优良率　　%，主要单位工程优良率　　%。

监理单位意见	项目法人意见	工程质量监督机构核定意见
工程项目质量等级： 总监理工程师： 监理单位：　　　（盖公章） 　　　　年　月　日	工程项目质量等级： 法定代表人： 项目法人：　　　（盖公章） 　　　　年　月　日	工程项目质量等级： 负责人： 质量监督机构：　　　（盖公章） 　　　　年　月　日

参 考 文 献

[1] 中华人民共和国水利部. SL 288—2003 水利工程建设项目施工监理规范[S]. 北京：中国水利水电出版社，2004.
[2] 国家能源局. DL/T 5111—2012 水电水利工程施工监理规范[S]. 北京：中国电力出版社，2012.
[3] 中华人民共和国水利部. SL 176—2007 水利水电工程施工质量检验与评定规程[S]. 北京：中国水利水电出版社，2007.
[4] 中华人民共和国水利部. SL 223—2008 水利水电建设工程验收规程[S]. 北京：中国水利水电出版社，2008.
[5] 中华人民共和国水利部. SL 398—2007 水利水电工程施工通用安全技术规程[S]. 北京：中国水利水电出版社，2007.
[6] 中华人民共和国国家发展和改革委员会. DL/T 5113.1—2005 水电水利基本建设工程单元工程质量等级评定标准 第1部分：土建工程[S]. 北京：中国电力出版社，2005.
[7] 中华人民共和国国家能源局. DL/T 5128—2009 混凝土面板堆石坝施工规范[S]. 北京：中国电力出版社，2009.
[8] 中华人民共和国水利部. SL 634—2012 水利水电工程单元工程施工质量验收评定标准—堤防工程[S]. 北京：中国水利水电出版社，2012.
[9] 中华人民共和国国家能源局. DL/T 5099—2011 水工建筑物地下工程开挖施工技术规范[S]. 北京：中国电力出版社，2011.
[10] 中华人民共和国水利部. SL 635—2012 水利水电工程单元工程施工质量验收评定标准—水工金属结构安装工程[S]. 北京：中国水利水电出版社，2012.
[11] 周和荣. 工程建设监理概论[M]. 北京：高等教育出版社，2007.
[12] 水利部建设与管理司中国水利工程协会. 水利工程建设注册监理工程师必读[M]. 北京：中国水利水电出版社，2009.
[13] 陈三潮. 水利水电建设工程总监理工程师实用手册[M]. 北京：水利水电出版社，2009.
[14] 方朝阳. 水利工程施工监理[M]. 北京：中国水利水电出版社，2013.
[15] 中国水利工程协会. 水利工程建设监理概论[M]. 北京：中国水利水电出版社，2007.

我 们 提 供

图书出版、图书广告宣传、企业/个人定向出版、设计业务、企业内刊等外包、代选代购图书、团体用书、会议、培训，其他深度合作等优质高效服务。

编辑部 010-68343948

图书广告 010-68361706

出版咨询 010-68343948

图书销售 010-88386906

设计业务 010-88376510转1008

邮箱：jccbs-zbs@163.com　　网址：www.jccbs.com.cn

发展出版传媒　　服务经济建设
传播科技进步　　满足社会需求

（版权专有，盗版必究。未经出版者预先书面许可，不得以任何方式复制或抄袭本书的任何部分。举报电话：010-68343948）